房屋建筑构造

主　编　吴　俊　谢　姗
副主编　丁奕之　彭　枫
　　　　刘世豪　曾思智

北京理工大学出版社
BEIJING INSTITUTE OF TECHNOLOGY PRESS

内 容 提 要

本书是一本按照项目化教学方法编写的涵盖建筑细部构造要求、建筑总体设计和工业建筑设计原理等内容的教学用书，具有较强的针对性和实用性。全书各部分均以建筑工程典型案例进行讲解，主要内容包括：建筑构造概述、基础与地下室、墙体、楼地层、楼梯、屋顶、门窗以及建筑平面设计、建筑剖面设计、建筑体型和立面设计、工业建筑设计等。全书按照《民用建筑设计统一标准》（GB 50352—2019）及其相关规范、标准等文件编写。

本书可作为高等院校土木工程类相关专业的教材，也可作为建筑类本科建筑工程技术相关专业的教学用书，还可作为从事建筑工程设计、建筑施工的工程技术及管理人员的培训及参考用书，特别适合建筑工程施工员岗位从业者及初学者。

图书在版编目（CIP）数据

房屋建筑构造 / 吴俊，谢姗主编. -- 北京：北京理工大学出版社，2024.4
　ISBN 978-7-5763-3965-9

Ⅰ.①房… Ⅱ.①吴…②谢… Ⅲ.①建筑构造－高等学校－教材 Ⅳ.①TU22

中国国家版本馆CIP数据核字（2024）第093858号

责任编辑： 江　立		**文案编辑：** 江　立	
责任校对： 周瑞红		**责任印制：** 王美丽	

出版发行 / 北京理工大学出版社有限责任公司

社　　址 / 北京市丰台区四合庄路 6 号

邮　　编 / 100070

电　　话 /（010）68914026（教材售后服务热线）

　　　　　　（010）68944437（课件资源服务热线）

网　　址 / http://www.bitpress.com.cn

版印次 / 2024 年 4 月第 1 版第 1 次印刷

印　　刷 / 河北鑫彩博图印刷有限公司

开　　本 / 787 mm×1092 mm　1/16

印　　张 / 17

字　　数 / 442 千字

定　　价 / 89.00 元

图书出现印装质量问题，请拨打售后服务热线，负责调换

前　言

　　本书依据高等院校建筑类专业人才培养目标，结合建筑行业政策、法律法规等，遵照高校"立德树人"的根本任务；按照高等学校土建学科教学指导委员会颁布的相关教学基本要求，结合应用型教育教学实际情况，根据新形势下教育改革趋势和土建类高等院校的教学特点，以素质教育为根本，以就业为导向，加强理论与实践的结合，注重能力培养。全书共分为三篇，即建筑细部构造、建筑总体设计和工业建筑设计原理，力求体现土建类专业的特色，吸取近年来建筑领域在科研、施工、教学等方面的先进成果，贯彻"少而精"的原则，注重加强对基本理论的知识讲解和技能训练。本书一方面注重专业知识和基本技能的培养，另一方面注重分析、解决问题的能力，培养创新精神，提高综合素质，实现"知识、能力、素质"的有机统一。本书编写具有以下特点：

　　1. 加入思维导图

　　本书在各项目加入思维导图。思维导图详细列举了所有需要了解、熟悉和掌握的知识点，便于学习者对各项目有基本的了解，有侧重地学习。

　　2. 融入德育元素

　　秉持"立德树人"宗旨，构建"榜样人物、典型工程、技术革新、绿色发展"四大教学情境，通过隐形融入和显性引导等方式，将德育元素渗透到各教学任务中，培养学生大国"工匠精神"。

　　3. 添加大量原创视频

　　本书深化"互联网+"、信息化教学，添加了几十个原创教学视频，涵盖了所有重难点内容，内容的讲解通俗易懂，便于学生加深对课程内容的理解和自学。

　　4. 紧跟政策变化，与行业需求紧密结合

　　本书将积极响应"绿色建造"产业需求，将"新材料、新技术、新工艺、新规范"融入教学全过程，案例丰富，便于学生全面掌握和理解。

　　5. 课程内容模块化

　　按照教学内容的特点，紧跟当前时代步伐，将本书内容模块化。

　　本书由江西环境工程职业学院吴俊、谢姗担任主编，由江西环境工程职业学院丁奕之、彭枫、刘世豪以及江西中煤建设集团有限公司曾思智担任副主编。全书内容及融入的教学案例和典型工程等参考和引用了国内外大量文献资料，在此谨向原作者表示衷心的感谢。

　　由于编者水平有限和时间仓促，本书难免存在不足和疏漏之处，敬请各位读者批评指正。

编　者

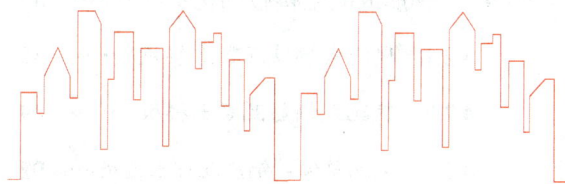

目 录

上篇　建筑细部构造

项目 1

建筑构造概述

◉ 项目导读

本项目主要讲述建筑的概念及构成要素、建筑的分类与分级、房屋的基本构件组成和各构件在房屋中所起的作用，并介绍影响建筑构造的主要因素及建筑构造的设计原则。

⚙ 思维导图

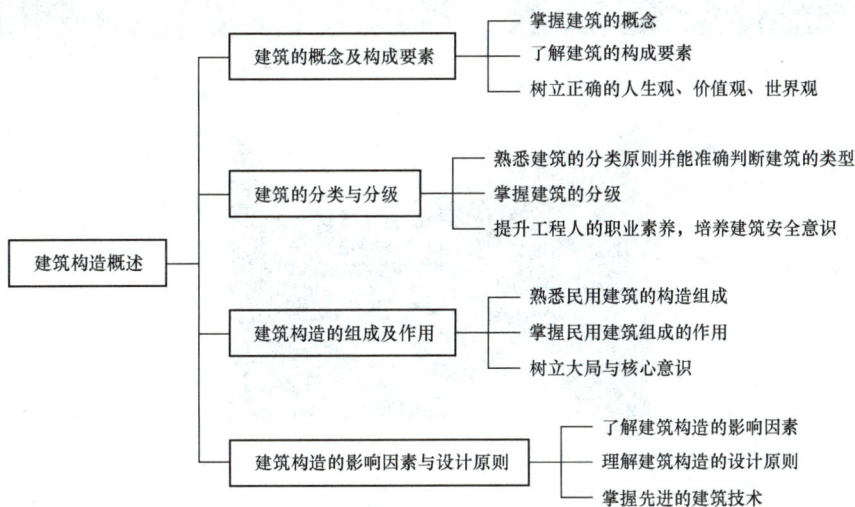

◉ 案例导入

某建筑公司于 2009 年某月承建一园区建设，该小区住宅楼共有 10 栋，其中 4 栋为 9 层、6 栋为 6 层，为框架承重结构体系。

回答下列问题：

(1)按规模和数量，该小区属于哪类建筑？

(2)按高度及层数，该小区分为哪几种建筑？

(3)试述民用建筑的组成部分及各部分的作用。

1.1 建筑的概念及构成要素

视频：建筑的概念及构成要素

1.1.1 建筑的概念

1. 建筑

建筑既表示建筑工程的建造活动，同时又表示这种活动的建造成果，它包括建筑物和构筑物。

2. 建筑物

凡是供人们在其中进行生产、生活或其他活动的房屋或场所都称为建筑物，如住宅、厂房、教学楼等，如图1-1～图1-3所示。

图1-1　住宅

图1-2　厂房

图1-3　教学楼

3. 构筑物

只为了满足某一特定的功能而建造的，人们一般不直接在其中进行活动的场所称为构筑物，如水塔、烟囱等，如图1-4、图1-5所示。

图1-4　水塔

图1-5　烟囱

北京故宫

1. 简介

北京故宫是中国明清两代的皇家宫殿，旧称紫禁城，位于北京中轴线的中心（图1-6）。

北京故宫于明成祖永乐四年（1406年）开始建设，以南京故宫为蓝本营建，到永乐十八年（1420年）建成，成为明清两朝24位皇帝的皇宫。民国十四年十月（1925年10月10日）故宫博物院正式成立开幕。紫禁城有四座城门，南面为午门，北面为神武门，东面为东华门，西面为西华门。城墙的四角，各有一座风姿绰约的角楼，民间有九梁十八柱七十二条脊之说，形容其结构的复杂。

北京故宫内的建筑分为外朝和内廷两部分。外朝的中心为太和殿、中和殿、保和殿，统称三大殿，是国家举行大典礼的地方。三大殿左右两翼辅以文华殿、武英殿两组建筑。内廷的中心是乾清宫、交泰殿、坤宁宫，统称后三宫，是皇帝和皇后居住的正宫。

图1-6 北京故宫

其后为御花园。后三宫两侧排列着东、西六宫，是后妃们居住休息的地方。东六宫东侧是天穹宝殿等佛堂建筑，西六宫西侧是中正殿等佛堂建筑。外朝、内廷之外还有外东路、外西路两部分建筑。

北京故宫是世界上现存规模最大、保存最为完整的木质结构古建筑群之一，是国家AAAAA级旅游景区，1961年被列为第一批全国重点文物保护单位，1987年被列为世界文化遗产。

2. 建筑规模

北京故宫由明朝皇帝朱棣始建，设计者为蒯祥（1397—1481年，字廷瑞，苏州人）。占地72万平方米（长961 m，宽753 m），建筑面积约15万平方米，有房屋9 999间，实际据1973年专家现场测量，故宫有大小院落90多座，房屋980座，共计8 707间。

3. 建筑造型

故宫前部宫殿，当时建筑造型要求宏伟壮丽，庭院明朗开阔，象征封建政权至高无上，太和殿坐落在紫禁城对角线的中心，四角上各有 10 只吉祥瑞兽。故宫的设计者认为这样以显示皇帝的威严，震慑天下。后部内廷要求深邃、紧凑，因此东西六宫都自成一体，各有宫门宫墙，相对排列，秩序井然。

故宫宫殿沿着一条南北向中轴线排列，三大殿、后三宫、御花园都位于这条中轴线上，并向两旁展开，南北取直，左右对称。这条中轴线不仅贯穿紫禁城，而且南达永定门，北到鼓楼、钟楼，贯穿整个城市。

4. 价值意义

故宫博物院的创立，具有两方面的意义：其一是民主革命的又一胜利，是对复辟势力的一次致命打击；其二是中国文化艺术史上的一个伟大业绩。

故宫成为世界文化遗产，使人们对故宫古建筑价值的认识有了深化。故宫所代表的是已经成为历史的文化，而且有着宫廷文化的外壳，同时它又代表了当时的主流文化，经过了长时期的历史筛选和积累，当然不能简单用"封建落后"来概括。故宫和博物院不是毫不相干或对立的，而是有机统一、相得益彰的。故宫博物院是世界上极少数同时具备艺术博物馆、建筑博物馆、历史博物馆、宫廷文化博物馆等特色，并且符合国际公认的"原址保护""原状陈列"基本原则的博物馆和文化遗产。世界文化遗产的基本精神是文化的多样性，从世界文化遗产的角度，人们努力挖掘和认识故宫具有突出和普世的价值。

从故宫学的视野看待故宫，不仅认识到故宫古建筑、宫廷文物珍藏的重要价值，而且看到宫廷历史遗存有着同样重要的意义；更重要的是，古建筑、文物藏品、历史遗存以及在此发生过的人和事，是一个不可分割的文化整体。

1.1.2 建筑的构成要素

尽管各类建筑物和构筑物有许多差别，但其共同点都是为了满足人类社会活动的需要，利用物质技术条件，按照科学法则和审美要求建造的相对稳定的人为空间。因此可以看出，无论是建筑物还是构筑物，都由三个基本的要素构成，即建筑功能、建筑技术和建筑形象。

1. 建筑功能

建筑功能是指建筑在物质方面和精神方面的具体使用要求，也就是人们建造房屋的目的。不同的功能要求产生了不同的建筑类型。

例如，工厂是为了生产，住宅是为了居住、生活和休息，学校是为了学习，影剧院是为了文化娱乐，商店是为了买卖交易等。随着社会的不断发展和物质文化生活水平的不断提高，建筑功能越来越复杂多样，人类对建筑功能的要求也日益提高。因此，在建筑设计中应充分重视使用功能的持续性，以及建筑物在使用过程中的可改造性。

2. 建筑技术

建筑技术是建造房屋的手段，包括建筑材料与制品技术、结构技术、施工技术、设备技术等，建筑不可能脱离建筑技术而存在。其中材料是物质基础，结构是构成建筑空间的骨架，施工技术是实现建筑生产的过程和方法，设备是改善建筑环境的技术条件。

随着社会科学技术的不断发展，各种新材料、新结构、新技术、新设备的不断出现，也更加满足了人类对各种不同建筑功能的要求。

3. 建筑形象

影响建筑形象的因素有建筑的体型、内外部空间的组合、立面构图、细部与重点装饰处理、材料的质感与色彩、光影变化等。建筑形象处理得当，能产生良好的艺术效果，给人以感染力和美的享受。例如，不同的建筑可能带给人庄严雄伟、朴素大方、生动活泼等不同的感觉，这就是建筑形象的魅力。

不同时期、不同地域、不同民族的建筑具有不同的建筑形象，也形成了不同的建筑风格和特色。例如，古代建筑与现代建筑的形象不一样，南方和北方、汉族和少数民族，都会形成本地区、本民族独有的建筑形象。

建筑的三大基本构成要素是辩证统一的关系，是不可分割的统一体，但又有主次之分。第一是建筑功能，起主导作用；第二是建筑技术，是达到目的的手段，技术对功能又有约束和促进作用；第三是建筑形象，是功能和技术的反映，但如果充分发挥设计者的主观作用，在一定的功能和技术条件下，可以把建筑设计得更加美观。优秀的建筑作品是三个要素的辩证统一。

1.2　建筑的分类与分级

1.2.1　建筑的分类

建筑物按照不同的分类方式可以分成不同的种类，常见的主要有以下几种分类方式。

视频：建筑的分类

1. 按建筑的使用性质分类

建筑物提供了人类生存和活动的各种场所，根据其使用性质，通常可分为生产性建筑和非生产性建筑两大类。生产性建筑可以根据其生产内容划分为工业建筑、农业建筑；非生产性建筑则可统称为民用建筑。

(1) 工业建筑。工业建筑是指为工业生产服务的生产用房、辅助用房、动力用房、仓储用房等。按层数一般分为单层工业厂房、多层工业厂房和单层、多层混合的工业厂房。图 1-7 所示为工业生产车间和厂房。

图 1-7　工业建筑实例

(2) 农业建筑。农业建筑是供农业、牧业生产和加工用的建筑，如温室、畜禽饲养场、水产品养殖场、农畜产品加工厂、农产品仓库、农机修理厂(站)等。图 1-8 所示为养鸡场和蔬菜种植基地。

图 1-8 农业建筑实例

（3）民用建筑。民用建筑是指供人们工作、学习、生活、居住的建筑，可分为居住建筑和公共建筑。

1）居住建筑。居住建筑主要是指提供家庭和集体生活起居用的建筑场所，如住宅、宿舍、公寓等，如图 1-9 所示。

图 1-9 居住建筑实例

2）公共建筑。公共建筑主要是指提供人们进行各种社会活动的建筑物，如行政办公建筑、文教建筑、托幼建筑、医疗建筑、商业建筑、观演建筑、体育建筑、展览建筑、旅馆建筑、交通建筑、通信建筑、园林建筑、纪念建筑、娱乐建筑等。公共建筑如图 1-10 所示。

图 1-10 公共建筑实例

图 1-10　公共建筑实例(续)

2. 按建筑规模和数量分类

(1)大量性建筑。大量性建筑是指单体建筑规模不大,但数量较多、分布面广的建筑,如住宅、学校、办公楼、商店等。这类建筑的特点是数量多且相似性大。大量性建筑如图 1-11 所示。

图 1-11　大量性建筑实例

(2)大型性建筑。大型性建筑是指建造数量较少但单体建筑体型比较大的公共建筑,如大型体育馆、影剧院、博物馆、航空港、火车站等。这类建筑一般是单独进行设计的。它们的功能要求高、占地规模大、结构和构造复杂、外观个性突出、单方造价高。大型性建筑如图 1-12所示。

图 1-12　大型性建筑实例

3．按建筑的层数或总高度分类

（1）居住建筑按层数分类。1～3 层为低层住宅；4～6 层为多层住宅；7～9 层为中高层住宅；10 层及 10 层以上为高层住宅。

（2）公共建筑按总高度分类。建筑高度大于 24 m 的单层公共建筑和建筑高度不大于 24 m 的公共建筑为单层和多层建筑；建筑高度超过 24 m 的非单层公共建筑为高层建筑。

（3）超高层建筑。当建筑总高度超过 100 m 时，无论是居住建筑还是公共建筑，均为超高层建筑。

4．按建筑的结构类型及主要承重材料分类

（1）木结构建筑。木结构建筑是指以木材作为房屋承重骨架的建筑，如图 1-13 所示。此类建筑多为古建筑和旅游型建筑。

图 1-13　木结构建筑

（2）混合结构建筑。混合结构建筑的主要承重构件由两种及两种以上不同的材料组成，如砖墙和木楼板的砖木结构、砖墙和钢筋混凝土楼板的砖混结构，如图 1-14 所示。其中砖混结构应用较多，一般用于多层建筑。

图 1-14　砖混结构建筑

（3）钢筋混凝土结构建筑。钢筋混凝土结构建筑（图1-15）的主要承重构件是用钢筋混凝土制作而成的，而非承重墙是用空心砖或其他轻质砌体制作而成的。钢筋混凝土结构是建筑工程中应用最为广泛的结构形式之一，其特点是结构的适应性强、可建造成各种形态、抗震性及耐久性好等，一般用于多层和高层建筑。

图1-15　钢筋混凝土结构建筑

（4）钢结构建筑。钢结构是一种高强度、韧性好的结构，这类建筑的主要承重构件是用钢材制成的，其建筑成本高，多用于高层建筑和大跨度或荷载较大的建筑。钢结构建筑如图1-16所示。

图1-16　钢结构建筑

（5）空间结构建筑。空间结构主要有网架、悬索、壳体、膜结构等多种形式，多用于大跨度的公共建筑。图1-17所示的国家大剧院，是壳体结构建筑。

图1-17　国家大剧院

5. 按施工方法分类

（1）全现浇式建筑。全现浇式建筑是指主要构件都在施工现场浇筑形成的建筑。现浇钢筋混凝土结构建筑施工实例，如图 1-18 所示。

图 1-18　现浇钢筋混凝土结构建筑施工实例

（2）全装配式建筑。全装配式建筑是指主要构件都在工厂或施工现场预制，然后全部在施工现场进行装配形成的建筑，如图 1-19 所示。

图 1-19　全装配式建筑施工实例

（3）部分现浇、部分装配式建筑。部分现浇、部分装配式建筑是指一部分构件在工厂预制，另一部分构件在施工现场浇筑而成的建筑，如图 1-20 所示。

图 1-20　部分现浇、部分装配式建筑施工实例

（4）砌筑类建筑。砌筑类建筑是指由砖、石及各类砌块砌筑而成的建筑。

1.2.2 建筑物的等级划分

建筑物的等级分为耐久等级和耐火等级。

1. 建筑物的耐久等级

建筑物的耐久等级主要根据建筑物的重要性和规模大小划分，并以此作为基建投资和建筑设计的重要依据。耐久等级的指标是正常使用年限（设计使用年限）。以建筑主体结构的正常使用年限为依据分成下列四级。

一级：耐久年限为 100 年以上，适用于特别重要的建筑、纪念性建筑和高层建筑。

二级：耐久年限为 50～100 年，适用于一般性建筑。

三级：耐久年限为 25～50 年，适用于次要建筑。

四级：耐久年限为 5 年以下，适用于临时性建筑。

2. 建筑物的耐火等级

根据《建筑设计防火规范（2018 年版）》（GB 50016—2014）的规定，把建筑物的耐火等级划分成四级。一级的耐火性能最好，四级最差。耐火等级标准是依据房屋主要构件的燃烧性能和耐火极限确定的。

（1）燃烧性能。燃烧性能是指组成建筑物的主要构件在空气中受到火烧或高温作用下，燃烧与否，以及燃烧的难易。按燃烧性能建筑构件可分为三类，即非燃烧体（石材、钢筋混凝土等）、难燃烧体（沥青混凝土、石膏板等）、燃烧体（木材、塑料等）。

1）非燃烧体：用非燃烧材料做成的构件，在空气中受到火烧或高温作用时不起火、不微燃、不炭化。

2）难燃烧体：用难燃烧材料做成的构件，或用燃烧材料做成而用非燃烧材料作为保护层的构件。在空气中受到火烧或高温作用时难起火、难微燃、难炭化，当火源移走后燃烧或微燃立即停止，如沥青混凝土、经过防火处理的木材等。

3）燃烧体：用燃烧材料做成的构件，在空气中受到火烧或高温作用时立即起火或微燃，且火源移走后仍继续燃烧或微燃。

（2）耐火极限。耐火极限是指建筑构件遇火后能支持的时间。从受到火烧作用起，到失去支撑能力或完整性被破坏或失去隔火作用时为止的这段时间，用小时表示，即为该构件的耐火时间。不同耐火等级的建筑物所用构件的燃烧性能和耐火极限，见表 1-1。

表 1-1　建筑物构件的燃烧性能和耐火极限

构件名称		耐火等级			
		一级	二级	三级	四级
墙	防火墙	不燃性 3.00	不燃性 3.00	不燃性 3.00	不燃性 3.00
	承重墙	不燃性 3.00	不燃性 2.50	不燃性 2.00	难燃性 0.50
	楼梯间前室的墙、电梯井的墙	不燃性 2.00	不燃性 2.00	不燃性 1.50	难燃性 0.50
	疏散走道两侧的隔墙	不燃性 1.00	不燃性 1.00	不燃性 0.50	难燃性 0.25
	非承重外墙、房间隔墙	不燃性 0.75	不燃性 0.50	难燃性 0.50	难燃性 0.25
柱		不燃性 3.00	不燃性 2.50	不燃性 2.00	难燃性 0.50
梁		不燃性 2.00	不燃性 1.50	不燃性 1.00	难燃性 0.50
楼板		不燃性 1.50	不燃性 1.00	不燃性 0.75	难燃性 0.50
屋顶承重构件		不燃性 1.50	不燃性 1.00	不燃性 0.50	可燃性

构件名称	耐火等级			
	一级	二级	三级	四级
疏散楼梯	不燃性 1.50	不燃性 1.00	不燃性 0.75	可燃性
吊顶(包括吊顶搁栅)	不燃性 0.25	难燃性 0.25	不燃性 0.15	可燃性

注:1. 除另有规定外,以木柱承重且墙体采用不燃材料的建筑,其耐火等级应按四级确定。
2. 住宅建筑构件的耐火极限和燃烧性能可按《住宅建筑规范》(GB 50368—2005)的规定执行。

建筑物类型、耐久等级和耐火等级的不同,都直接影响和决定着建筑构造方式的不同。例如,当建筑物的用途、高度和层数不同时,建筑物就会采用不同的结构体系和结构材料,建筑物的抗震构造措施也会有明显的不同,因此建筑物的分类和分级及其相应的标准,是建筑设计从方案构思直至构造设计整个过程中非常重要的设计依据。

1.3 建筑构造的组成及作用

虽然建筑物的类型丰富多样,标准不一,但是都有着相同的组成部分。一栋民用建筑或工业建筑,一般是由基础、墙或柱、楼地层、楼梯、屋顶和门窗六大部分组成的,它们处于建筑物中不同的部位,发挥着各自不同的作用,如图 1-21 所示。

视频:建筑物的构造组成及作用

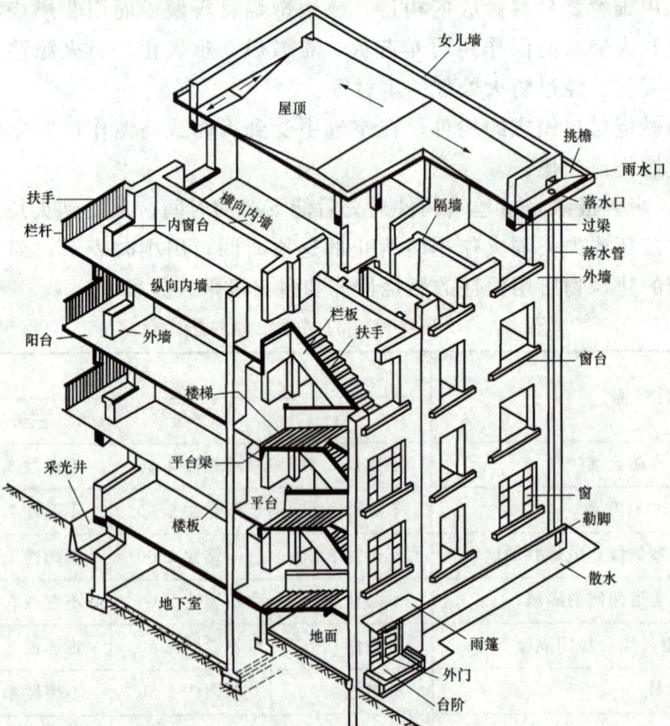

图 1-21 民用建筑的构造组成

1.3.1 基础

基础是建筑物最下部的承重构件，位于建筑物的最底部，它直接与地基相连接，其作用是承受建筑物的全部荷载并把这些荷载传给下面的地基。因此，基础必须具有足够的强度和稳定性，并且能抵御地下各种有害因素的侵蚀，以保证建筑物的耐久性。

1.3.2 墙或柱

（1）墙。墙是建筑物的承重、围护和分隔构件，当墙作为承重构件时，它承受着建筑物由屋顶及各楼层传来的荷载并把这些荷载传给基础。当墙作为围护构件时，外墙起着抵抗风、雨、雪及太阳辐射热的作用，内墙起着分隔空间、遮挡视线及保证环境舒适的作用。因此，墙体要有足够的强度、稳定性、耐久性、保温、隔热、防水、防潮、隔声、防火等性能，并能满足建筑经济等要求。

（2）柱。柱是框架结构或排架结构的承重构件，它和承重墙一样承受着屋顶和各楼层传来的荷载并传给基础，由于柱截面较小，受力比较集中，因此柱必须具有足够的强度、刚度和稳定性。

1.3.3 楼地层

楼地层是建筑物的水平承重和分隔构件，它包括楼板层和地坪层。

（1）楼板层。楼板层把建筑空间划分为若干层，承受着家具、设备、人体和自重荷载，并将其所承受的荷载传给墙或柱，同时对墙身起到水平支撑的作用。因此，要求楼板层具有足够的抗弯强度、刚度和良好的隔声、防水防潮、防火等能力。

（2）地坪层。地坪层是分隔底层房间与土层的水平构件，它承受着底层房间内部的荷载。不同的地坪层要求具有坚固、耐磨、防水防潮、防尘、保温等不同的性能。

1.3.4 楼梯

楼梯是建筑物中联系上下楼层的垂直交通构件。在平时供人们上下楼层，在处于火灾、地震等事故状态时具有供人们进行紧急疏散的作用。因此，要求楼梯具有足够的通行宽度和疏散能力，并满足安全、防火、防滑等要求。

1.3.5 屋顶

屋顶是建筑物最上部的承重构件和围护构件，它既要抵御自然界风、雨、雪、太阳辐射对顶层房间的侵袭，又要承受建筑物顶部的荷载（包括自重、风荷载、雪荷载等），并将这些荷载传给墙或柱。因此，屋顶必须具有足够的强度、刚度及防水、保温、隔热等性能。

1.3.6 门窗

门和窗均属于非承重构件。门的主要作用是供人们及家具设备进出房屋和房间。在遇有非常灾害时，人们要经过门进行紧急疏散。有的门还兼有采光和通风的作用。因此，门应该具有足够的通行宽度。窗的主要作用是采光和通风，供人们眺望，因此窗应该具有足够的面积。处于外墙上的门和窗又是房屋围护结构的一部分，应该还要考虑保温、隔热、隔声、防风沙等方面的要求。

由于建筑物的功能和风格不同，除上述六大基本组成部分外，还有各种不同的构配件，如阳台、雨篷、烟囱、散水、台阶和坡道等。

1.4 建筑构造的影响因素与设计原则

1.4.1 建筑构造的影响因素

所有的建筑物在建成并投入使用的过程中，自始至终都要经受来自人为和自然的各种因素的影响。如果对这些影响因素没有考虑充分，就难以保证建筑物的正常使用。那么，为了提高建筑物对外界各种影响的抵御能力，延长建筑物的使用寿命，以便更好地满足使用功能的要求，在进行建筑构造设计时，就必须充分考虑到各种因素对它的影响，并根据影响程度来提供合理的构造方案。影响建筑构造的因素有很多，归纳起来大致可分为以下几方面。

视频：建筑构造的
影响因素与设计原则

1. 外力的影响

外力的形式多种多样，如风力，地震力，构配件的自重力，温度变化、热胀冷缩产生的内应力，正常使用中人群、家具设备作用于建筑物上的各种力等。在构造设计时，必须考虑这些力的作用形式、作用位置和力的大小，以便决定构件的用材用料、尺寸形状及连接方式等。

2. 自然环境的影响

自然界的风霜雨雪、冷热寒暖、太阳辐射、大气腐蚀等都时刻作用于建筑物，对建筑物的使用质量和使用寿命都有着直接的影响。不同的地域有着不同的自然环境特点，在构造设计时常采取相应的防水、防冻、保温、隔热、防风、防雨雪、防潮湿、防腐蚀等措施。有时也可将一些自然环境特点加以利用，如北方利用太阳辐射热可提高室内温度，利用自然通风改善室内空气质量等。

3. 人为因素的影响

人们所从事的生产和生活的活动，往往会造成对建筑物的影响，如机械振动、化学腐蚀、战争、爆炸、火灾、噪声等，都属于人为因素的影响。因此，在进行建筑构造设计时，必须针对各种可能的因素，从构造上采取隔振、防腐、防爆、防火、隔声等相应的措施，以避免建筑物的使用功能遭受不应有的损失和影响。

4. 技术经济条件的影响

所有建筑构造措施的具体实施，必将受到材料、设备、施工方法、经济效益等条件的制约。同一建筑环节可能有不同的构造设计方案，设计时应对这些方案综合比较。例如，哪个能充分满足功能要求，哪个在现有技术条件下更便于实施，哪个能获得最好的经济效益等，应尽可能降低材料消耗、能源消耗和劳动力消耗。

5. 建筑标准的影响

建筑标准一般包括造价标准、装修标准、设备标准等。

1.4.2 建筑构造的设计原则

建筑构造设计应遵守以下基本原则。

1. 满足使用功能要求

由于建筑物使用性质和所处条件、环境的不同，建筑构造设计有不同的要求。如北方地区要求建筑在冬季能保温；南方地区则要求建筑能通风、隔热；对要求有良好声环境的建筑物则要考虑吸声、隔声等。

建筑构造设计应最大限度地满足建筑物的使用功能，这也是整个设计的根本目的。综合分析各种因素，设法消除或减少来自各方面的不利影响，以保证使用方便、耐久性好。

2. 确保结构安全可靠

建筑物除了根据荷载大小、结构的要求确定构件的必需尺度外，在细部构造上也要采取必要的措施，以确保建筑物在使用时的安全。

3. 适应建筑工程的需要

构造设计应大力推广先进技术，选用各种新型建筑材料，采用标准设计和定型构件，为构、配件的生产工厂化、现场施工机械化创造有利条件，以适应建筑工业化、施工机械化的需要。

4. 注意环保、经济合理

构造设计应该注意整体建筑物的经济效益问题，要注意降低建筑造价，减少材料的能源消耗；要有利于降低经常运行、维修和管理的费用，考虑其综合的经济效益。另外，在提倡节约、降低造价的同时，还必须保证工程质量，绝不可为了追求效益而偷工减料、粗制滥造。

5. 注意美观

构造方案的处理还要考虑其造型、尺度、质感、色彩等艺术和美观问题。如有不当，往往会影响建筑物整体设计的效果。

总之，在构造设计中，要全面考虑坚固适用、技术先进、经济合理、美观大方等基本原则。

拓展阅读

上海金茂大厦

1. 工程简介

上海金茂大厦（图1-22），位于上海市浦东新区世纪大道88号，地处陆家嘴金融贸易区中心，东临浦东新区，西眺上海市及黄浦江，南向浦东张杨路商业贸易区，北临10万平方米的中央绿地。

1998年6月，上海金茂大厦荣获伊利诺斯世界建筑结构大奖；1999年10月，上海金茂大厦荣膺新中国50周年上海十大经典建筑金奖首奖；2013年，上海金茂大厦通过LEED-EB认证；2020年1月6日，上海金茂大厦入选2019上海新十大地标建筑。

图1-22 上海金茂大厦

2. 建筑格局

上海金茂大厦占地面积2.4万平方米，总建筑面积29万平方米，其中主楼88层，高度

420.5 m，建筑面积约为 20 万平方米，建筑外观属塔形建筑。裙房共 6 层、3.2 万平方米，地下 3 层、5.7 万平方米，外体由铝合金管制成的格子包层。上海金茂大厦 1~2 层为门厅大堂；3~50 层是层高 4 m、净高 2.7 m 的大空间无柱办公区；51~52 层为机电设备层；53~87 层为酒店；88 层为观光大厅，建筑面积 1 520 m²。

3. 建筑特色

上海金茂大厦由美国芝加哥 SOM 设计事务所设计规划，由 Adrian Smith 主创设计，上海现代建筑设计有限公司配合设计。设计师将世界建筑潮流与中国传统建筑风格结合。上海金茂大厦，整幢大楼垂直偏差仅 2 cm，可以保证 12 级大风不倒，能抗 7 级地震。

上海金茂大厦的外墙由大块的玻璃墙组成，反射出似银非银、深浅不一、变化无穷的色彩。玻璃分为两层，中间有低温传导器，外面的气温不会影响内部。

上海金茂大厦的大厅采用圆拱式的门框，墙面选用地中海有孔大理石，能起到隔声效果；地面大理石光而不亮、平而不滑。前厅内的 8 幅铜雕壁画集中体现了中国传统的书法艺术，它通过汉字，从甲骨文、钟鼎文，一直到篆、隶、楷、草的演变，反映了中国上下五千年的文明史。通往宴会厅的走廊，是一条艺术长廊。

4. 价值意义

上海金茂大厦，是当代建筑科技与历史的融合，成为上海乃至中国跨世纪的标志，上海金茂大厦作为 20 世纪中国高层建筑的代表作，它的标志性地位不仅仅是由于它的物化高度，更重要的是它具有的设计思想、高科技含量和文化品位。

项目小结

1. 建筑包括建筑物和构筑物。凡是供人们在其中进行生产、生活或其他活动的房屋或场所都称为建筑物。只为了满足某一特定的功能而建造的，人们一般不直接在其中进行活动的场所称为构筑物。

2. 构成建筑的三大基本要素：建筑功能、建筑技术、建筑形象。其中，建筑功能起主导作用，建筑技术是达到目的的手段，建筑形象是建筑功能和建筑技术的反映。

3. 建筑物通常可按以下方法分类：

(1) 按建筑的使用性质分为工业建筑、农业建筑和民用建筑。

(2) 按建筑的规模和数量分为大量性建筑和大型性建筑。

(3) 按建筑的层数或总高度分为低层建筑、多层建筑、中高层建筑、高层建筑和超高层建筑。

(4) 按结构类型及主要承重材料分为木结构建筑、混合结构建筑、钢筋混凝土结构建筑、钢结构建筑和空间结构建筑。

(5) 按施工方法分为全现浇式建筑，全装配式建筑，部分现浇、部分装配式建筑和砌筑类建筑。

4. 建筑物的等级分为耐久等级和耐火等级：一级耐久年限为 100 年以上；二级耐久年限为 50~100 年；三级耐久年限为 25~50 年；四级耐久年限为 5 年以下。

5. 建筑构造研究建筑物的构造组成及各个组成部分的作用、组合原理和构造方法。

6. 一栋民用建筑或工业建筑一般由基础、墙或柱、楼地层、楼梯、屋顶和门窗六大部分组成。

7. 建筑构造通常会受到外力、自然环境、人为因素、技术经济条件和建筑标准的影响。

8. 建筑构造设计的基本原则是坚固适用、技术先进、经济合理、美观大方。

一、填空题

1. 建筑的三要素是 _____、_____ 和 _____。

2. 按建筑物的使用性质分类，建筑可分为 _____、_____ 和 _____。

3. 建筑物耐火等级标准是依据房屋主要构件的 _____ 和 _____ 确定的。

4. 民用建筑一般是由 _____、_____、_____、_____ 屋顶和门窗六大部分组成的。

二、选择题

1. 住宅楼属于(   )。

    A. 民用建筑   B. 工业建筑   C. 农业建筑   D. 园林建筑

2. 适用于一般性建筑物的耐久年限为(   )。

    A. 100 年以上   B. 50～100 年   C. 25～50 年   D. 5 年以下

3. 某公共建筑的建筑高度为 25.2 m，按建筑层数与高度进行分类，该建筑物属于(   )。

    A. 低层建筑   B. 多层建筑   C. 中高层建筑   D. 高层建筑

三、简答题

1. 什么是建筑物？什么是构筑物？

2. 影响建筑构造的因素有哪些？

3. 简述建筑构造设计的原则。

项目 2

基础与地下室

项目导读

本项目主要内容包括地基与基础的概念及设计要求，基础埋置深度的概念，影响基础埋置深度的因素，基础的分类与构造形式，地下室的防水构造。本项目的教学重点为基础的埋深及其影响因素和地下室的防水构造。

思维导图

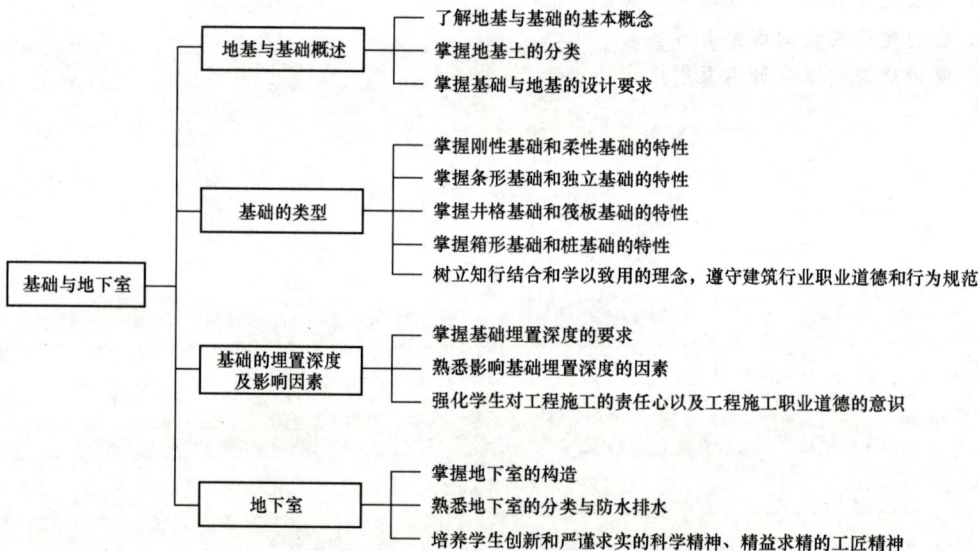

案例导入

某建筑工程，建筑面积为 108 000 m²，结构为现浇剪力墙结构，地下 3 层，地上 50 层。基础埋深为 14.4 m，底板厚为 3 m，底板混凝土强度等级为 C35/P12。

底板钢筋施工时，板厚 1.5 m 处的 HRB400 级直径 16 mm 钢筋，施工单位征得监理单位和建设单位同意后，用 HPB300 级直径 10 mm 的钢筋进行代换。施工单位选定了某商品混凝土搅拌站，由该站为其制定了底板混凝土施工方案。该方案采用溜槽施工，分两层浇筑，每层厚度为 1.5 m。底板混凝土浇筑时当地最高大气温度为 38 ℃，混凝土最高入模温度为 40 ℃。浇筑完成 12 h 后采用覆盖一层塑料膜、一层保温岩棉养护 7 d。测温记录显示：混凝土内部最高温度为

75 ℃，其表面最高温度为45 ℃。监理工程师检查发现底板表面混凝土有裂缝，要求钻芯取样检查，取样样品均有贯通裂缝。

回答下列问题：

(1)该基础底板钢筋代换是否合理？说明理由。

(2)商品混凝土供应站编制大体积混凝土施工方案是否合理？说明理由。

(3)试分析本工程基础底板产生裂缝的主要原因。

(4)大体积混凝土裂缝控制的常用措施是什么？

2.1 地基与基础概述

2.1.1 地基与基础的基本概念

在建筑工程上，把建筑物与土壤直接接触的部分称为基础；把支承建筑物质量的土层叫作地基。基础是建筑物的组成部分，它承受着建筑物的上部荷载，并将这些荷载传给地基。地基不是建筑物的组成部分，只是基础下方承受全部建筑荷载的土层。地基可分为天然地基和人工地基两类。其中，直接承受建筑荷载的土层称为持力层，持力层以下的土层称为下卧层，如图 2-1 所示。

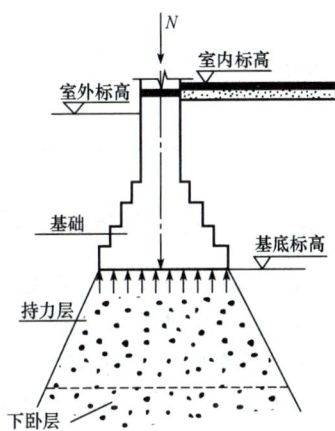

图 2-1 基础剖面图

2.1.2 地基土的分类

地基按土层性质不同，分为天然地基和人工地基两大类。凡天然土层本身具有足够的承载力，无须经过人工加固，便可直接在其上建造房屋的称为天然地基。当建筑物上部荷载较大或天然土层本身的承载力较弱时，要先对天然土层进行人工加固，才能承受建筑物荷载的地基称为人工地基。常用的地基处理方法有压实法、换土法、打桩法和化学加固法等。

土的种类繁多，其工程性质直接影响土方工程施工方法的选择、劳动量的消耗和工程费用。土的工程分类见表 2-1。

表 2-1 土的工程分类

土的分类	岩、土名称	开挖方法及工具
一类土 （松软土）	略有黏性的砂土、粉土、腐殖土及疏松的种植土，泥炭（淤泥）	用锹、少许用脚蹬或用板锄挖掘
二类土 （普通土）	潮湿的黏性土和黄土，软的盐土和碱土，含有建筑材料碎屑、碎石、卵石的堆积土和种植土	用锹、条锄挖掘、需用脚蹬，少许用镐
三类土 （坚土）	中等密实的黏性土或黄土，含有碎石、卵石或建筑材料碎屑的潮湿的黏性土或黄土	主要用镐、条锄，少许用锹

土的分类	岩、土名称	开挖方法及工具
四类土 （砂砾坚土）	坚硬密实的黏性土或黄土，含有碎石、砾石（体积在 10%～30%、质量在 25 kg 以下石块）的中等密实黏性土或黄土，硬化的重盐土，软泥灰岩	主要用镐、条锄挖掘，少许用撬棍挖掘
五类土 （软石）	硬的石炭纪黏土，胶结不紧的砾岩，软的、节理多的石灰岩及贝壳石灰岩，坚实的白垩，中等坚实的页岩、泥灰岩	用镐或撬棍、大锤挖掘，部分使用爆破方法
六类土 （次坚石）	坚硬的泥质页岩，坚实的泥灰岩，角砾状花岗岩，泥灰质石灰岩，黏土质砂岩，云母页岩及砂质页岩，风化的花岗石、片麻岩及正长岩，滑石质的蛇纹岩，密实的石灰岩，硅质胶结的砾岩，砂岩，砂质石灰页岩	用爆破方法开挖，部分用风镐
七类土 （坚石）	白云岩，大理石，坚实的石灰岩、石灰质及石英质的砂岩，坚硬的砂质页岩，蛇纹岩，粗粒正长岩，有风化痕迹的安山岩及玄武岩，片麻岩，粗面岩，中粗花岗石，坚实的片麻岩，辉绿岩，玢岩，中粗正长岩	用爆破方法开挖
八类土 （特坚石）	坚实的细粒花岗岩，花岗片麻岩，闪长岩，坚实的玢岩、角闪岩、辉长岩、石英岩、安山岩、玄武岩，最坚实的辉绿岩、石灰岩及闪长岩，橄榄石质玄武岩，特别坚实的辉长岩、石英岩及玢岩	用爆破方法开挖

2.1.3 基础与地基的设计要求

（1）基础应具有足够的强度、刚度和耐久性。基础是建筑物的重要组成部分，为保证安全、正常承担并传递建筑物的荷载，基础应具有足够的强度和刚度。由于基础是埋在地下的隐蔽工程，建成后检查和维修困难，因此，在选择基础材料和构造形式时，所用材料和构造的选择应与上部建筑等级适应，符合耐久性要求。如果基础先于上部结构破坏，检查和加固都十分困难，将严重影响房屋寿命。图 2-2 所示是上海环球金融中心的基础施工。

图 2-2　上海环球金融中心的基础施工

（2）基础工程应注意经济效果。基础工程造价，按结构类型不同占房屋总造价的 10%～35%，甚至更高。所以应尽量选择土质优良的地段建造房屋，以降低基础工程的造价。当地段不能选择时，应采用恰当的基础形状。

（3）地基应具有足够的强度和稳定性要求。地基支承整个建筑的全部荷载，为保证建筑物的安全和正常使用，地基应具有足够的强度和稳定性。因为地基一旦发生强度破坏，后果往往是很严重的。对于地基的变形也要控制在允许范围内，地基在荷载作用下沉降均匀，才能保证房屋的沉降均匀。如果地基土质分布不均匀，处理不好就会产生不均匀沉降，极易产生墙身开裂、房屋倾斜，甚至破坏的情况。

拓展阅读

上海环球金融中心施工

上海环球金融中心（图 2-3）位于上海市浦东新区陆家嘴金融贸易区，是一幢以办公为主，集商贸、宾馆、观光、展览及其他公共设施于一体的大型超高层建筑，主楼地上 101 层，裙房地上 5 层，地下 3 层，总建筑面积达 381 600 m²，建筑高度为 492 m，是目前国内最高的超高层建筑。

该工程钢结构总质量为 617 万吨，主要钢材材质为 ASTM2A572M2345 级别，最大板厚为 100 mm，在部分复杂节点部位采用铸钢件。主楼采用钢筋混凝土劲性结构，外围结构由巨型柱、巨型斜撑和带状桁架组成，核心筒由内埋钢骨及桁架和钢筋混凝土组成。从第 6 层开始，每 12 层设置 1 道 1 层高的带状桁架，在 28～31 层、52～55 层、88～91 层设置 3 道伸臂桁架连接核心筒和外围结构。

1. 施工进程

2005 年 1 月 30 日，上海环球金融中心基础底板混凝土浇筑完成，"世界第一高楼"基础得到夯实，刷新了国内房建领域混凝土浇筑体量、难度和速度的新纪录。该工程基础底板浇筑分三次进行：第一次浇筑的是基坑深坑部分，厚度为 4.7 m，浇筑量为 4 430 m³；第二次浇筑的是部分基坑，厚度为 2.6 m，浇筑量为 4 600 m³；第三次浇筑的是整个基坑，厚度为 4.5 m，浇筑量约为 30 000 m³。三次浇筑量共 39 030 m³，这一体量为国内房建领域第一，其中第三次混凝土单次浇筑量在国外也不多见。

上海环球金融中心基础底板混凝土施工难度世界罕见，其难度主要体现在：地质条件复杂，施工工艺要求高，施工技术含量高。三次浇筑时间跨度在一个月左右，在一个月内浇筑完混凝土，其速度刷新了国内房建领域新纪录。第三次浇筑动用了 7 个搅拌站，408 台混凝土运输车，19 台泵车和拖泵，浇筑速度为 750 m³/h，这一速度世界罕见。所用混凝土为超高配比混凝土，其设备要求、施工强度和混凝土坍落度均创下了历史新纪录。

图 2-3　上海环球金融中心

2. "泵王"再破世界纪录

单泵将混凝土垂直泵送至 492 m。三一重工的 HBT90CH 超高压拖泵，将混凝土一次泵送至上海环球金融中心 492 m 的施工高度。素有"泵王"之称的三一泵刷新了自己 5 年前在香港国际金融中心创下的单泵垂直泵送 406 m 的世界纪录。

环球金融中心混凝土工程总方量为 234 500 m³，地面（±0.00）以上混凝土方量为 99 800 m³，最大泵送高度达到 492 m。

2.2 基础的类型

基础的类型较多，按基础所采用材料和受力特点划分，有刚性基础和柔性基础；依构造形式划分，有条形基础、独立基础、筏形基础、桩基础、箱形基础等。

2.2.1 按材料及受力特点分类

1. 刚性基础

由刚性材料制作的基础称为刚性基础，也称无筋扩展基础。刚性材料是指抗压性能好，抗拉、抗剪强度低的材料。在基础常用的材料中，砖、毛石、三合土、灰土、素混凝土均属于刚性材料。刚性基础适用于多层民用建筑和轻型厂房的墙下条形基础或柱下独立基础。

从受力和传力角度考虑，由于土壤单位面积承载能力小，上部结构通过基础传递荷载给地基时，只有将基础底面面积不断扩大，才能满足地基承载能力的要求。根据试验可知，上部结构在基础中传递的压力是沿着一定角度分布的，这个传力角度称为压力分布角或刚性角，用 α 表示。由于刚性材料抗压能力强，抗拉、抗剪能力差，因此，刚性角只能在材料的抗压范围内控制。如果基础底面宽度超过控制范围，基础会因受拉而破坏。所以，刚性基础受刚性角的限制。不同材料基础的刚性角是不同的，通常砖砌基础的刚性角控制为 26°～33°，素混凝土基础的刚性角控制在 45°以内，如图 2-4 所示，刚性基础台阶宽高比允许值见表 2-2。

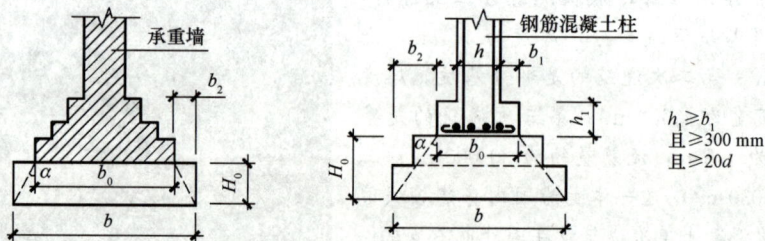

图 2-4 刚性基础构造示意

b—基础底面宽度；b_0—基础顶面的墙体宽度或柱脚宽度；H_0—基础高度；
b_2—基础台阶宽度；$\tan\alpha$—基础台阶宽高比 $b_2 : H_0$

表 2-2 刚性基础台阶宽高比允许值

基础材料	质量要求	台阶宽高比的允许值		
		$P_x \leqslant 100$	$100 < P_x \leqslant 200$	$200 < P_x \leqslant 300$
混凝土基础	C15 混凝土	1：1.00	1：1.00	1：1.25
毛石混凝土基础	C15 混凝土	1：1.00	1：1.25	1：1.50
砖基础	砖不低于 MU10，砂浆不低于 M5	1：1.50	1：1.50	1：1.50
毛石基础	砂浆不低于 M5	1：1.25	1：1.50	—

基础材料	质量要求	台阶宽高比的允许值		
		$P_x \leqslant 100$	$100 < P_x \leqslant 200$	$200 < P_x \leqslant 300$
灰土基础	体积比为 3:7 或 2:8 的灰土,其最小密度:粉土 1.55 t/m³;粉质黏土 1.50 t/m³;黏土 1.45 t/m³	1:1.25	1:1.50	—
三合土基础	体积比为 1:2:4～1:3:6(石灰:砂:集料)每层约需铺 220 mm,夯至 150 mm	1:1.50	1:2.00	—

注:1. P_x 为荷载效应标准组合基础底面处的平均压力值(kPa);
2. 阶梯形毛石基础的每阶伸出宽度不宜大于 200 mm

2. 柔性基础

当建筑物荷载较大而地基承载能力较小时,由于基础底面宽度必须加宽,如果仍采用刚性材料,势必加大基础高度及埋深。这样,基础土方工程量加大,材料用量也会增加,因此很不经济,如图 2-5(a)所示。如果在混凝土基础的底部配置钢筋,利用混凝土承受压力,钢筋来承受拉力,使基础底部能够承受较大弯矩。这时,基础的宽度就不受刚性角限制,故将钢筋混凝土基础称为柔性基础或非刚性基础,如图 2-5(b)所示。

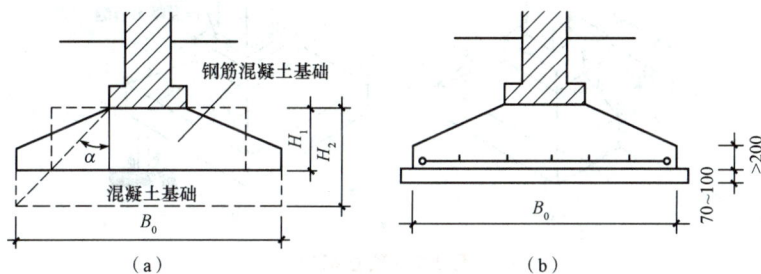

图 2-5 刚性基础和柔性基础
(a)刚性基础;(b)柔性基础

2.2.2 按基础的构造形式分类

基础构造形式的确定随建筑物上部结构形式、荷载大小及地基土质情况而定。在一般情况下,上部结构形式直接影响基础的形式,当上部荷载增大且地基承载能力有变化时,基础形式也随之变化。

1. 条形基础

当建筑物上部结构采用砖墙或石墙承重时,基础沿墙身设置,多做成长条形,这种基础称为条形基础或带形基础,如图 2-6 所示。条形基础按上部结构分为墙下条形基础和柱下条形基础。所以,条形基础往往是砖石墙的基础形式,一般用于砖混结构的居住建筑和低层公共建筑。

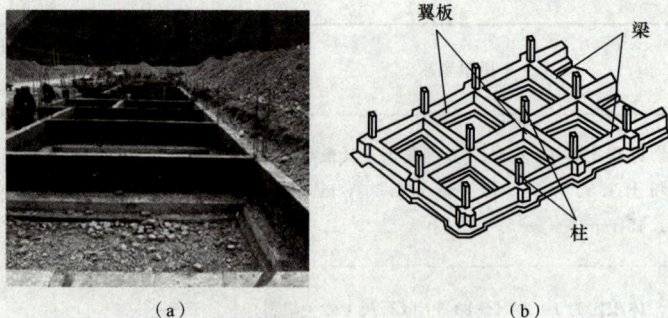

（a）　　　　　　　　　　　（b）

图 2-6　条形基础

（a）墙下条形基础；（b）柱下条形基础

2. 独立基础

当建筑物上部结构为框架结构或单层排架结构时，基础常采用独立基础。独立基础常用的断面形式有阶梯形、坡形等。独立基础是柱下基础的基本形式，有现浇和预制之分，如图 2-7(a)所示为现浇基础。当采用预制柱时，独立基础做成杯口形，将柱子插入杯口并用细石混凝土嵌固，称为杯口独立基础，如图 2-7(b)所示，其台阶形踏步高为 300～500 mm，锥形或杯口基础边缘的厚度不小于 200 mm，混凝土强度不低于 C20，垫层厚度不小于 70 mm。

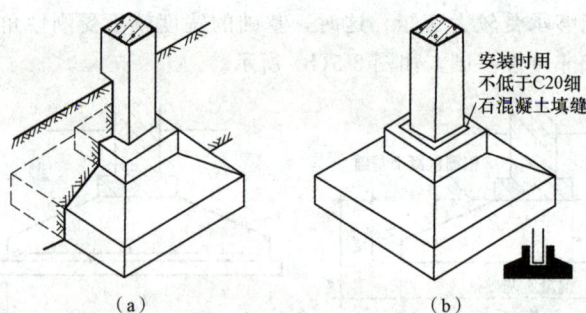

（a）　　　　　　　　　　　（b）

图 2-7　独立基础

（a）现浇基础；（b）杯口独立基础

3. 井格基础

当框架结构所处地基条件较差或上部荷载较大时，为了提高建筑物的整体刚度，以避免各柱子之间的不均匀沉降，常将柱下基础沿纵横方向连接起来，做成十字交叉的井格基础，如图 2-8 所示。

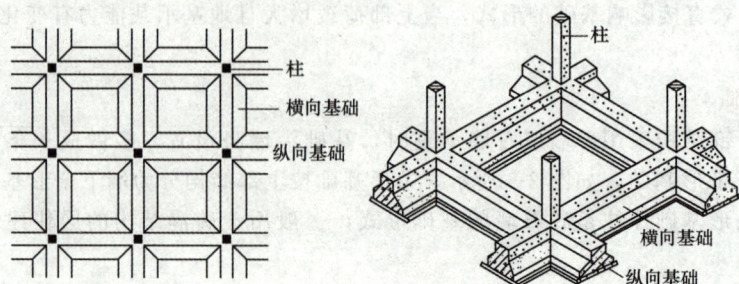

图 2-8　井格基础

4. 筏板基础

当建筑物上部荷载较大，而地基土质较弱、承载能力小，采用其他基础形式不能满足建筑物的整体刚度和地基变形要求时，通常将墙或柱下基础连成一片，形成筏板基础。筏板基础在构造上像倒置的钢筋混凝土楼盖，分为板式结构和梁板式结构两类，如图 2-9 所示。

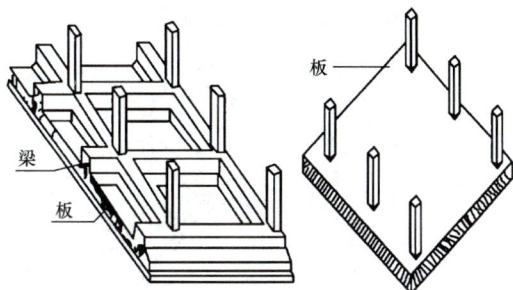

图 2-9　筏板基础

5. 箱形基础

箱形基础是由钢筋混凝土顶板、底板和纵横墙板组成的一个中空的箱形整体结构，共同承受上部荷载。其中空部分可用作地下室或地下停车库。箱形基础的空间刚度大，整体性好，能抵抗地基的不均匀沉降，一般适用于高层建筑或软弱地基上荷载较大的建筑物，如图 2-10 所示。

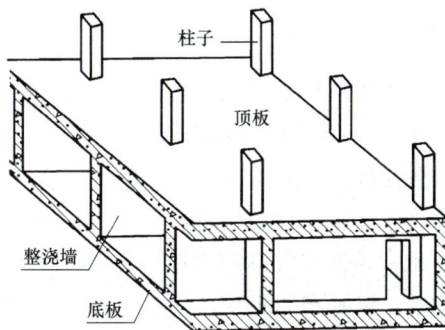

图 2-10　箱形基础

6. 桩基础

当建筑物上部荷载较大、地基土的软弱土层较厚、地基承载力不能满足要求时，若做人工地基处理困难或不经济，常采用桩基础。桩基础由承台和桩柱组成，如图 2-11 所示。承台是在桩顶现浇的钢筋混凝土梁或板，将上部结构的荷载传给下部的桩柱，其中承台梁用于墙下，承台板用于柱下。桩基础的种类很多，按材料的不同可分为木桩、钢桩、钢筋混凝土桩等，我国采用最多的为钢筋混凝土桩。按施工方法的不同可分为打入桩、

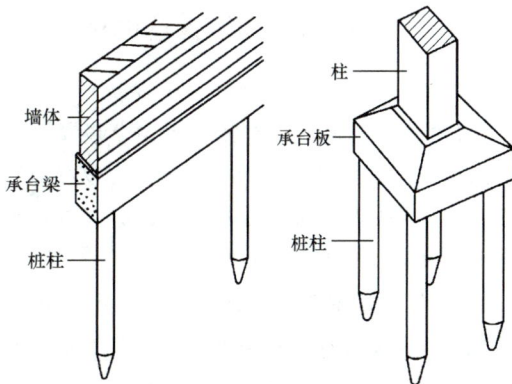

图 2-11　桩基础

灌注桩、振入桩等。桩基础根据受力性质的不同又可分为端承桩和摩擦桩。

7. 壳体基础

烟囱、水塔、仓储、中小型高炉等各类桶形构筑物基础，因为平面尺寸较大，为节约材料并使基础结构有较好的受力特征，常将基础做成壳体形式的独立基础，成为壳体基础。其常用形式有正圆锥壳、M形组合壳、内球外锥组合壳等。如图2-12所示为锥形薄壳基础。

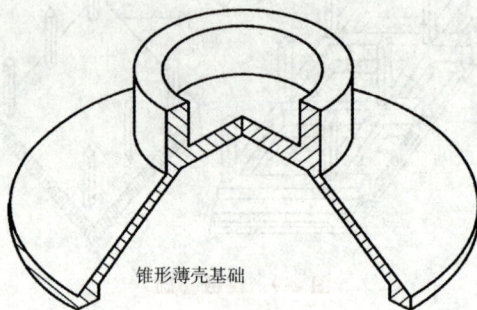

锥形薄壳基础

图 2-12　锥形薄壳基础

2.3　基础的埋置深度及影响因素

视频：基础的
埋置深度

2.3.1　基础的埋置深度

基础的埋置深度是指室外设计地面到基础底面的垂直距离，简称基础埋深，如图2-13所示。根据基础埋置深度的不同，基础可分为深基础、浅基础和不埋基础。一般情况下埋深大于或等于5 m的叫深基础；埋置深度在5 m以内的叫浅基础；不埋基础就是直接做在地表面上的基础。在满足地基稳定和变形要求的前提下，基础宜浅埋，当上层地基的承载力大于下层地基时，宜利用上层土做持力层。除岩石地基外，基础埋深不宜小于0.5 m。

2.3.2　影响基础埋置深度的因素

影响基础埋置深度的因素主要有以下几点：

（1）建筑物的用途、有无地下室、设备基础和地下设施以及基础的形式和构造建筑物。设有地下室时，基础埋深要受到地下室地面标高的影响。当设计的工程是冷藏库或高温炉窑时，其基础埋深应考虑地基土由于温度变化（热传导引起的）产生的不利影响。

（2）作用在地基上的荷载大小和性质。对于竖向荷载大、地震力和风力等水平荷载也大的高层建筑，其基础埋深应适当增加以满足稳定性的要求。

（3）工程地质和水文地质条件。基础必须建造在坚实可靠的土层上，不能设置在耕植土、淤

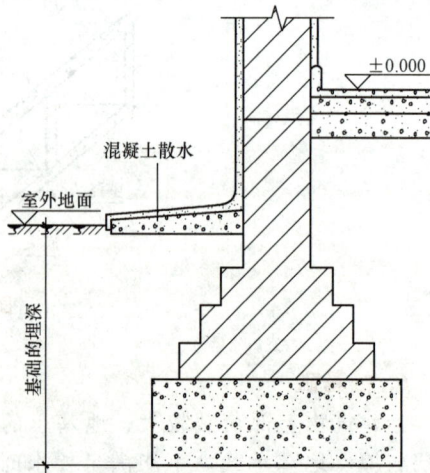

图 2-13　基础埋深示意

泥土、杂填土等弱土层上。当地基上层土较好、下层土较软弱时，基础宜浅埋；若地基的上层土软弱且较厚时，加大基础埋深不经济，可考虑人工加固处理。

地下水水位的高低随季节而升降，直接影响地基承载力。如黏性土遇水后因含水率增加体积膨胀，使土的承载力下降；而含有侵蚀性物质的地下水，会对基础产生腐蚀。因此，基础最好埋置在地下水水位以上，当地下水水位较高，而基础不能埋置在地下水水位以上时，宜将基础埋置在最低地下水水位以下不小于 200 mm，如图 2-14 所示。

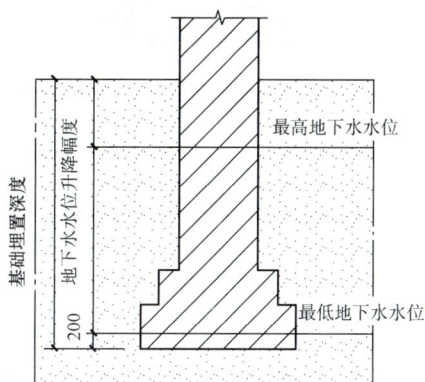

图 2-14　基础埋置深度与地下水水位的关系

(4)相邻建筑物的基础埋深。当存在相邻建筑物时，新建建筑物的基础埋深不宜大于原有建筑的基础埋深。当新建建筑物的基础埋深大于原有建筑的基础埋深时，两基础间应保持一定净距，其数值应根据建筑荷载大小、基础形式和土质情况确定。一般两基础间的水平距离取基础底面高差的1～2倍，基础埋深与相邻基础的关系如图 2-15 所示。

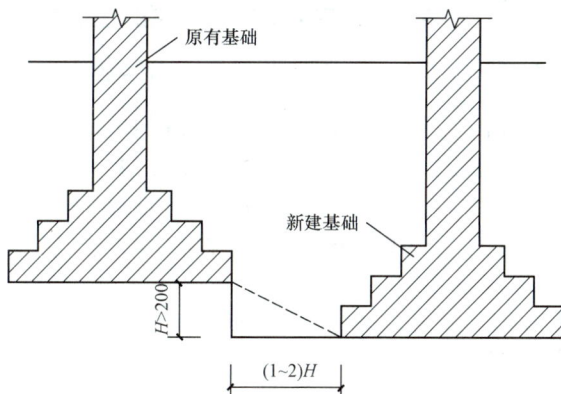

图 2-15　基础埋置深度与相邻基础的关系

(5)地基土冻融的影响。地面以下的冻结土与非冻结土的分界线称为冰冻线，冰冻线的深度称为冻结深度。土的冻结深度取决于当地的气候条件。季节性冻土是指一年内冻结与解冻交替出现的土层。冬季，土的冻胀力将基础向上拱起；春季，气温回升，土层解冻，基础又下沉。由于冻胀和融陷的不均匀性，建筑物会出现如墙身开裂、门窗变形等现象，甚至使建筑物遭到破坏。因此，一般要求将基础埋置在冰冻线以下 200 mm 处，如图 2-16 所示。

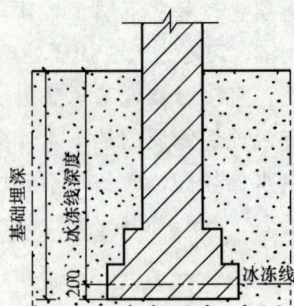

图 2-16　基础埋置深度与冻土层的关系

2.4　地下室

2.4.1　地下室的构造

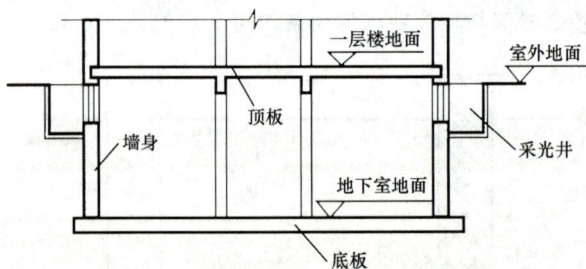

建筑物首层下面的房间叫地下室，它利用了地下空间，从而节约了建设用地。地下室一般由墙体、底板、顶板、门窗、楼梯和采光井六个部分组成，如图 2-17 所示。其中，墙体一般为钢筋混凝土或素混凝土墙，其最小厚度不低于 300 mm；顶板一般可用预制板或现浇板；底板处于最高地下水水位以上，垫层上现浇 60～80 mm 厚混凝土，再做面层；底板处于最高地下水水位以下时，应采用钢筋混凝土底板，并双层配筋，底板下垫层上还应设置防水层；门窗在室外地坪以下时，应设置采光井和防护箅。

图 2-17　地下室组成

2.4.2　地下室的分类

1. 按使用功能划分

地下室按使用功能不同划分为普通地下室和人防地下室。普通地下室用作高层建筑的地下车库、设备用房等；人防地下室用于战时情况下人员的隐蔽和疏散，并具备保障人身安全的各项技术措施。

2. 按埋入地下深度划分

地下室按埋入地下深度划分为全地下室和半地下室，如图 2-18 所示。全地下室是指地下地面低于室外地坪的高度超过该房间净高的 1/2；半地下室是指地下室地面低于室外地坪的高度超过该房间净高的 1/3，但不超过其 1/2。

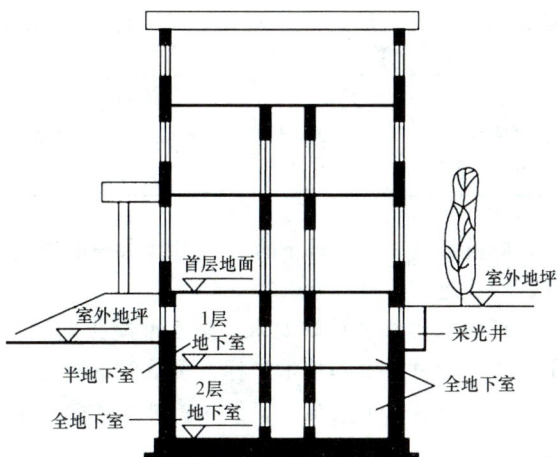

图 2-18　地下室类型示意

3. 按结构材料划分

地下室按结构材料划分为砖墙地下室和钢筋混凝土地下室。

2.4.3　地下室的防水

由于地下室经常受到下渗地表水、土壤中的潮气和地下水的侵蚀，因此地下室的防水是设计中要解决的一个重要问题。如果防水工作处理不当，会导致内墙面生霉，抹灰脱落，会影响地下室的使用和建筑物的耐久性。由于地下室埋置较深，无论地下水水位的高度及变化情况如何，都统一做防水构造处理。

1. 地下室防水的设计要求

地下工程应进行防水设计，并应做到定级准确、方案可靠、施工简便、耐久适用、经济合理。地下室防水工程分为四个等级，见表 2-3。

表 2-3　地下室防水工程等级

防水等级	防水标准	适用范围
一级	不允许渗水，结构表面无湿渍	人员长期停留的场所； 因有少量湿渍会使物品变质、失效的储物场所及严重影响设备正常运转和危及工程安全运营的部位； 极重要的战备工程、地铁车站
二级	不允许漏水，结构表面可有少量湿渍； 工业与民用建筑：湿渍总面积不大于总防水面积的 1/1 000；任意 100 m² 防水面积上的湿渍不超过 2 处，单个湿渍的最大面积不大于 0.1 m²； 其他地下工程：湿渍总面积不大于总防水面积的 2/1 000，任意 100 m² 防水面积上湿渍不超过 3 处，单个湿渍的面积不大于 0.2 m²； 任意 100 m² 防水面积上的渗水量不大于 0.15 L/(m²·d)	人员经常活动的场所； 在有少量湿渍情况下不会使物品变质、失效的储物场所，以及基本不影响设备正常运转和工程安全运营的部位； 重要的战备工程
三级	有少量漏水点，不得有线流和漏泥沙； 任意 100 m² 防水面积上的漏水或湿渍点数不超过 7 处，单个漏水点的最大漏水量不大于 2.5 L/d，单个湿渍的面积不大于 0.3 m²	人员临时活动的场所； 一般战备工程

防水等级	防水标准	适用范围
四级	有漏水点，不得有线流和漏泥沙； 整个工程平均漏水量不大于 2 L/(m²·d)，任意 100 m² 防水面积的平均漏水量不大于 4 L/(m²·d)	对渗漏水无严格要求的工程

地下工程的防水设计，应根据地表水、地下水、毛细管水等的作用，以及由于人为因素引起的附近水文地质改变的影响确定。

地下室防水设计内容包括防水等级和设防要求；防水混凝土的抗渗等级和其他技术指标、质量保证措施；其他防水层选用的材料及其技术指标、质量保证措施；工程细部构造的防水措施，选用的材料及其技术指标、质量保证措施；工程的防排水系统、地面挡水和截水系统及工程各种洞口的防倒灌措施。

2. 地下室防水做法

地下室防水做法根据材料的不同有各种卷材防水、防水混凝土防水、涂料防水、防水砂浆防水、膨润土防水材料防水等。地下工程的迎水面主体结构应采用防水混凝土，并应根据防水等级的要求采取其他防水措施。处于侵蚀性介质中的工程，应采用耐侵蚀的防水混凝土、防水砂浆、防水卷材或防水涂料等防水材料。结构刚度较差或受震动作用的工程，宜采用延伸率较大的卷材、涂料等柔性防水材料。防水等级越高，设防的要求也就越高，见表 2-4。

表 2-4　地下室防水工程等级

防水等级 防水措施	一级	二级	三级	四级
防水混凝土	应选	应选	应选	宜选
防水卷材、防水涂料、防水砂浆、膨润土防水材料	应选 1～2 种	应选一种	宜选一种	—

(1)地下室防潮构造。当设计最高地下水水位低于地下室地面，又没有形成滞水的可能时，地下水不会直接侵入地下室，这时一般只需做防潮处理，具体做法如图 2-19 所示。

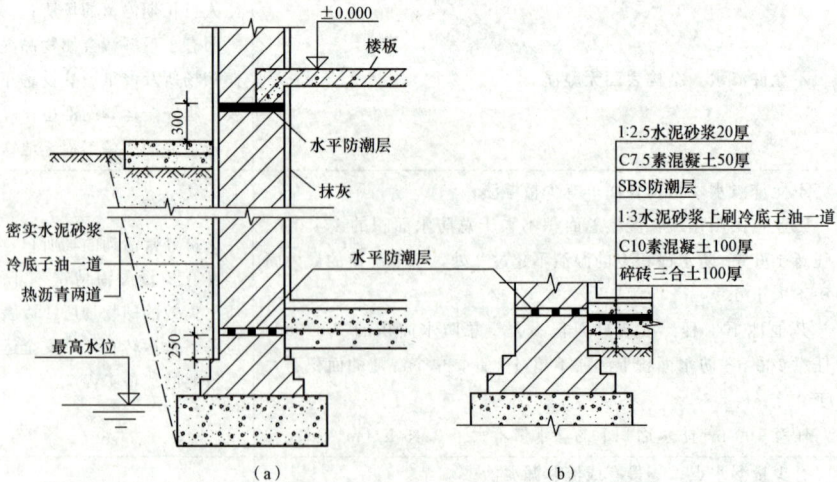

图 2-19　地下室防潮示意

(a)墙身防潮；(b)地坪防潮

地下室墙体必须采用水泥砂浆砌筑，而且灰缝必须饱满。

1）在外墙设垂直防潮层；垂直防潮层是指在外墙表面先抹一层 20 mm 厚的水泥砂浆找平层后，涂刷一道冷底子油和两道热沥青。

2）在防潮层的外侧回填低渗透性的土壤，如黏土、灰土等，土层宽度要有 500 mm 左右。

3）地下室的所有墙体必须设两道水平防潮层：一道设在地下室的地坪附近，一般是在地坪的结构层之间；另一道设在室外地面散水坡以上 150～300 mm 的位置。

（2）地下室卷材防水。卷材防水属于柔性防水，适用于经常处于地下水环境且受侵蚀性介质作用或受震动作用的地下工程。常用的卷材有高聚物改性沥青类防水卷材和合成高分子类防水卷材。卷材防水应铺设在地下室混凝土结构主体的迎水面上。铺设位置是自底板垫层至墙体防水设防高度的结构基面上，同时应在外围形成封闭的防水层。根据防水层铺设位置的不同可分为外防水和内防水，如图 2-20 所示。外防水是将防水层贴在地下室外墙的外表面，防水效果好，但维修困难；内防水是将防水层贴在地下室外墙的内表面，其优点是施工方便，便于维修，但防水效果较差，故常用于修缮工程。

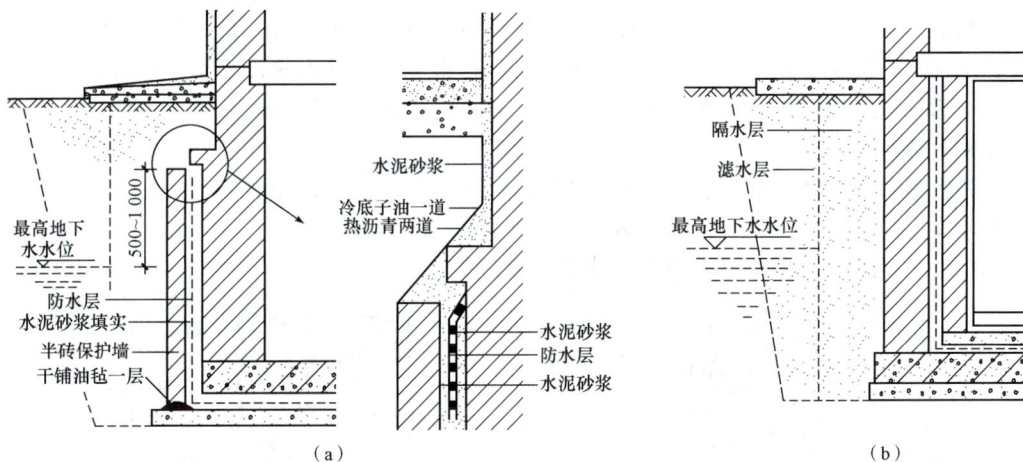

图 2-20　地下室卷材防水构造
(a)外防水；(b)内防水

防水卷材施工前，基层应干净、干燥，并应涂刷基层处理剂；当基面潮湿时，应涂刷湿固化型胶粘剂或潮湿界面隔离剂。基层处理剂应与卷材及胶粘剂的材料相容，可采用喷涂或涂刷法施工，喷涂应均匀一致、不露底，待表面干燥后方可铺贴卷材。铺贴时应符合搭接要求。当铺贴双层卷材时，上下两层和相邻两幅卷材的接缝应错开 1/3～1/2 幅宽，且两层卷材不得相互垂直铺贴。

（3）地下室防水混凝土防水。防水混凝土可通过调整配合比或掺入外加剂、掺合料等措施配置而成，其抗渗等级不得低于 P6。除满足抗渗等级要求外，还应根据地下工程所处的环境和工作条件，满足抗压、抗冻和抗侵蚀等耐久性要求。防水混凝土不能用于环境温度高于 80 ℃ 的地下工程。其结构厚度不应小于 250 mm；裂缝宽度不得大于 0.2 mm，并不得贯通；钢筋保护层厚度应根据结构的耐久性和工程环境选用，迎水面钢筋保护层厚度不应小于 50 mm，如图 2-21 所示。

防水混凝土是依靠材料自身的憎水性和密实性来达到防水的目的，它既是承重和围护结构，又有可靠的防水性能。防水混凝土在现场浇筑时，应尽可能地少留施工缝。对于施工缝应进行防水处理，通常采用膨胀橡胶止水条填缝。

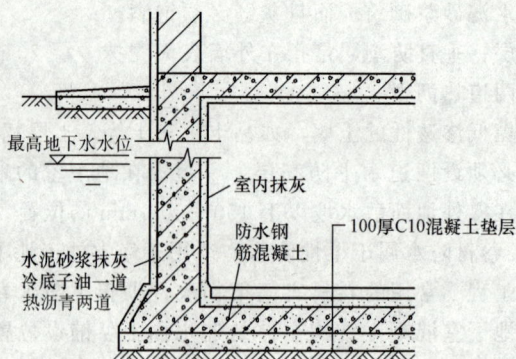

图 2-21　地下室防水混凝土防水构造

（4）地下室涂料防水。涂料防水做法适用于受侵蚀性介质作用或受震动作用的地下工程主体迎水面或背水面的防水。涂料防水层应包括无机防水涂料和有机防水涂料。无机防水涂料可选用掺外加剂、掺合料的水泥基防水涂料、水泥基渗透结晶型防水涂料。有机防水涂料可选用反应型、水乳型、聚合物水泥等涂料。无机防水涂料宜用于结构主体的背水面，有机防水涂料宜用于地下工程主体结构的迎水面，用于背水面的有机防水涂料应具有较高的抗渗性，且与基层有较好的黏结性。

涂料防水做法有外防外涂和外防内涂两种，如图 2-22 所示。掺外加剂、掺合料的水泥基防水涂料厚度不得小于 3 mm，水泥基渗透结晶型防水涂料的用量不应小于 1.5 kg/m²，且厚度不应小于 1.0 mm；有机防水涂料的厚度不得小于 1.2 mm。

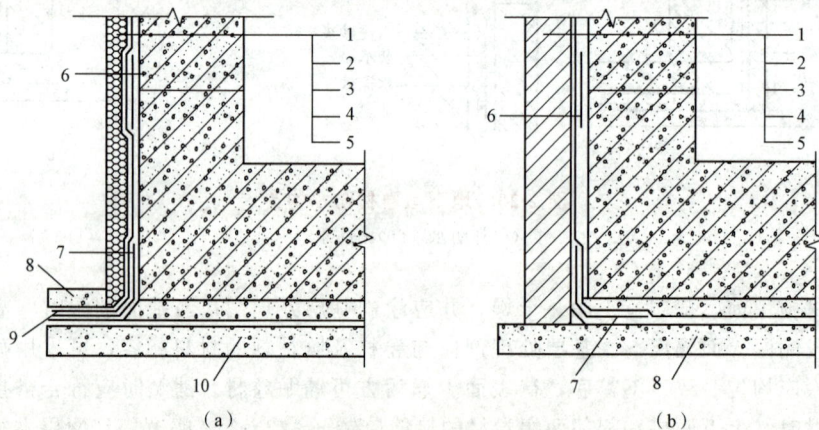

图 2-22　防水涂料防水构造

（a）外防外涂
1—保护膜；2—砂浆保护层；3—涂料防水层；4—砂浆找平层；5—结构墙体；
6—涂料防水层加强层；7—涂料防水加强层；8—涂料；9—涂料防水层搭接部位；10—混凝土垫层
（b）外防内涂
1—保护墙；2—涂料保护层；3—涂料防水层；4—找平层；5—结构墙体；
6—涂料防水层加强层；7—涂料防水加强层；8—混凝土垫层

2.4.4　地下室的排水

地下室排水的原理是利用地漏、水箅子、水管和水沟等，将地面水收集到集水井，最后通过水泵抽取出去。常用方法如下。

1. 排水沟系统

地面以 0.5％～1％ 的坡度坡向水沟，沟一般宽 300 mm、深 300 mm；也有以 0.5％～1％ 的坡度坡向集水井，沟上覆盖铸铁箅子。一般结构地板为架空板或无梁楼板时，采用这种方法，如图 2-23 所示。

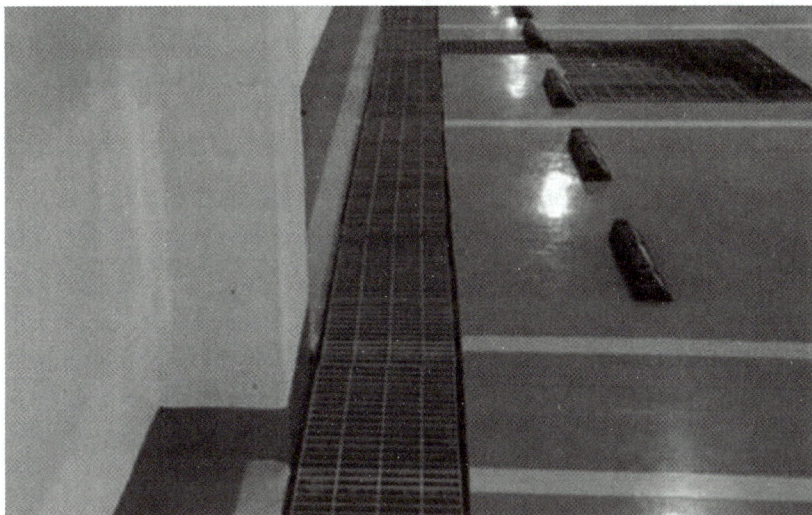

图 2-23　地下室排水沟排水

2. 地漏系统

用地漏排水管方式排至集水井。地下室地面从各方向以 0.5％～1％ 的坡度坡向地漏。地漏与水管相通，水管再以 0.5％～1％ 的坡度，将水汇集到集水坑。一般地下室底板为梁板结构形式时采用这种方式。其优点是不影响结构层，造价低；缺点是大量排水时不通畅且不易清理。

3. 地漏与明沟联合系统

在地下室面层内做明沟，沟深一般为 100 mm，借助地漏和水管排至集水井，底板为梁板形式且较薄的地下室多采用这种系统。其优点是可以清扫、不破坏结构层、造价低，缺点是大量排水时明沟太浅。

4. 箅子井排水系统

在底板上每隔一定距离设置一个 600 mm×600 mm 的箅子井，通过排水管排至集水井。任何形式的结构底板均可以采用这种排水方式。它是明沟和地漏两种方式结合的变通，既解决了大量排水时的通畅问题，又便于清通，可保持地面平整。

拓展阅读

福寿沟：宋城赣州的地下排水系统传奇，历史传承与文化遗产

福寿沟是赣州旧城两条地下排水沟的总称，是江西赣州古城的一项集江河坑塘于一体的系统综合水利工程，也是全国乃至全世界现存年代最早并续用至今的古代城市下水道。它位于千里赣江第一城——江西省赣州市（章贡区），因福寿沟的两条沟的走向形似篆体的"福""寿"二字（图 2-24），因此得名"福寿沟"。

福寿沟有两大鲜明的特点：一个是防洪排涝成效显著；另一个是历史悠久，沿用至今。它是由北宋熙宁年间(1068—1077年)水利专家刘彝任赣州知州时修建,历经元、明、清三代,清同治年间以及20世纪初期都经过大规模的修葺,并于20世纪50年代再次恢复了排水功能。福寿沟呈砖拱结构,沟顶分布着铜钱状的排水口,全长12.6 km。

福寿沟沿用千年,使赣州古城"暴雨不涝",被誉为千年不朽的"城市良心"。2019年,福寿沟被列入第八批全国重点文物保护单位名单。

1. 地域简介

赣州在唐末由虔州刺史卢光稠做扩城规划,留下了可圈可点的生态文明建筑作品。但由于扩城工程浩大、城西北地势低洼及城市排水系统规划建设的不合理等,此后的200年中,赣州城人民屡屡遭受洪涝灾害的侵袭,老百姓苦不堪言。

北宋熙宁年间(公元1068—1077年)赣州知州刘彝上任后目睹洪涝灾害给城市广大老百姓带来的损失和痛苦,经过反复的思考和实地踏勘,比较科学地提出了根据城市地势西南高、东北低的地形特点,以州前大街(今文清路)为排水分界线,西北部以寿沟、东南部以福沟命名。刘彝既从城市环保的角度,在城市地理位置、山形地势上因势利导,把城市排水系统规划设计成集城市污水和雨水排放、城市诸多池塘蓄水、调节雨水流量、调节城市环境空气湿度、排除池塘停积淤泥、减少排水沟的淤积、池塘养鱼、淤泥作为有机肥料用来种菜于一体的生态环保循环链系统;又把福寿二沟线路走向设计成古篆体之形,"纵横纡析,或伏或见",作为赣州龟形城的龟背纹嵌在龟背上,充分地考虑了赣州城的永固,增加了人民的福祉,寄托了他的美好愿望。

赣州是一个不怕水淹的城市。古人留下的福寿沟呈砖拱结构,沟顶分布着铜钱状的排水孔。据测量,现存排水孔最大处宽1 m、深1.6 m;最小处宽、深各0.6 m,与志书上记载基本一致。

在现代,如果下水道的坡度不够,一般用抽水机抽水,而福寿沟完全利用城市地形的高差,采用自然流向的办法,使城市的雨水、污水自然排入江中。

不过,每逢雨季,江水上涨超过出水口,也会出现江水倒灌入城的情况。于是,刘彝又根据水力学原理,在出水口处,"造水窗十二,视水消长而后闭之,水患顿息"。

水窗是一项很具有科技含量的设计。原理很简单,每当江水水位低于水窗时,即借下水道水力将水窗冲开排水。反之,当江水水位高于水窗时,则借江水水力将水窗自外紧闭,以防倒灌。同时,为了保证水窗内沟道畅通和具备足够的冲力,刘彝采取了改变断面、加大坡度等方法。有专家曾以度龙桥处水窗为例计算,该水窗断面尺寸宽1.15 m、高1.65 m,而度龙桥宽4 m、高2.5 m,于是通过度龙桥的水进入水窗时,流速陡然增加了2~3倍。同时,该水窗沟道的坡度为4.25%(指水平距离每100 m,垂直方向上升或下降4.25 m),这是正常下水道采用坡度的4倍。这样确保水窗内能形成强大的水流,足以带走泥沙,排入江中。

据赣州著名文史专家和规划专家韩振飞和陆川介绍,打开福寿沟古地图,我们会清晰地看到在龟形的赣州古城图上,南北向一个清晰可见的古篆体寿字形结构下水道平布在其上,东西向一个古篆体福字形结构下水道也平布在其上。

2. 工程内容

福寿沟工程主要分为三大部分:一是将原来简易的下水道改造成矩形断面,砖石砌垒,断面宽大约90 cm,高180 cm,沟顶用砖石垒盖,纵横遍布城市的各个角落,分别将城市的污水收集排放到贡江和章江;二是将福寿二沟与城内的三池(凤凰池、金鱼池、嘶马池)以及清水塘、荷包塘、薰菜塘、花园塘、铁盔塘等几十口池塘连通起来,一方面增加城市暴雨时的雨水调节容量,减少街道淹没的面积和时间,另一方面可以利用池塘养鱼、淤泥种菜,形成生态环保循环链;三是建设了12个防止洪水季节江水倒灌、造成城内内涝灾害的水窗,这种水窗结构由外闸门、度龙桥、内闸门和调节池四部分组成,主要是运用水力学原理,江水上涨时,利用水力将外闸门自动关闭，若水位下降到低于水窗，则借水窗内沟道水力将内闸门冲开。

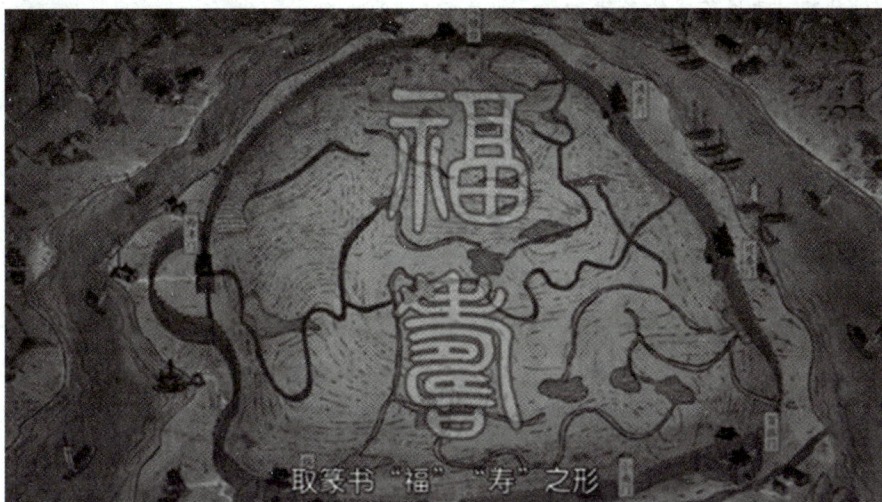

图 2-24 福寿

值得一提的是，福寿沟工程通过科学、合理的设计，利用城市地形的自然高差，全部采用自然流向的办法，使城市的雨水、污水自然排入江中和濠塘内。

项目小结

1. 基础是建筑物的组成部分，它承受着建筑物上部结构传递下来的全部荷载，并把荷载传到地基上。地基不是建筑物的组成部分，只是基础下方承受全部建筑荷载的土层。

2. 基础的埋置深度是指室外设计地面到基础底面的垂直距离，简称基础埋深。影响基础埋置深度的因素主要有建筑物的用途、作用在地基上的荷载大小和性质、工程地质和水文地质条件、相邻建筑的影响以及地基土冻融的影响。

3. 基础按材料及受力特点分为刚性基础和柔性基础；按构造形式分为条形基础、独立基础、井格基础、筏板基础、箱形基础及桩基础等。

4. 地下室按使用功能不同分为普通地下室和人防地下室；按地下室埋入地下深度可分为全地下室和半地下室。

5. 地下室一般由墙体、底板、顶板、门窗、楼梯和采光井六部分组成。

6. 地下室防水做法主要有卷材防水、防水混凝土防水、涂料防水等。

习 题

一、填空题

1. 按基础的构造形式分类，基础可分为_____、_____和_____。

2. 影响拟建房屋基础的埋置深度的因素有_____、_____、_____和_____。

3. 基础的类型较多，按基础所采用材料和受力特点分，有_____和_____。

4. 地基分为_____、_____和_____三个组成部分。

5. 地下室一般由_____、_____、_____、_____和_____组成。

二、选择题

1. 下列对基础适用范围的表述，错误的是（   ）。

    A. 独立基础常应用于框架结构或单层排架结构的建筑物，多为柔性基础

    B. 条形基础多用于承重墙和自承重墙下部设置的基础，为刚性基础

    C. 箱形基础常用于高层建筑以及设一层或多层地下室的建筑中

    D. 当地基条件较好或建筑物上部荷载较大时，可采用井格基础或筏板基础

2. 下列属于柔性基础的是（   ）。

    A. 砖基础   B. 毛石基础

    C. 素混凝土基础   D. 钢筋混凝土基础

3. 基础的埋置深度至少不能小于（   ）mm。

    A. 500   B. 800   C. 600   D. 700

4. 下列不属于建筑物组成部分的是（   ）。

    A. 基础   B. 地基   C. 墙体   D. 楼地层

三、简答题

1. 简述基础与地基的设计要求。

2. 地下水水位如何影响基础的埋置深度？如何处理地下水水位与埋置深度的关系？

3. 简述防水混凝土防水的基本要求。

项目3 墙体

📡 项目导读

墙体既是建筑重要的承重结构，也是建筑主要的围护结构。墙体在建筑中所处的位置不同，功能与作用则不同，设计要求也不同。墙体的类型有很多种，重点介绍砌块墙，同时介绍常用的隔墙类型以及因适应建筑工业化要求而逐步推广的骨架式墙体。为满足墙体在使用中的功能及美观要求，应对墙面进行装修。墙面装修有多种方式，本项目主要针对大量民用建筑中常用的装修类型加以介绍。

⚙️ 思维导图

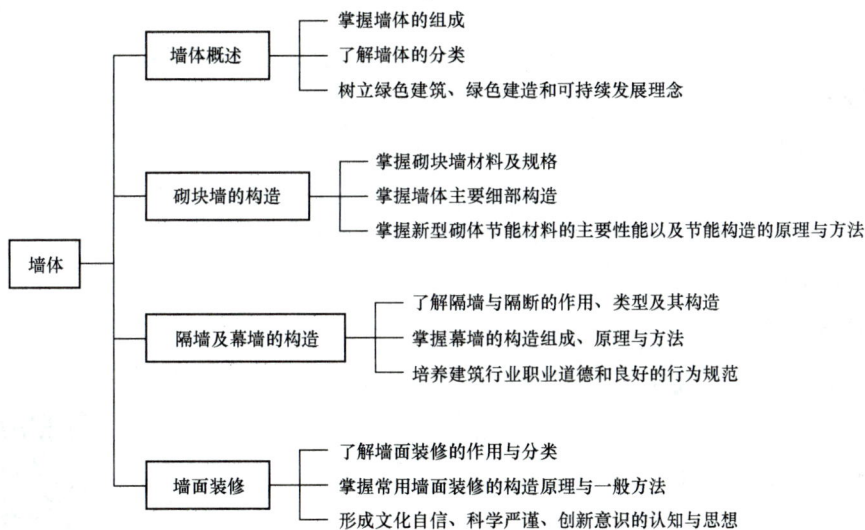

🎯 案例导入

题目：墙身剖面设计

1. 设计条件

四层建筑物，外墙采用砖墙（墙厚 240 mm），墙上有窗。室内外高差为 450 mm。室内地坪层次分别为素土夯实，3∶7 灰土厚 100 mm，C10 素混凝土层厚 80 mm，水泥砂浆面层厚 20 mm。采用钢筋混凝土现浇楼板。

2.设计内容

要求沿外墙窗部位纵剖，直至基础以上，绘制墙身剖面。重点绘制的大样有楼板与砖墙结合节点；过梁；窗台；勒脚及其防潮处理；明沟或散水。比例为1：10。

3.图纸要求

用一张A3图纸完成，图中线条、材料等，一律按建筑制图标准表示。

3.1　墙体概述

墙体是建筑物重要的竖向联系组成部分，主要起结构承重、围护和分隔空间的作用，同时还具有保温、隔热、隔声等功能。传统建筑墙体以砖石砌筑为主，围护作用和结构承重合二为一，墙体既能够自承重，同时也承受荷载，因此建筑形态受到一定的制约；现代建筑以框架体系为主，墙体只起围护作用，而承重作用由框架承担，因此墙体的形态和布置更加灵活。

3.1.1　墙体的组成

为了满足墙体相应的功能要求，一般墙体的材料和构造组成不是单一的，墙体通常包括墙体基层、墙体面层和其他构造层。

1.墙体基层

墙体基层是墙体的结构层，是保证墙体强度、刚度和稳定性的基本层次，如砌块墙、钢筋混凝土墙、轻钢龙骨石膏板墙等。砌块、构造柱、圈梁等都是墙体基层的组成部分。

2.墙体面层

墙体面层是墙体表面的装饰层，分为外墙面层和内墙面层。根据建筑的形象、功能和经济性等要求，采用不同的面层做法。常见的外墙面层（如真石漆面层、干挂石材面层、铝板面层等）展现了建筑的外部形象。常见的内墙面层（如内墙涂料面层、面砖面层、木饰面面层等）展示了室内空间的效果。

3.其他构造层

为了满足墙体一定的功能需要，通常在基层和面层之间还需要设置墙体的其他构造层，如找平层、保温层、抗裂砂浆层等。

3.1.2　墙体的分类

按不同的分类方式，墙体的类型和名称不同。

1.墙体按所处位置分类

视频：墙体的类型

（1）外墙。外墙位于建筑物外界四周，是房屋的外围护结构，起着抵御自然界各种因素对室内侵袭的作用。

（2）内墙。内墙位于房屋内部，主要起分隔内部空间、创造室内舒服环境的作用。

（3）纵墙。沿建筑物长轴方向布置的墙称为纵墙。

（4）横墙。沿建筑物短轴方向布置的墙称为横墙，外横墙俗称山墙。

不同位置的墙体示意，如图3-1所示。

另外，根据墙体与门窗的位置关系，平面上窗洞口之间的墙体可以称为窗间墙，立面上窗洞口之间的墙体可以称为窗下墙。屋顶上部的墙称为女儿墙。

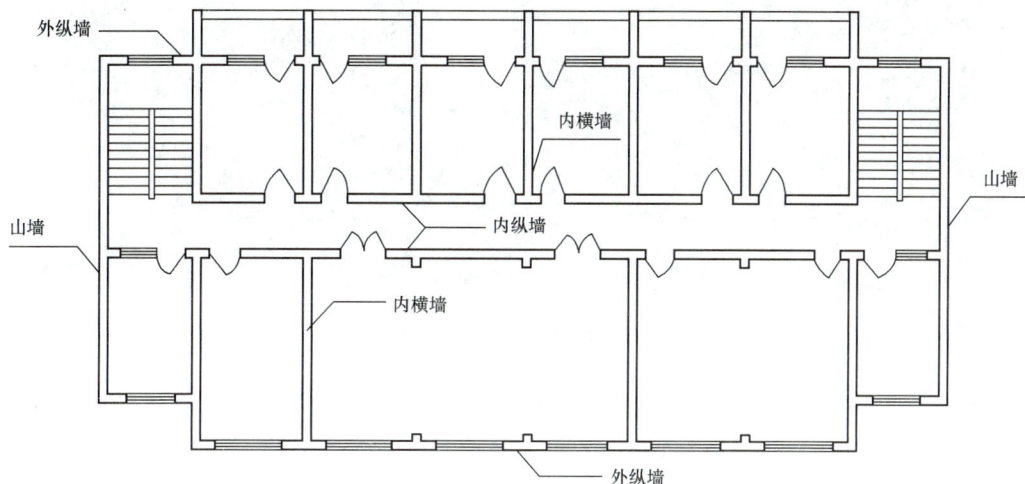

图 3-1　不同位置的墙体示意

2. 墙体按材料分类

（1）砖墙。用作墙体的砖有烧结砖（普通砖、多孔砖）（图 3-2）、蒸压砖（灰砂砖、粉煤灰砖）（图 3-3）。

1）烧结普通砖是以黏土、页岩、煤矸石等为主要原材料，经坯料制备，入窑焙烧而成的实心砖；烧结多孔砖是以黏土、页岩、煤矸石、粉煤灰、淤泥（江河湖淤泥及其他固体废弃物等）为主要原材料，经焙烧而成的，主要用于建筑物承重部位。

2）蒸压灰砂砖是以石灰和砂为主要原材料，允许掺入颜料和外加剂，经坯料制备、压制成型、蒸压养护而成的实心砖。

图 3-2　普通砖、多孔砖

图 3-3　灰砂砖、粉煤灰砖

砖墙可以用于承重墙、非承重隔墙，但不得用于框架结构的填充墙和内隔墙。《建筑抗震设计标准（2024 年版）》（GB/T 50011—2010）中规定：普遍用于砌体结构承重用砖和多孔砖的强度等级不应低于 MU10，其砌筑砂浆强度等级不应低于 M5。

（2）加气混凝土砌块墙。加气混凝土是一种轻质材料，是以硅质和钙质材料为主要原材料，经加水搅拌发泡、浇筑成型、预养切割、蒸压养护等工艺制成的含泡沫状的砌块，多用于非承重的隔墙和框架结构的填充墙，如图 3-4 所示。

图 3-4　加气混凝土砌块

《蒸压加气混凝土制品应用技术标准》(JGJ/T 17—2020)中规定：加气混凝土砌块的强度等级不应低于 A5.0(加气混凝土砌块共有 4 个强度等级，分别是 A2.5、A3.5、A5.0、A7.5)，砂浆的强度等级不应低于 M5。加气混凝土砌块墙在选用时应注意以下几点：

1)建筑物防潮层以下的外墙不得采用加气混凝土制品；

2)长期处于浸水和化学侵蚀环境的部位不得采用加气混凝土制品；

3)承重制品表面温度经常处于 80 ℃以上的部位不得采用加气混凝土制品。

(3)普通混凝土空心小型砌块墙。普通混凝土空心小型砌块是以水泥、矿物掺合料、轻集料(或部分轻集料)、水等为原材料，经搅拌、压振成型、养护等工艺制成的主规格尺寸为 390 mm×190 mm×190 mm 的小型空心砌块，如图 3-5 所示。

图 3-5　普通混凝土空心小型砌块

《混凝土小型空心砌块建筑技术规范》(JGJ/T 14—2011)中指出：普通混凝土空心小型砌块的强度等级应不低于 MU7.5，砌筑砂浆的强度等级应不低于 M7.5。8 度设防时允许建造高度为 18 m，建造层数为 6 层。

(4)现浇或预制的钢筋混凝土墙。现浇钢筋混凝土墙身构造基本相同，内保温的外墙由现浇混凝土主体结构、空气层、保温层、内面层组成。预制混凝土外墙板是装配在预制或现浇框架结构上的围护外墙，适用于一般办公楼、旅馆、医院、教学、科研楼等民用建筑，如图 3-6 所示。

图 3-6　现浇、预制钢筋混凝土外墙

（5）玻璃、金属薄板或复合材料板的幕墙。建筑幕墙指的是建筑物不承重的外墙围护，通常由面板（玻璃、金属板、石板、陶瓷板等）和后面的支承结构（铝横梁立柱、钢结构、玻璃肋等）组成。幕墙是外墙护围，不承重，像幕布一样挂上去，故又称为悬挂墙，是现代大型和高层建筑常用的带有装饰效果的轻质墙体。其由结构框架与镶嵌板材组成，是不承担主体结构荷载与作用的建筑围护结构，如图3-7所示。

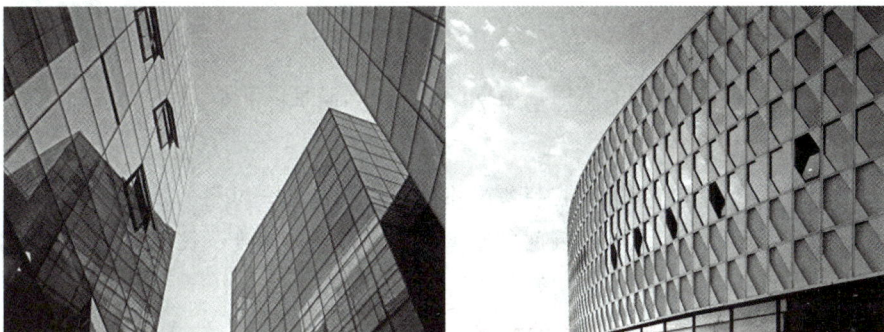

图 3-7　玻璃金属幕墙

3. 墙体按构造方法分类

（1）实心墙。实心墙是单一材料（烧结砖、蒸压砖、石块、混凝土和钢筋混凝土等）和复合材料（钢筋混凝土与聚苯乙烯泡沫塑料分层复合、实心砖与聚苯乙烯泡沫塑料分层复合等）砌筑的不留空隙的墙体。

（2）空心砖与多孔砖墙。墙体使用的空心砖与多孔砖，其黏土含量不得多于20%。空心砖的孔洞率不小于40%，多孔砖的孔洞率不小于25%。这种空心砖的竖向孔洞虽然减少了砖的承压面积，但是砖的厚度增加，砖的承重能力与普通砖相比还是略有提高，其体积质量为 1 350 kg/m³（普通砖的体积质量为 1 800 kg/m³）。由于有竖向孔隙，所以空心砖的保温能力有所提高，这是由孔隙中存有静止的空气层所致。试验证明 190 mm 空心砖墙的保温能力与 240 mm 实心砖墙的保温能力相同。空心砖主要用于框架结构的外围护墙。目前在工程中广泛采用的焦渣空心砖，也是一种较好的围护墙材料。

(3)空斗墙。空斗墙在我国民间流传很久。这种墙体的材料是实心砖，它的砌筑方法为立放与平放相配合，砖立放叫斗砖，平放叫眠砖。

4. 墙体按施工方式分类

(1)块材墙。用砂浆等胶结材料将砖石块材等按一定的方式组砌而成的墙体，如砖墙、石墙及各种砌块墙等。

(2)板筑墙。在现场进行整体浇筑的混凝土或钢筋混凝土板式墙体。

(3)板材墙。在工厂预制成墙板，运到施工现场组装而成的墙体。

5. 墙体按受力特点分类

(1)承重墙。承重墙承受屋顶和楼板等构件传来的垂直荷载和风力、地震力等水平荷载。由于承重墙所处的位置不同，又分为承重内墙和承重外墙，墙下有条形基础。

(2)承自重墙。承自重墙只承受墙体自身质量而不承受屋顶、楼板等垂直荷载。墙下也有条形基础，但基础的宽度小于承重墙。

(3)围护墙。围护墙起着防风、雪、雨的侵袭和保温、隔热、隔声、防水等作用。它对保证房间内具有良好的生活环境和工作条件关系很大。墙体质量由梁承受并传给柱子或基础。

(4)隔墙。隔墙起着将大房间分隔为若干小房间的作用。隔墙应满足隔声的要求，这种墙不用制作基础。

3.1.3 墙体的设计要求

根据墙体所处的位置和功能的不同，墙体设计时应当满足以下要求。

1. 具有足够的强度和稳定性

强度是指墙体承受荷载的能力，它与所采用的材料以及同一材料的强度等级有关。稳定性与墙的高度、长度、厚度以及纵、横墙间的距离有关。当墙体高度、长度确定后，通常可通过增加墙体厚度，增设墙垛、壁柱、圈梁等方法增加墙体的稳定性。

2. 具有必要的保温、隔热等方面的性能

对有保温要求的墙体，需提高其构件的热阻，通常采取增加墙体的厚度、选择导热系数小的墙体材料、进行隔蒸汽等措施。在炎热地区，还应有一定的隔热能力，以防室内过热。

3. 应满足防火的要求

墙体的材料和厚度都应符合防火规范中相应的燃烧性能和耐火极限所规定的要求。对重要建筑物要设置防火墙，防止火灾蔓延。

4. 应满足隔声要求

具有围护或分隔作用的墙体，必须具有良好的隔声能力。一般可通过加强墙体缝隙的填密处理、增加墙厚和墙体的密实性、采用有空气间层或多孔性材料的夹层墙等措施来提高隔声性能。

5. 适应工业化生产的需要

逐步采用非烧结普通砖作为墙体材料，使墙体适应新的墙体材料，是建筑工业化的主要内容，它可为生产工业化和施工机械化创造条件，从而大大降低劳动强度，并提高施工速度。

2019TP01地块项目(特房樾熙湾)

1. 项目概况

2019TP01地块项目(特房樾熙湾)位于厦门市同安区环东海域,项目西侧为滨海西大道,东侧为纵九路,北侧为西福路,南侧为通福路,总用地面积21 551.526 m²,总建筑面积90 501.28 m²(其中地上建筑面积61 760.36 m²,地下建筑面积28 740.92 m²)。项目效果图如图3-8所示。

图 3-8 特房樾熙湾项目效果图

2. 技术革新

本项目共四栋高层住宅(1#、2-1#、5-1#、6-1#),均采用装配式装修,主要体现在装修与建筑同步设计、装配式墙面、装配式吊顶、装配式地面、标准化内装部品、管线分离、机电设备及室内装修一体化的BIM技术应用、可追溯管理系统、工程总承包模式。

本项目已根据《厦门市建设局关于执行房屋建筑工程装配式建造方式评价标准的通知》(厦建总〔2020〕11号)进行装配式装修评价,1#、2-1#、5-1#、6-1#单体装配率均为74%,并于2021年4月被确认为厦门市装配式建造试点项目,是厦门市首个通过装配式装修试点认定的项目,同时也获得了WELL建筑标准金奖认证。

3. 技术特点

装配式墙面是以高强度环保基层板、环保装饰膜为特色,并以H—H或自带连接结构的两种快装结构为主要特征的装配式墙面产品。其由墙饰面板、收口模块、装饰模块等组合构成,自带插接结构,安装快捷,解决了现有装配式墙面产品易翘曲、易形变、表面平整度差等问题。

4. 施工工艺

本项目采用的装配式装修与传统装修相比,工艺简单,工序简化,大大降低对人工的要求。采用大板块、标准化的安装方式,全干法施工,在减少工期、节约项目成本的同时,也缩小了硬装占用面积,提高了得房率。

5. 墙面系统

墙体的调平安装技术采用将竖龙骨的两端分别与天龙骨和地龙骨连接，天龙骨和地龙骨分别与墙体上部和墙体下部连接，使竖龙骨与墙体相对设置，装饰层可通过竖龙骨安装在墙体上，降低了装配难度，提高了装配速度；支撑座与竖龙骨配合使用，然后将调平螺杆插入支撑座的第一通孔，而且第一螺纹段和第二螺纹段均采用半螺纹结构，当调平螺杆抵牢原始墙体时，将螺杆顺时针旋转90°，即可完成调平。该装置通过调节调平螺杆的插入深度，为竖龙骨提供有效支撑，保持竖龙骨的平直延伸，实现竖龙骨相对墙体的找平，为安装在竖龙骨上方的装饰层提供相同的支撑高度；支撑座与调平螺杆通过螺纹连接，可提高调平精度；半螺纹底座可对转动角度进行限位，避免过度调节，保证连接稳定性。在出厂前，可将支撑座安装在竖龙骨上，在施工现场只需要完成调平螺杆的安装和定位，安装步骤简单。

3.2　砌块墙的构造

块材墙是用砂浆等胶结材料将砖石块材等组砌而成的，如砖墙、石墙及各种砌块墙等，也可以简称为砌体。一般情况下，块材墙具有一定的保温、隔热、隔声性能和承载能力，生产制造及施工操作简单，不需要大型的施工设备，但是现场湿作业较多、施工速度慢、劳动强度较大。目前框架结构中大量采用的框架填充墙，属于非承重墙体，常用轻质块材砌筑而成，既可作为外围护墙使用，也可作为内隔墙使用。

视频：墙体的　　视频：墙身的
细部构造　　　　加固措施

3.2.1　砌筑材料

砌块墙中常用的块材有各种砖和砌块。此外，块材墙是通过胶结材料将块材砌筑成的一个整体，胶结材料在砌体中也承担着重要的作用。

1. 砖

砖的种类很多，从材料上看，有黏土砖、灰砂砖、页岩砖、煤矸石砖、水泥砖以及各种工业废料砖（如炉渣砖等）；从外观上看，有实心砖、空心砖和多孔砖；从其制作工艺看，有烧结和蒸压养护成型等方式。常用的砖有烧结普通砖、蒸压粉煤灰砖、蒸压灰砂砖、烧结空心砖和烧结多孔砖。

砖的强度等级按其抗压强度平均值分为 MU30、MU25、MU20、MU15、MU10、MU7.5 等（MU30 即抗压强度平均值不小于 30.0 N/mm^2）。

烧结普通砖指各种烧结的实心砖，其制作的主要原材料可以是黏土、粉煤灰、煤矸石和页岩等，按功能有普通砖和装饰砖之分。黏土砖具有较高的强度和热工、防火、抗冻性能，随着墙体材料改革的进程加快，在大量性民用建筑中曾经发挥重要作用的实心黏土砖已退出历史舞台。

蒸压粉煤灰砖是以粉煤灰、石灰、石膏和细集料为原料，压制成型后经高压蒸汽养护制成的实心砖。其强度高，性能稳定，但用于基础或易受冻融及干湿交替作用的部位时对强度等级要求较高。蒸压灰砂砖是以石灰和砂子为主要原料，成型后经蒸压养护而成的，是一种比烧结砖质量大的承重砖，隔声能力和蓄热能力较好，有空心砖也有实心砖。这两种蒸压砖的实心砖都是替代实心黏土砖的产品之一，但都不得用于长期受热（200 ℃以上）、有流水冲刷及受急冷、急热和有酸碱介质侵蚀的建筑部位。烧结空心砖和烧结多孔砖都是以黏土、页岩、煤矸石等为主要原料经焙烧而成的。前者孔洞率≥35％，后者孔洞率为 15％～30％。这两种砖都主要适用于非承重墙体，但不应用于地面以下或防潮层以下的砌体。

常用的实心砖规格（长×宽×厚）为 240 mm×115 mm×53 mm，加上砌筑时所需的灰缝尺寸，正好形成 4∶2∶1 的尺度关系，便于砌筑时相互搭接和组合。空心砖和多孔砖的尺寸在这一基础上有不同的变化，规格较多。

2. 砌块

砌块与砖的区别在于砌块的外形尺寸比砖大。砌块是利用混凝土、工业废料（炉渣、粉煤灰等）或地方材料制成的人造块材，具有设备简单、砌筑速度快的优点，符合建筑工业化发展中墙体改革的要求。

砌块大多具有质轻、孔隙率大、隔热性能好等优点。但吸水性强、吸水率较大的砌块不能用于长期浸水、经常受干湿交替或冻融循环作用的建筑部位。因此，有防水、防潮要求时，应在砌块墙下先砌 3～5 皮吸水率小的砖。

砌块按外观形状可以分为实心砌块和空心砌块。空心砌块有单排方孔、单排圆孔和多排扁孔三种形式，如图 3-9 所示，其中多排扁孔对保温较有利。砌块按其在组砌中的位置与作用可以分为主砌块和各种辅助砌块。

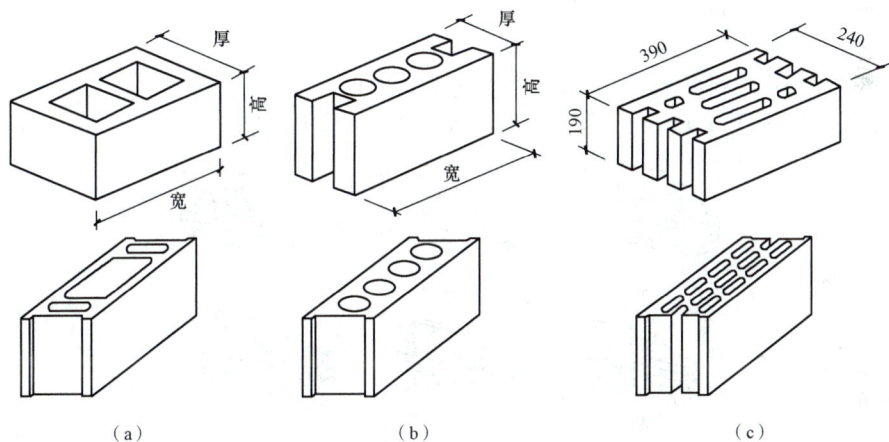

图 3-9　空心砌块

（a）单排方孔；（b）单排圆孔；（c）多排扁孔

3. 胶结材料

块材需与胶结材料一起砌筑成墙体，从而传力均匀。同时胶结材料还起着嵌缝作用，能提高墙体的防寒、隔热和隔声能力。块材墙的胶结材料主要是砂浆。砌筑砂浆要求有一定的强度，以保证墙体的承载能力，还要求有适当的稠度和保水性（有良好的和易性），方便施工。

通常使用的砌筑砂浆有水泥砂浆、石灰砂浆和混合砂浆三种。砂浆的性能主要体现在强度、和易性、防潮性几个方面。水泥砂浆强度高、防潮性能好，主要用于受力和防潮要求高的墙体；石灰砂浆强度和防潮性均较差，但和易性好，用于强度要求低的墙体；混合砂浆由水泥、石灰、砂拌和而成，有一定的强度，和易性也好，使用比较广泛。

一些块材表面较光滑，如蒸压粉煤灰砖、蒸压灰砂砖、蒸压加气混凝土砌块等，砌筑时需要加强与砂浆的黏结力，要求采用经过配方处理的专用砌筑砂浆，或采取提高块材和砂浆间黏结力的相应措施。

砌筑砂浆的强度等级划分为七级：M5、M7.5、M10、M15、M20、M25、M30。在同一段砌体中，砂浆和块材的强度有一定的对应关系，以保证砌体的整体强度不受影响。

3.2.2　砌块墙的组砌方式

组砌是指砌块在砌体中的排列。组砌的关键是错缝搭接，使上下层块材的垂直缝交错，保证砖墙的整体性。如果墙体表面或内部的垂直缝处于一条线上，即形成通缝，如图 3-10 所示。在荷载作用下，通缝会使墙体的强度和稳定性显著降低。

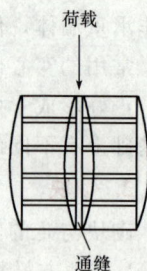

图 3-10　砌块墙的通缝示意

1. 砖墙的组砌方式

为了保证墙体的坚固，砖块的排列应遵循内外搭接、上下错缝的原则。错缝长度不应小于 60 mm，且应便于砌筑及少砍砖，否则会影响墙体的强度和稳定性。砌筑工程中有实砌砖墙和空斗墙两种方式。

在砖墙的组砌中，把砖的长边垂直于墙面砌筑的砖叫丁砖，把砖的长边平行于墙面砌筑的砖叫顺砖。上下皮之间的水平灰缝称横缝，左右两块砖之间的垂直缝称竖缝。标准缝宽为 10 mm，可以在 8～12 mm 进行调节。要求丁砖和顺砖交替砌筑，灰浆饱满，横平竖直，如图 3-11 所示。丁砖和顺砖可以层层交错，也可以根据需要隔一定高度或在同一层内交错，由此带来墙体的图案变化和砌体内错缝程度不同。当墙面不抹灰做清水墙面时，应考虑块材排列方式不同带来的墙面图案效果。砖墙常用的组砌方式如图 3-12 所示。

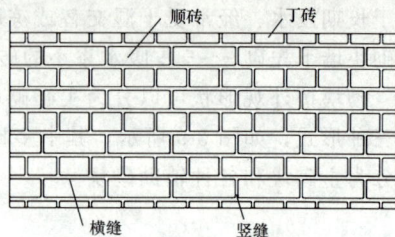

图 3-11　砖墙组砌名词

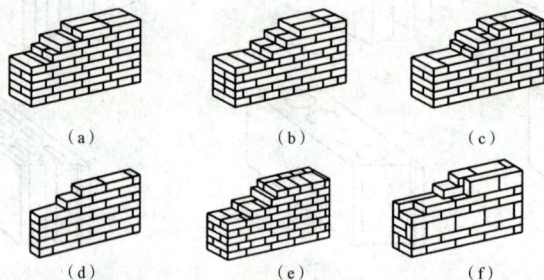

图 3-12　砖墙常用的组砌方式

(a)240 砖墙一顺一丁式；(b)240 砖墙多顺一丁式；(c)240 砖墙十字式；
(d)120 砖墙；(e)180 砖墙；(f)300 砖墙

2. 砖墙的尺度

砖墙的基本尺寸包括墙厚和墙段两个方向的尺寸。在满足结构和功能要求的同时，还必须考虑砖的规格。以标准砖为例，根据砖块的尺寸、数量、灰缝，可形成不同的墙厚度和墙段的长度。

(1)墙厚。标准砖的长、宽、高规格为 240 mm×115 mm×53 mm。砖块间灰缝宽度为 10 mm，砖厚加灰缝、砖宽加灰缝与砖长形成 1∶2∶4 的比例特征，组砌灵活。墙厚与砖规格的关系，如图 3-13 所示。常见砖墙厚度的尺寸见表 3-1。

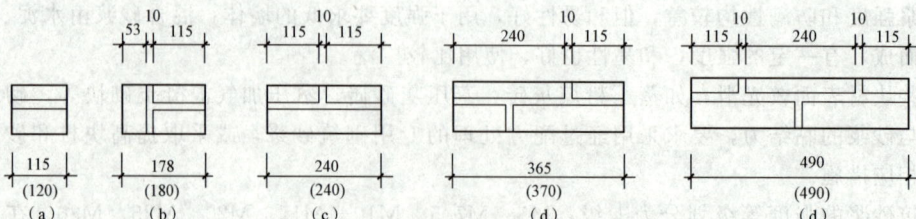

图 3-13　墙厚与砖规格的关系

(a)120 墙；(b)180 墙；(c)240 墙；(d)370 墙；(e)490 墙

表 3-1　常见砖墙厚度的尺寸　　　　　　　　　　　　　　　　mm

墙厚名称	1/4砖	1/2砖	3/4砖	1砖	1砖半	2砖	2砖半
标准尺寸	60	120	180	240	370	490	620
构造尺寸	53	115	178	240	365	490	615

(2)墙段尺度。

1)墙长。当墙身过长时，其稳定性差，故每隔一定距离应有垂直于它的横墙或其他构件来增强其稳定性。横墙间距超过16 m时，墙身做法则应根据我国砖石结构设计规范的要求进行加强。

2)墙高。墙高主要是指房屋的层高。它要依据实际要求，即设计要求而定，但墙高与墙厚有一定的比例制约，同时要考虑到水平侧推力的影响，保证墙体的稳定性。

砖墙洞口主要是指门窗洞口。对于一道承重墙来说，洞口的水平截面面积不应超过墙体水平截面面积的50%。同时，开洞后窗间墙和转角墙的宽度应符合建筑物所在地区的相关抗震规范。

3. 砌块墙的组砌

在组砌中，砌块墙与砖墙不同的是，由于砌块规格较多、尺寸较大，为保证错缝及砌体的整体性，应事先做排列设计，并在砌筑过程中采取加固措施。排列设计就是把不同规格的砌块在墙体中的安放位置用平面图和立面图加以表示，如图3-14所示。

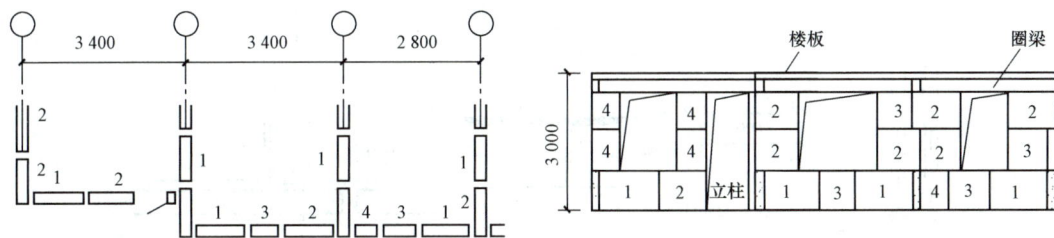

图 3-14　砌块墙组砌示意

(1)砌块的排列原则。

1)排列应力求整齐，有规律性，既考虑建筑物的主要要求，又考虑方便建筑施工。

2)保证纵横墙搭接牢固，以提高墙体的整体性，砌块上下搭接时，至少上层盖住下层砌块1/4长度。若为对缝，须另加钢筋网片以保证墙体的强度和刚度。

3)尽可能少镶砖，必须镶砖时，则尽量分散、对称。

4)为了充分利用吊装设备，应尽可能使用最大规格砌块，减少砌块的种类，并使每种砌块的数量尽量接近，加快施工进度。

(2)砌块的排列要求。砌块排列设计应满足以下要求：上下皮应错缝搭接；墙体交接处和转角处应使砌块彼此搭接；优先采用大规格砌块并使主砌块的总数量达到70%以上；为减少砌块规格，允许使用极少量的砖来镶砌填缝；采用混凝土空心砌块时，上下皮砌块应孔对孔、肋对肋，以保证有足够的接触面。砌块的排列示例如图3-15所示。

(3)砌块墙的搭接。由于砌块种类较多，且体积远大于砖块，故墙体接缝显得更为重要。一般砌块采用M5级砂浆砌，是水平灰缝还是垂直灰缝，视砌块尺寸而定，小型砌块尺寸为10～15 mm，中型砌块尺寸为15～20 mm。当垂直灰缝大于30 mm时，须用C20细石混凝土灌实，在砌筑过程中出现局部不齐或缺少某些特殊规格砌块时，为减少砌块类型，常用烧结普通砖填嵌。砌块砌体必须错缝搭接，中型砌块砌体的错缝搭接要求上下皮砌块搭缝长度不得小于150 mm。当搭缝长度不足时，应在水平灰缝内增设 φ4 的钢筋网片，如图 3-16 所示。

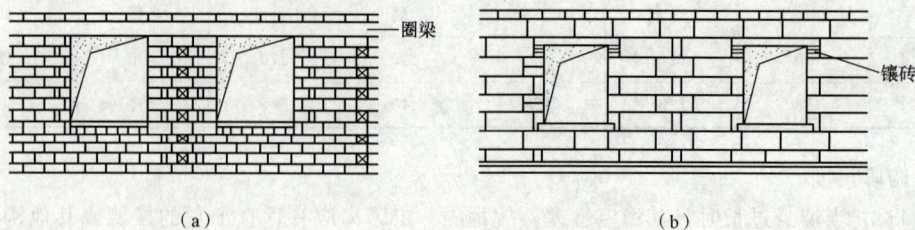

（a）　　　　　　　　　　　　　　　　（b）

图 3-15　砌块的排列示例

（a）小型砌块排列；（b）中型砌块排列

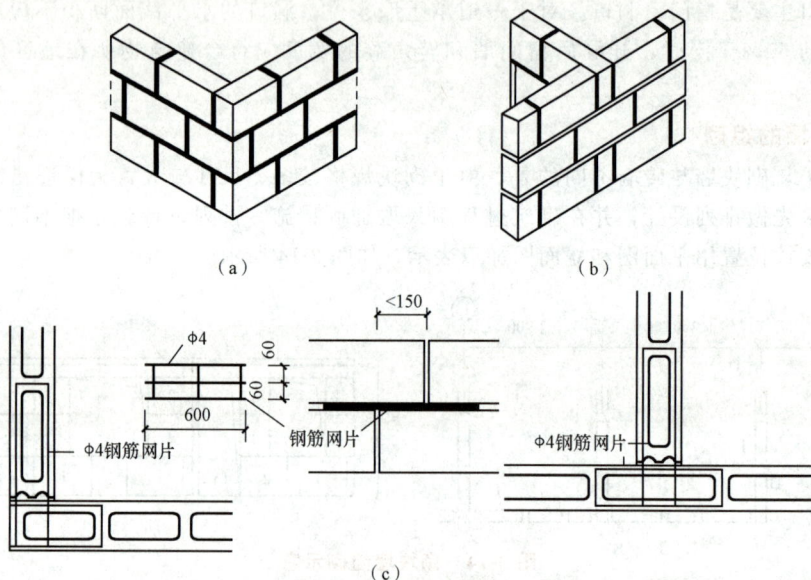

（a）　　　　　　　　　　　　　　（b）

（c）

图 3-16　砌块错缝搭接

（a）转角搭砌；（b）内外墙搭砌；（c）上下皮垂直灰缝小于 150 mm 时的处理

　　砌块墙在墙厚方向一般没有搭砌的需求，因此厚度就是砌块的厚度。作为建筑内部隔墙时，砌块厚度一般为 90～190 mm。

　　无论是砖墙还是砌块墙，门窗洞口尺寸应符合模数要求，尽量减少与此不符的门窗规格，以利于工厂化生产。国家及地区的通用标准图集是以扩大模数 3M 为倍数的，故门窗洞口尺寸多为 300 mm 的倍数，1 000 mm 以内的小洞口可采用基本模数 100 mm 的倍数。

3.2.3　墙身的细部构造

　　墙体既是承重构件又是围护构件，它不仅与其他构件紧密相关，而且还会受到自然界各种因素的影响，因此处理好有关各部分的构造十分重要。为了保证砌体墙的耐久性和墙体与其他构件的连接，应在相应的位置进行细部构造处理。砌体墙的细部构造包括勒脚处细部构造、门窗洞口构造等。

1. 墙脚构造

　　墙脚一般指基础以上、室内地面以下的这段墙体。砌体本身存在很多微孔，以及墙脚所处的位置，常有地表水和土壤中的水渗入，致使墙身受潮、饰面层脱落，影响室内卫生环境。因此，必须做好墙脚防潮，增强墙脚的坚固及耐久性，排除房屋四周地面吸水率较大、对干湿交替作用敏感的砖，砌块（如加气混凝土砌块等）不能用于墙脚部位。因此，在构造上必须采取必要的保护措施。

（1）墙身防潮。墙身防潮是指在墙身一定部位铺设防潮层，以防止地表或土壤中的水通过毛细作用对墙身产生不利影响。防潮层的位置要求如下：当室内地面垫层为混凝土等密实材料时，防潮层设在垫层厚度中间位置，一般低于室内地坪 60 mm；当室内地面垫层为三合土或碎石灌浆等非刚性垫层时，防潮层的位置应与室内地坪平齐或高于室内地坪 60 mm；当内墙两侧的地面低于室外高差时，应在墙身内设高低两道水平防潮层，并在两道水平防潮层之间靠土一侧的垂直墙面上做防潮处理，如图 3-17 所示。

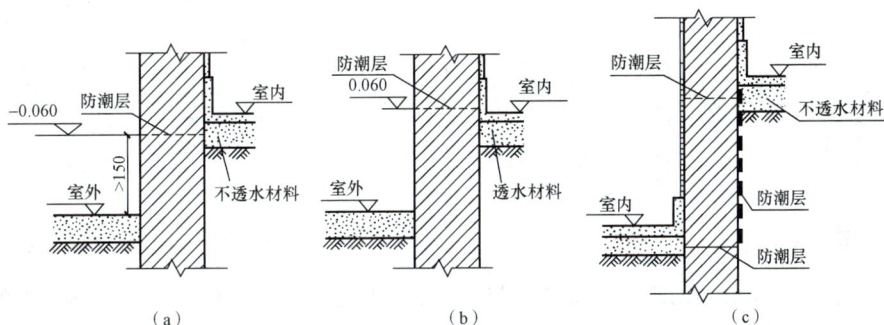

图 3-17　墙身防潮层位置

(a)地面垫层为密实材料；(b)地面垫层为透水材料；(c)室内地面有高差

防潮层的做法：墙身防潮层应沿着建筑物内、外墙设置交圈，封闭连续。墙身水平防潮层主要有以下几种。

1）油毡防潮层。在防潮层部位先抹 20 mm 厚砂浆找平，然后用热沥青贴一毡二油，油毡的搭接长度应大于或等于 100 mm，油毡的宽度比找平层每侧宽 10 mm，如图 3-18 所示。其特点是防潮效果好，但黏结性差，建筑物的整体性刚度差，不宜用于地震区或有振动荷载的墙体。

2）防水砂浆防潮层。1∶2 水泥砂浆加 3%～5%的防水剂，厚度为 20～25 mm，或用防水砂浆砌 3～5 皮砖做防潮层，如图 3-19 所示。其特点是构造简单，但砂浆开裂或不饱满时会影响防潮效果。

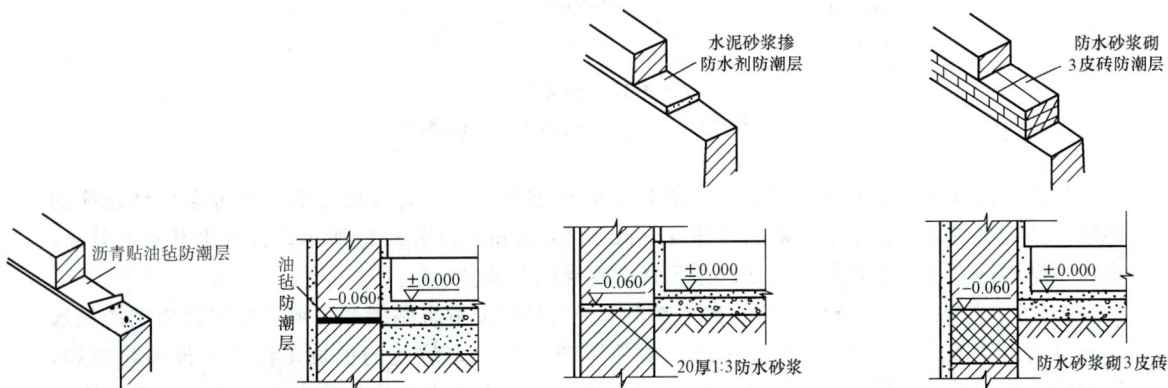

图 3-18　油毡防潮层

图 3-19　防水砂浆防潮层

3)细石混凝土防潮层。60 mm厚细石混凝土带，内配3根Φ6或Φ8钢筋做防潮层。其特点是防潮效果好，整体性较好，对抗震较有利，但造价高，如图3-20所示。

如果墙脚采用不透水材料（如混凝土、料石等），或在防潮层位置处有钢筋混凝土圈梁，可不设防潮层。

当地面出现高差时，应在墙身内设置高低两道水平防潮层，并在靠土壤一侧设垂直防潮层，如图3-21所示。

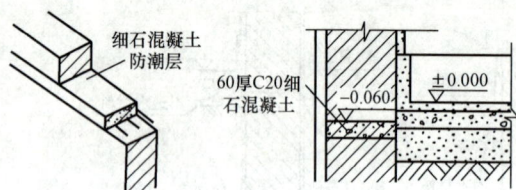

图3-20　细石混凝土防潮层

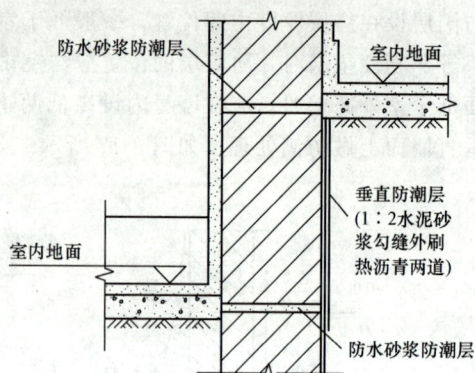

图3-21　墙身垂直防潮层

（2）勒脚。勒脚是外墙的墙脚，即外墙与室外地面接近的部位。由于它易遭到雨水的浸溅及受到土壤中水分的侵蚀，影响房屋的坚固、耐久、美观和使用，因此在勒脚处要采取一定的防潮、防水措施。具体做法有以下几种：

1)对一般建筑可采用具有一定强度和防水性能的水泥砂浆抹面，如水刷石、斩假石等，如图3-22(a)所示。

2)标准较高的建筑，可在外表面粘贴天然石材或人工石材，如花岗石等，如图3-22(b)所示。

3)采用较坚固的材料(如石块)进行砌筑，如图3-22(c)所示。

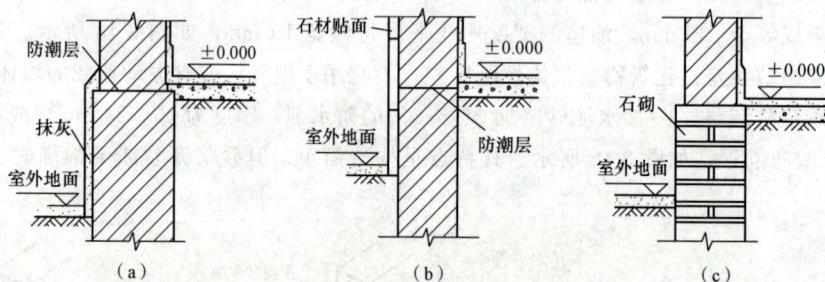

图3-22　勒脚构造
(a)抹灰勒脚；(b)贴面勒脚；(d)石砌勒脚

勒脚的高度确定主要应考虑使用功能和立面造型等特点。为保证防潮，并考虑机械碰撞的影响，勒脚至少应高过水平防潮层，并且不低于500 mm，如图3-23所示。为突出其立面效果，也可将勒脚一直加高至首层窗台处，甚至整个首层的外墙。

（3）散水与明沟。为防止屋顶落水或地表水侵入勒脚而危害基础，必须将建筑物周围的积水及时排离，其做法有两种：一种是在建筑物外墙四周做一定坡度的护坡，将积水排离建筑物，这种做法称为散水；另一种是在建筑物四周设排水沟，将水有组织地导向集水井，然后流入排水系统，这种做法称为明沟。

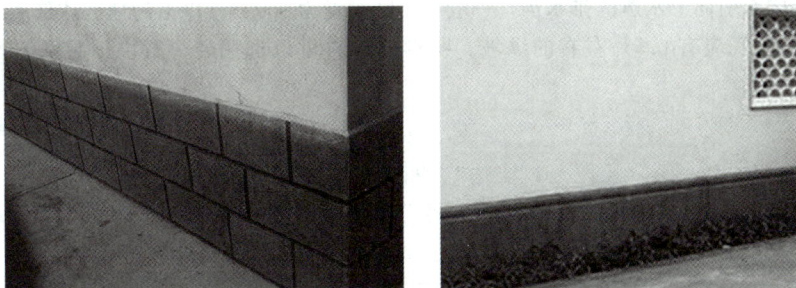

图 3-23　勒脚实图

1)散水指的是靠近外墙周边设置的排水坡。散水的宽度宜为 600～1 000 mm，当采取有组织排水时，散水的宽度可按檐口线放出 200～300 mm。散水坡度一般为 3%～5%，外缘高出室外地坪 20～50 mm 较好。

散水的常用材料为混凝土、细石混凝土、水泥砂浆、块石、烧结普通砖等，如图 3-24 所示。当散水采用混凝土时，宜按 20～30 m 间距设置伸缩缝。散水与外墙之间宜设缝，缝宽可为 20～30 mm，缝内应填沥青类材料。

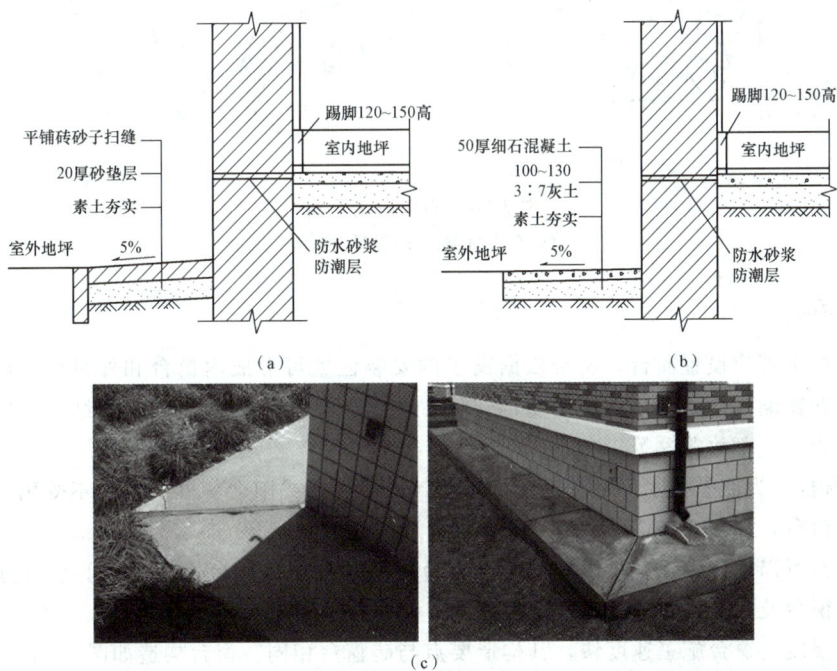

图 3-24　散水做法示例
(a)砖散水；(b)细石混凝土散水；(c)散水实例

当建筑物的外墙周围有绿化要求时，应做暗埋式散水，具体做法是将混凝土散水做在草皮及种植土的底部，混凝土的强度等级为 C20，厚度不应小于 80 mm。外墙饰面应做至混凝土的下部，散水与墙身交接处刷 1.5 mm 厚聚合物水泥砂浆防水涂料，如图 3-25 所示。

2)明沟是靠近勒脚下部设置的排水沟。它的作用是迅速排出从屋檐滴下的雨水和地面积水，防止因积水渗入地基而造成建筑物的下沉。

明沟是将雨水引向下水道的排水沟，一般在年降雨量为900 mm以上的地区才选用。沟宽一般在200 mm左右，沟底应有0.5％左右的纵坡。明沟的材料可以选用砖、石块、混凝土等，如图3-26所示。

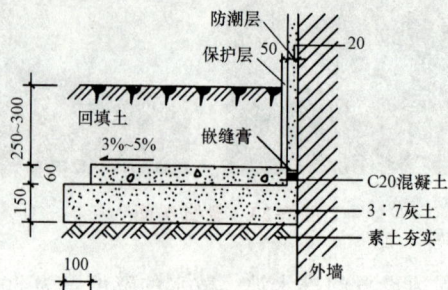

图 3-25　暗埋式散水

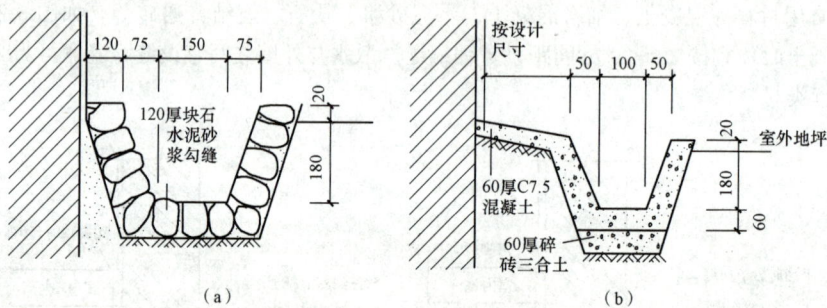

(a)　　　　　　　　　　　　(b)

图 3-26　明沟做法示例

(a)石块明沟；(b)混凝土明沟

2. 窗台构造

窗洞口的下部应设置窗台。窗台依据窗子的安装位置可形成内窗台和外窗台。设置外窗台是为了防止在窗洞底部积水，并流向室内；设置内窗台是为了排除窗上的凝结水，以保护室内墙面及存放物品、摆放花盆等。

(1)外窗台。为便于排水，一般设置挑窗台，处于内墙或阳台等处的窗，不受雨水冲刷，可不必设置挑窗台，如图3-27所示。

悬挑窗台可以用砖砌，也可以用混凝土窗台构件。砖砌挑窗台根据设计要求可分为60 mm厚平砌砖挑窗台及120 mm厚侧砌砖挑窗台，窗台须向外形成一定的坡度（10％左右），以利于排水。预制混凝土窗台施工速度快，其构造要点与砖窗台相同。窗台构造如图3-28所示。

(a)　　　　　　　　　　　　(b)

图 3-27　窗台形式

(a)不悬挑窗台；(b)悬挑窗台

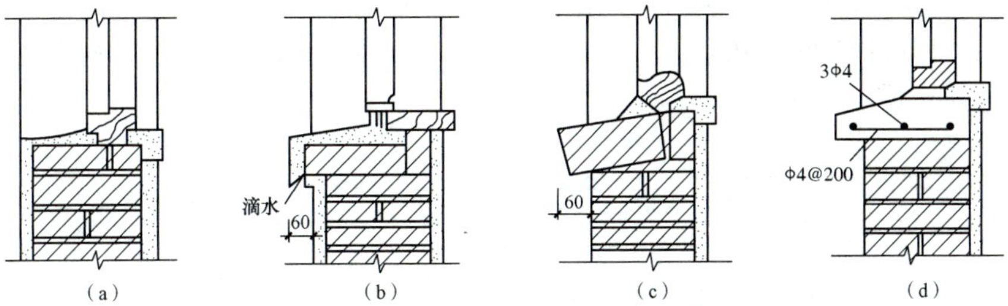

图 3-28 窗台构造

(a)不悬挑窗台；(b)滴水悬挑窗台；(c)侧砌块窗台；(d)预制混凝土窗台

窗台高度一般取 900 mm。《住宅设计规范》(GB 50096—2011)规定，窗台高度低于或等于 450 mm 时，防护高度从窗台面起算不应低于 900 mm；如果窗台高度不足 900 mm，应采取防护措施。窗台的净高或防护栏杆的高度均应从可踏面起算，以保证栏杆净高达到 1 050 mm 的要求。窗台的底面檐口处，应做成锐角形或半圆凹槽(叫"滴水")，以便于排水，减少对墙面的污染。滴水的宽度和深度均为 10 mm。

(2)内窗台。

1)水泥砂浆抹窗台。一般在窗台上表面抹 20 mm 厚的水泥砂浆，并应凸出墙面 5 mm 为宜，如图 3-29(a)所示。

2)窗台板。对于装修要求较高且窗台下设置暖气片的房间，一般均采用窗台板。窗台板可以用预制水泥板或天然石材、人造石材、水磨石板。装修要求特别高的房间还可以采用木窗台板，如图 3-29(b)所示。

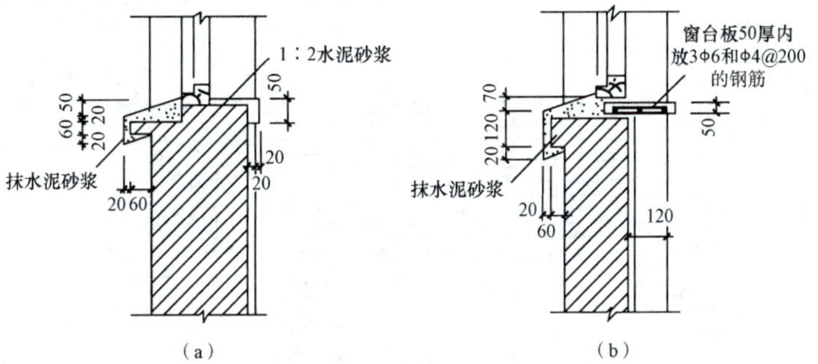

图 3-29 窗台的做法

(a)外侧半砖内侧抹水泥砂浆；(b)外侧立砖内侧窗台板

3. 过梁构造

过梁是用来支撑门窗洞口上部墙体的质量以及楼板等传来荷载的承重构件，并把这些荷载传给两端的窗间墙。一般来讲，由于墙体砖块相互搭接的结果，过梁上墙体的质量并不全部压在过梁上，而是有一部分质量沿搭接砖块斜向传给了门窗两侧的墙体，所以过梁只承受上部墙体的部分质量。

常见过梁的形式有砖拱过梁、钢筋砖过梁和钢筋混凝土过梁三种。

(1)砖拱过梁。砖拱过梁分为平拱和弧拱。砖拱过梁节约钢材和水泥，但整体性较差，不宜用于上部有集中荷载、建筑物受震动荷载作用、地基承载力不均匀和地震区的建筑。由竖砌的砖做拱圈，一般将砂浆灰缝做成上宽下窄，使砖向两边倾斜，相互挤压形成拱的作用来承担荷载。灰缝上部宽度不大于 20 mm，下部宽度不小于 5 mm。砖强度等级不低于 MU7.5，砂浆强度等级不低于 M2.5。砖砌平拱过梁净跨宜小于 1.2 m，不应超过 1.8 m，中部起拱高度约为 1/50L，如

图 3-30 所示。当过梁上有集中荷载或振动荷载时，不宜采用砖砌平拱。出于抗震安全的考虑，我国《建筑抗震设计标准(2024 年版)》(GB/T 50011—2010) 要求门窗洞处不再采用砖拱过梁，但这一做法在历史建筑中留存较多。

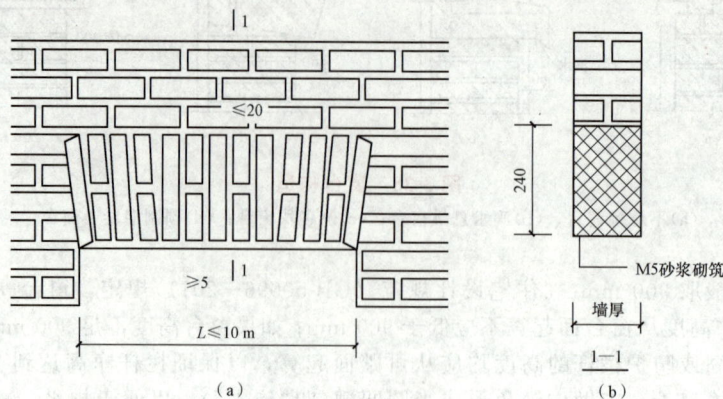

图 3-30 砖砌平拱
(a)立面；(b)侧面

(2)钢筋砖过梁。钢筋砖过梁即在洞口顶部配置钢筋，其上用砖平砌，形成能承受弯矩的加筋砖砌体。钢筋为 φ6，间距小于 120 mm，伸入墙内 1～1.5 倍砖长。过梁跨度不超过 2 m，高度不应小于 1/5 洞口跨度。砌筑的方法：一般在洞口上方先支木模，铺 M5 号水泥砂浆 20～30 mm 厚，下设 3～4 根 φ6 钢筋，然后砌砖，如图 3-31 所示。钢筋砖过梁适用于跨度不大于 2 000 mm，上部无集中荷载的洞口上。这种过梁施工方便，整体性好，特别是在清水墙情况下，建筑立面上达到与砖墙统一的效果。

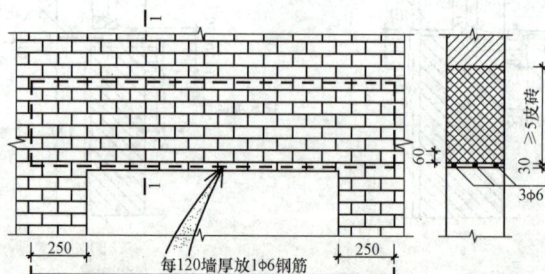

图 3-31 钢筋砖过梁构造示意

(3)钢筋混凝土过梁。钢筋混凝土过梁有现浇和预制两种，梁高及配筋由计算确定。为了施工方便，梁高应与砖的皮数相适应，以方便墙体连续砌筑，故常见梁高有 60 mm、120 mm、180 mm、240 mm，即 60 mm 的整数倍。梁宽一般同墙厚，梁两端支承在墙上的长度不少于 240 mm，以保证足够的承压面积。

过梁断面形式有矩形和 L 形，矩形多用于内墙和混水墙，L 形多用于外墙和清水墙。为简化构造，节约材料，可将过梁与圈梁、悬挑雨篷、窗楣板或遮阳板等结合起来设计。如在南方炎热多雨地区，常从过梁上挑出 300～500 mm 宽的窗楣板，既保护窗户不淋雨，又可遮挡部分直射太阳光，如图 3-32 所示。

矩形截面过梁施工制作方便，是常用的形式，如图 3-32(a)所示。过梁宽度一般同墙厚，高度按结构计算确定，但应配合块材的规格，过梁两端伸进墙内的支承长度不小于 240 mm。在立面中往往有不同形式的窗，过梁的形式应配合处理。带窗套的窗，过梁截面则为 L 形出挑，如图 3-32(b)所示。带窗楣板的窗，可按设计要求出挑，一般可挑 300～500 mm，如图 3-32(c)所示。

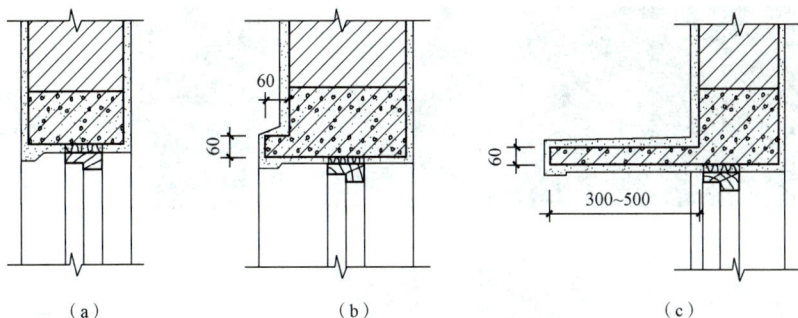

图 3-32　钢筋混凝土过梁的形式

(a)矩形过梁；(b)L 形过梁；(c)过梁与悬挑雨篷浇筑

3.2.4　墙身的加固措施

对于墙体的设计，不仅要进行强度验算，还应进行稳定性验算。墙的稳定性取决于墙高度与墙厚度之比，称高厚比。当墙的高厚比一定时，常采取一些加固措施来增加墙的稳定性。墙体加固措施有墙体的拉结、门垛和壁柱、圈梁、构造柱及空心砌块墙墙芯柱等。

1. 块材墙的拉结

块材墙是由分散的块料砌筑而成的，需要加强砌体自身的整体性。根据《建筑抗震设计标准（2024 年版）》（GB/T 50011—2010），砖墙构造柱与墙连接处应砌成马牙槎，沿墙高每隔 500 mm 设 2φ6 水平钢筋和 φ4 分布短筋平面内点焊组成的拉结网片或 φ4 点焊钢筋网片，每边伸入墙内不宜小于 1 000 mm。抗震设防 6、7 度时底部 1/3 楼层，8 度时底部 1/2 楼层，9 度时全部楼层，上述拉结钢筋网片应沿墙体水平通长设置。下部楼层构造柱间的拉结钢筋贯通，是为了提高多层砖砌体的抗倒塌能力。

块材墙作为建筑内部的隔墙时，需要填充于结构梁板之间，其顶部与楼板相接处用立砖斜砌，填塞墙与楼板间的空隙。常用的砖砌隔墙采用半砖隔墙，可以减少一半的墙厚和自重。半砖隔墙坚固耐久，有一定的隔声能力，但自重大，湿作业多，施工麻烦。半砖隔墙上有门时，要预埋铁件或将带有木楔的混凝土预制块砌入隔墙中以固定门框。

砌块墙需采取加强稳定性措施，其方法与砖墙类似。块材填充墙也需要进行拉结。钢筋混凝土框架建筑内，应沿框架柱全高每隔 500～600 mm 设 2φ6 拉结钢筋深入墙内，如图 3-33 所示，拉结钢筋伸入墙内的长度，抗震设防 6、7 度时宜沿墙全长贯通，抗震设防 8、9 度时应全长贯通。抗震设防 8、9 度时，长度大于 5 m 的填充墙，墙顶宜与楼板或梁拉结，独立墙段的端部及大门洞边宜设钢筋混凝土构造柱。门框的固定方式与半砖隔墙相同。

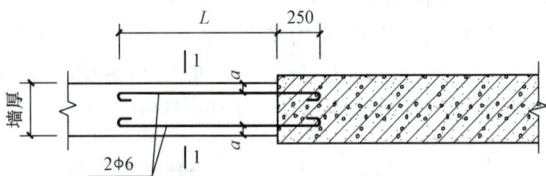

图 3-33　砌体加筋

2. 门垛和壁柱

在墙体上开设门洞一般应设门垛，特别是在墙体转折处或丁字墙处，用以保证墙身稳定和门框安装。门垛宽度同墙厚，长度与块材尺寸规格相对应。如砖墙的门垛长度一般为 120 mm 或 240 mm。门垛不宜过长，以免影响室内使用。

当墙体受到集中载荷或墙体过长时（如 240 mm 厚、长超过 6 m），应增设壁柱（又叫扶壁柱），使之和墙体共同承担荷载并稳定墙身。壁柱的尺寸应符合块材规格。如砖墙壁柱通常凸出墙面 120 mm 或 240 mm，宽 370 mm 或 490 mm。图 3-34 所示为门垛和壁柱的设置示例。

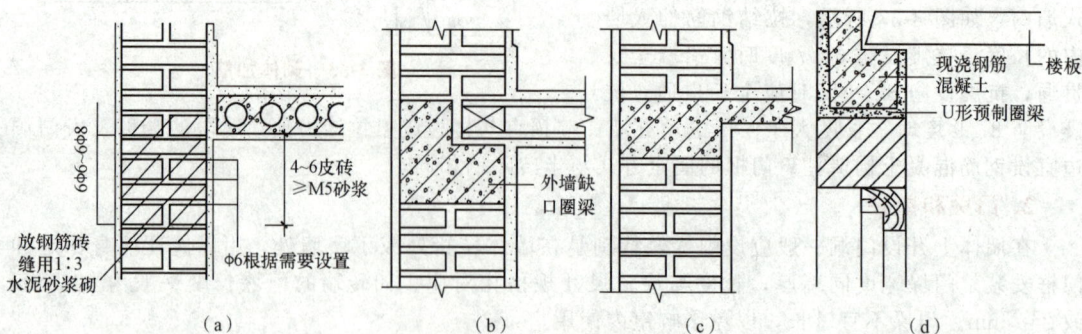

（a）

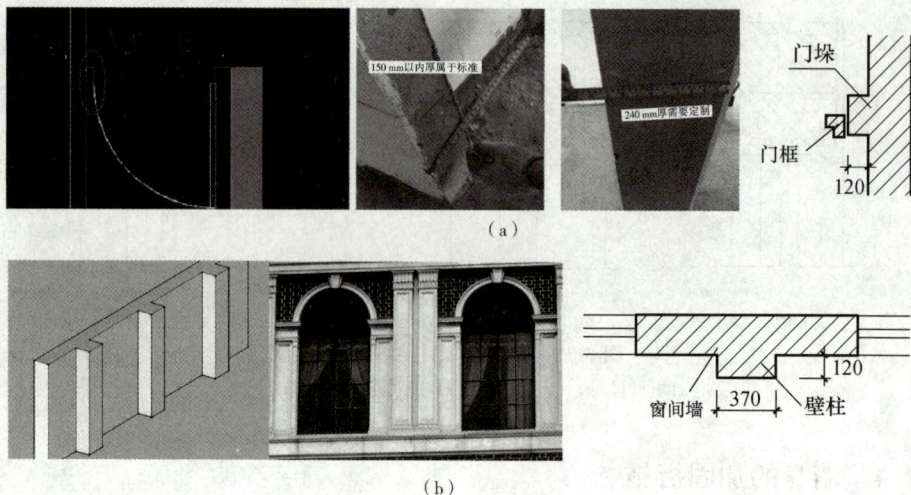

（b）

图 3-34 门垛和壁柱

(a)门垛；(b)壁柱

3. 圈梁

圈梁是沿外墙四周及部分内墙设置在楼板处的连续闭合的梁，如图 3-35 所示。

圈梁的作用主要体现在三个方面：

（1）可提高建筑物的空间刚度及整体性，增加墙体的稳定性；

（2）减少由于地基不均匀沉降而引起的墙身开裂；

（3）对于抗震设防地区，利用圈梁加固墙身更加必要。

圈梁有钢筋砖圈梁和钢筋混凝土圈梁两种。钢筋砖圈梁是将钢筋砖过梁沿外墙和部分内墙一周连通砌筑而成的。钢筋混凝土圈梁的高度不小于 120 mm，宽度与墙厚相同，圈梁的构造如图 3-36（a）～（c）所示。为方便施工，砌块墙也可采用 U 形预制圈梁，在凹槽内配置钢筋，并现浇混凝土，如图 3-36(d)所示。

图 3-35 圈梁的设置

（a）　　　　　　（b）　　　　　　（c）　　　　　　（d）

图 3-36 圈梁的构造

(a)～(c)钢筋混凝土圈梁；(d)砌块墙的 U 形预制圈梁

钢筋混凝土圈梁宜连续设在同一水平面上，并形成封闭状。当圈梁被门窗等洞口截断时，应在洞口上部增设相同截面的附加圈梁，如图 3-37 所示。附加圈梁与圈梁的搭接长度不应小于其垂直间距的 2 倍，并不得小于 1 m。有抗震要求的建筑物，圈梁不宜被洞口截断。

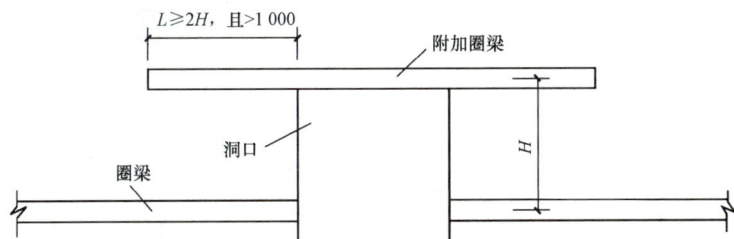

图 3-37　附加圈梁

4. 构造柱

抗震设防地区，为了增加建筑物的整体刚度和稳定性，在使用块材墙的墙承重房屋的墙体中，还需设置钢筋混凝土构造柱，使之与各层圈梁连接，形成空间骨架，加强墙体抗弯、抗剪能力，使墙体在破坏过程中有一定的韧性，减缓墙体的破坏现象产生，如图 3-38 所示。

图 3-38　设置构造柱

多层砖房构造柱的设置部位是外墙四角、错层部位横墙与外纵墙交接处、较大洞口两侧、大房间内外墙交接处。除此之外，根据房屋的层数和地震设防烈度不同，构造柱的具体设置要求也不同。当多层砌体房屋采用单外廊或横墙较少时，或者砌块的抗剪性能不足时，需要在相同层数和烈度条件下提高设置要求。

构造柱最小截面为 180 mm×240 mm，纵向钢筋宜选用 4Φ12，箍筋间距不大于 250 mm，且在柱的上下端宜适当加密；当房屋的抗震设防烈度为 7 度且层数超过六层、抗震设防烈度为 8 度且层数超过五层或抗震设防烈度为 9 度时，纵向钢筋宜选用 4Φ14，箍筋间距不大于 200 mm，房屋角的构造柱可适当加大截面及配筋。

构造柱与墙连接处宜砌成马牙槎，并应沿墙高每 500 mm 设 2Φ6 拉结钢筋，每边伸入墙内不少于 1 m，如图 3-39 所示。构造柱可不单独设基础，但应伸入室外地坪下 500 mm，或锚入浅于 500 mm 的基础梁。

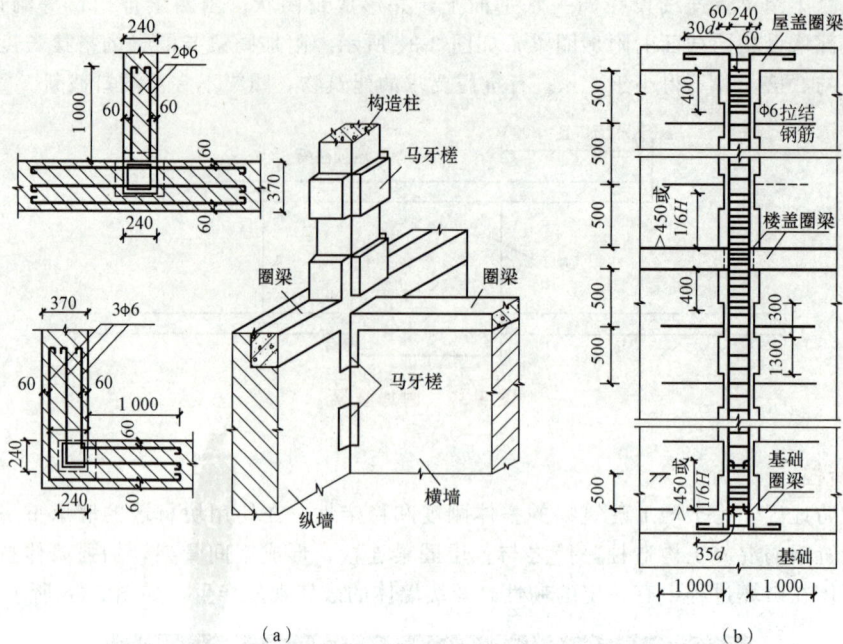

图 3-39 构造柱马牙槎

(a)T形和L形构造柱的构造详图；(b)构造柱的立面构造详图

5. 空心砌块墙墙芯柱

为加强砌块建筑的整体刚度，常于外墙转角和内、外墙交接处设置芯柱。芯柱多利用上下砌块贯通的孔洞，在孔洞中插入 φ10～φ12 通长钢筋，并用 C15 细石混凝土填入。空心砌块墙墙芯柱设置于外墙转角处和内墙 T 形处，如图 3-40 所示。

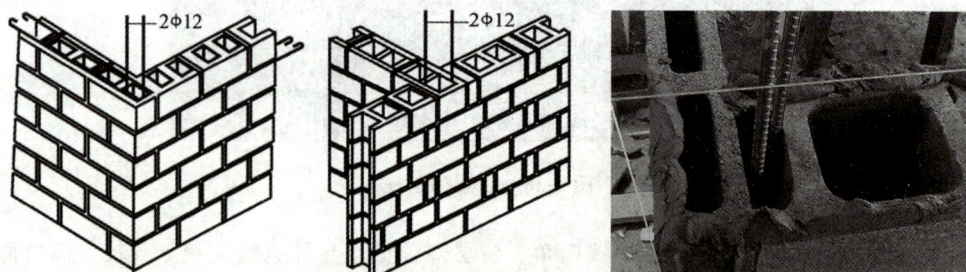

图 3-40 空心砌块墙墙芯柱

3.2.5 墙体的防裂构造

轻质砌块墙体的变形裂缝是骨架结构填充墙的质量通病，为保证墙体质量，必须要有严谨的工作态度和良好的职业素养，除在材料生产、建筑施工、工程监督管理等方面采取必要的措施外，在墙体的构造设计方面，也应采取相应的措施。

(1)砌块的强度等级不应低于 MU7.5，砌筑砂浆的强度等级不应低于 M5.0，顶层砌筑砂浆的强度等级不应低于 M7.5。砌块养护 28 d 后，方可砌筑。

(2)混凝土砌块填充墙，应当设计使用铺浆面封底无空透的双排孔(含双排孔)以上的混凝土砌块，外围护墙应采用封底三排孔砌块。禁止设计使用混凝土单排孔通孔砌块。

（3）当填充墙墙体长度大于 5 m 或在无约束的端部时，应增设构造柱，构造柱间距不应大于 3 m；每层墙高的中部应增设混凝土腰梁，腰梁高度为 120 mm，混凝土砌块墙体可用 4 皮混凝土砖腰梁；预留的门窗洞口采取钢筋混凝土框加强；宽度大于 300 mm 的预留洞口设钢筋混凝土过梁，并且伸入每边墙体的长度应不小于 250 mm。

（4）混凝土墙与砌体墙交接处应铺镀锌铁丝网，整体墙面宜满铺玻纤网格布。骨架结构的填充墙顶部，填充墙为混凝土空心砌块、蒸压加气混凝土砌块等材料时，采取 45°～60° 斜砌立砖或膨胀混凝土塞缝、满铺镀锌铁丝网等措施，提高墙体的抗裂能力。

3.2.6 变形缝

温度变化、地基不均匀沉降和地震因素的影响，易使建筑物发生裂缝或破坏，故在设计时应将房屋划分成若干个独立的部分。这种将建筑物垂直分开的预留缝称为变形缝。变形缝包括伸缩缝、沉降缝和防震缝三种。

1. 变形缝的类型和设置要求

（1）伸缩缝。为防止因建筑构件温度变化、热胀冷缩使房屋出现裂缝或破坏，在沿建筑物长度方向相隔一定距离预留垂直缝隙。这种因温度变化而设置的缝叫作温度缝或伸缩缝。

《混凝土结构设计标准（2024 年版）》（GB/T 50010—2010）对砖石墙体伸缩缝最大间距做了规定，见表 3-2。

表 3-2　砖石墙体伸缩缝的最大间距

地基性质	屋顶或楼板类别		间距/m
各种砌体	整体式或装配整体式钢筋混凝土结构	有保温层或隔热层屋顶、楼板层	50
		无保温层或隔热层屋顶	30
	装配式无檩体系钢筋混凝土结构	有保温层或隔热层屋顶、楼板层	60
		无保温层或隔热层屋顶	40
	装配式有檩体系钢筋混凝土结构	有保温层或隔热层屋顶	75
		无保温层或隔热层屋顶	60

从表 3-2 中可以看出伸缩缝间距与墙体的类别有关，特别是与屋顶和楼板的类型有关。整体式或装配整体式钢筋混凝土结构，因整体式屋顶和楼板本身没有自由伸缩的余地，当温度变化时，在结构内部产生的温度应力大，因而伸缩缝间距比其他结构形式小些。大量性民用建筑用的装配式无檩和有檩体系钢筋混凝土结构，有保温层或隔热层的屋顶，其伸缩缝间距相对要大些。

伸缩缝是从基础顶面开始，将墙体、楼板、屋顶全部构件断开，因为基础埋于地下，受气温影响较小，不必断开。伸缩缝的宽度一般为 20～30 mm。

（2）沉降缝。为防止建筑物各部分由于地基不均匀沉降引起房屋破坏所设置的垂直缝称为沉降缝。沉降缝将房屋从基础到屋顶的全部构件断开，使两侧各为独立的单元，可以在垂直方向自由沉降。

凡属下列情况应设置沉降缝：

1）建筑物位于不同种类的地基土壤上，或在不同时间内修建的房屋各连接部位。

2）建筑物形体比较复杂，在建筑平面转折部位和高度、荷载有很大差异处。

沉降缝的宽度与地基情况及建筑高度有关，地基越弱的建筑物，沉降的可能性越高，沉降后所产生的倾斜距离越大，要求的缝宽越大。沉降缝的宽度见表 3-3。

表 3-3　沉降缝的宽度

地基性质	房屋高度 H 或层数	缝宽 B/mm
一般地基	<5 m	30
	5～10 m	50
	10～15 m	70
软弱地基	2～3 层	50～80
	4～5 层	80～120
	5 层以上	>120
湿陷性黄土地基	—	≥30～70

（3）防震缝。在抗震设防地区内，应根据结构要求确定是否设置防震缝。在此区域内，当建筑物高差在 6 m 以上，或建筑物有错层，且楼板错层高差大于层高的 1/4 时，或者房屋各部分的结构刚度、质量截然不同时，建筑物在地震的影响下，上述不同区域会有不同的振幅和振动周期，这时如果将房屋的各部分相互连接在一起，易出现裂缝、断裂等现象，因此应设防震缝，将建筑物分为若干体型简单、结构刚度均匀的独立单元。

一般情况下，防震缝仅在基础以上设置，但防震缝应同伸缩缝和沉降缝协调布置，做到一缝多用。当防震缝与沉降缝结合设置时，基础也应断开。

防震缝的宽度根据烈度和房屋高度确定，在砖混结构和钢筋混凝土结构中一般为 70～100 mm，钢结构房屋需要设置防震缝时，缝宽应不小于相应钢筋混凝土结构房屋防震缝宽度的 1.5 倍。

2. 墙体变形缝构造

伸缩缝应保证建筑构件在水平方向自由变形，沉降缝应满足构件在垂直方向自由沉降变形，防震缝主要是减少地震水平波的影响，但三种缝的构造基本相同。变形缝的构造要点是将缝两侧建筑构件全部断开，以保证自由变形。砖混结构变形缝处，可采用单墙或双墙承重方案，框架结构可采用悬挑方案。变形缝应力求隐蔽，如设置在平面形状有变化处，还应在构造上采取措施，防止风雨对室内的侵袭。

墙体变形缝的构造，在外墙与内墙的处理中，由于位置不同而各有侧重。缝的宽度不同，构造处理也不同。

砖砌外墙厚度在一砖以上者，应做成错口缝或企口缝的形式；厚度在一砖或小于一砖时，可做成平缝，如图 3-41 所示。为保证外墙自由变形，并防止风雨影响室内，应用沥青麻丝等弹性填缝材料填嵌缝隙，如图 3-42 所示。

当变形缝宽度较大时，应考虑盖缝处理。缝口可采用镀锌薄钢板或铝板盖缝调节。内墙变形缝要注重表面处理，可采用木条或金属盖缝，仅一边固定在墙上，允许自由移动。

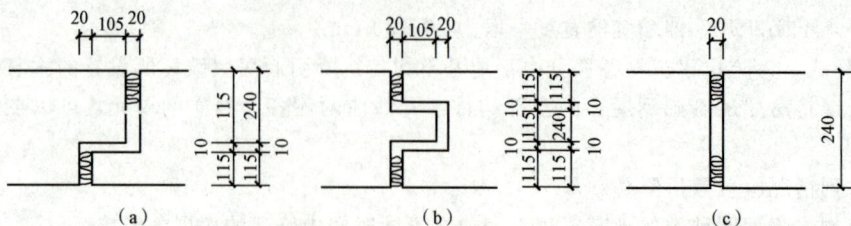

图 3-41　变形缝的形式
(a)错口缝；(b)企口缝；(c)平缝

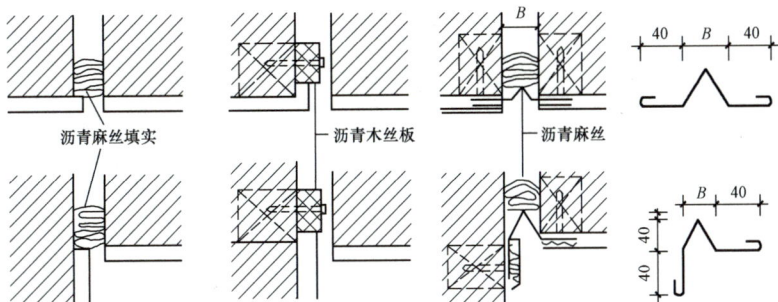

图 3-42　变形缝构造

3.3　隔墙及幕墙的构造

3.3.1　隔墙、隔断和幕墙简介

1. 隔墙和隔断

隔墙是分隔建筑物内部空间的非承重构件，它不承担外来荷载，且本身质量由楼板或梁来承担。隔墙应满足以下设计要求：

(1) 自重轻，有利于减轻楼板的荷载；

(2) 厚度薄，可增加建筑的有效空间；

(3) 便于拆卸，能随使用要求的改变而变化；

(4) 具有一定的隔声能力和防火性能；

(5) 满足不同使用部位的要求，如浴室、厕所的隔墙能防潮、防水等。

常用隔墙按其构造方式不同分为砌筑隔墙、轻骨架隔墙和板材隔墙三大类。

隔墙和隔断的区别：第一，分隔空间的程度和特点不同。隔墙通常做到楼板底，将空间完全分为两个部分，相互隔开，没有联系，必要时隔墙上设门；隔断可到顶，也可不到顶，空间似分非分，相互可以渗透，视线可不被遮挡，有时设门，有时设洞，比较灵活。第二，拆装的灵活性不同。隔墙设置一般固定不变，隔断可以移动或拆装。

2. 幕墙

幕墙是建筑的外墙围护，不承重，像幕布一样挂上去，故又称为"帷幕墙"，是现代大型和高层建筑常用的带有装饰效果的轻质墙体。其由面板和支承结构体系组成，可相对主体结构有一定的位移能力或自身有一定的变形能力，不承担主体结构所作用的建筑外围护结构或装饰性结构(外墙框架式支撑体系也是幕墙体系的一种)。幕墙的优点主要体现在以下几个方面：

(1) 质量轻。在相同面积下，玻璃幕墙的质量为粉刷砖墙质量的 1/12～1/10，是大理石、花岗石饰面湿工法墙质量的 1/15，是混凝土挂板质量的 1/7～1/5。一般建筑，内、外墙的质量为建筑物总质量的 1/5～1/4。采用幕墙可大大减轻建筑物的质量，从而减少基础工程费用。

(2) 设计灵活，艺术效果好。建筑师可以根据自己的需求设计各种造型，可呈现不同颜色，与周围环境协调，配合光照等使建筑物与自然融为一体，使高楼建筑减少压迫感。

(3) 抗震能力强。采用柔性设计，抗风抗震能力强，是高层建筑的最优选择。

(4) 系统化施工。系统化施工更容易控制好工期，且耗时较短。

(5) 现代化。可提高建筑新颖化、科技化，如光伏节能幕墙、双层通风道呼吸幕墙等与智能科技配套的设计。

(6) 更新维修方便。由于是在建筑外围结构搭建，方便对其进行维修或更新。

视频：隔墙及幕墙的构造

3.3.2 块材隔墙

块材隔墙是用烧结普通砖、空心砖、加气混凝土等块材砌筑而成的，常采用的是普通砖隔墙和砌块隔墙两种。

1. 普通砖隔墙

普通砖隔墙一般采用 1/2 砖厚和 1/4 砖厚两种，其构造如图 3-43 所示。对于 1/2 砖隔墙采用全顺式砌筑而成，当采用 M2.5 级砂浆砌筑时，其高度不宜超过 3.6 m，长度不宜超过 5 m；当采用 M5 级砂浆砌筑时，高度不宜超过 4 m，长度不宜超过 6 m。在构造上，除砌筑时应与承重墙或柱牢固搭接外，还应该在墙身每隔 1.2 m 高度处加 2φ6 拉结钢筋予以加固。

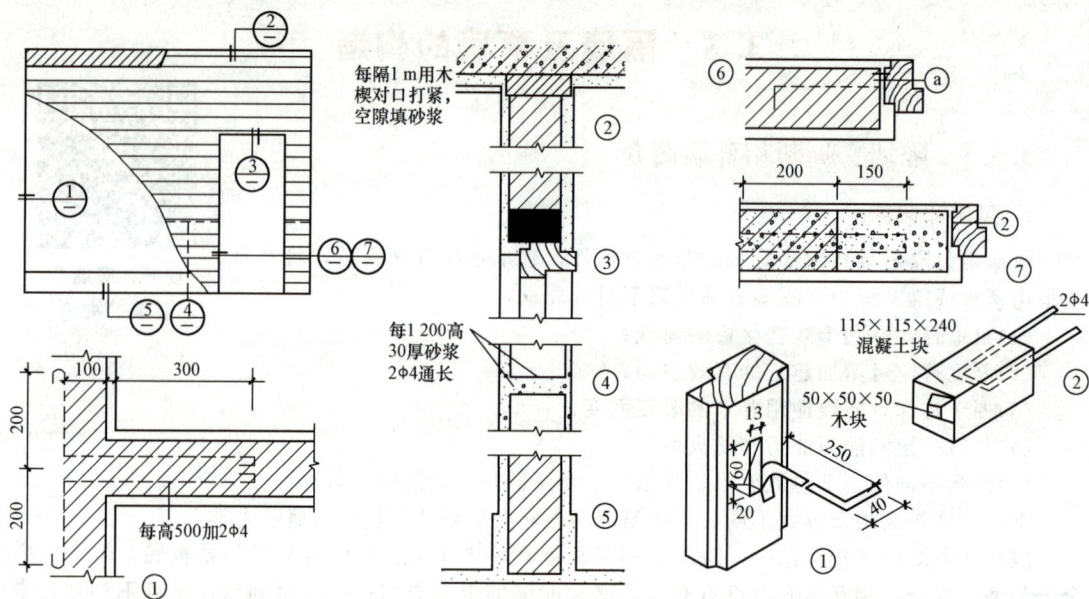

图 3-43　1/2 砖隔墙

1/4 砖隔墙是用标准砖侧砌而成的，其高度一般不超过 2.8 m，长度不超过 3 m，砌筑砂浆用 M5 级，多用于住宅厨房与卫生间之间的分隔。

多孔砖或空心砖做隔墙多采用立砌，厚度为 90 mm，在 1/4 砖和 1/2 砖隔墙之间。其加固措施可以参照 1/2 砖隔墙的构造进行。在接合处设 1/2 砖时，常可用普通砖填嵌空隙。

此外，砖隔墙的上部与楼板或梁的交接处，不宜过于填实或使砖砌体直接顶住楼板或梁。应留有约 30 mm 的空隙或将上两皮砖斜砌，以预防楼板结构产生挠度，隔墙被压坏。

2. 砌块隔墙

目前常用加气混凝土砌块、粉煤灰硅酸盐砌块、水泥焦渣空心砖等砌筑隔墙。砌块大多质轻、孔隙率大、隔热性能好，但吸水性较强，因此应在砌块下方先砌 3～5 皮烧结砖。隔墙厚度由砌块尺寸决定，一般为 90～120 mm，砌块隔墙采取的加固措施同砖墙，如图 3-44 所示。砌块不够整块时宜用烧结普通砖填补。

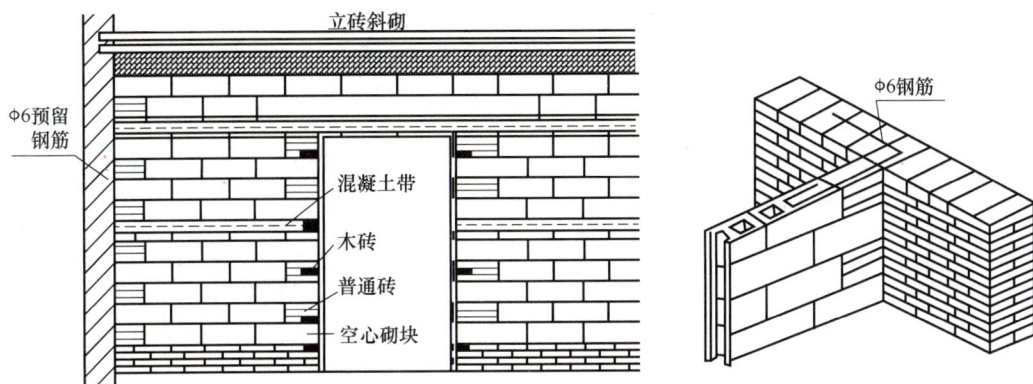

图 3-44　加气混凝土砌块隔墙

3.3.3　轻骨架隔墙

轻骨架隔墙由骨架和面板层两部分组成。骨架有木骨架和金属骨架之分，面板有板条抹灰、钢丝网板条抹灰、胶合板、纤维板、石膏板等。由于先立墙筋（骨架），再做面层，故又称立筋式隔墙。

1. 板条抹灰隔墙

板条抹灰隔墙由上槛、下槛、墙筋、斜撑或横档组成木骨架，其上钉以板条再抹灰而成，如图 3-45 所示。

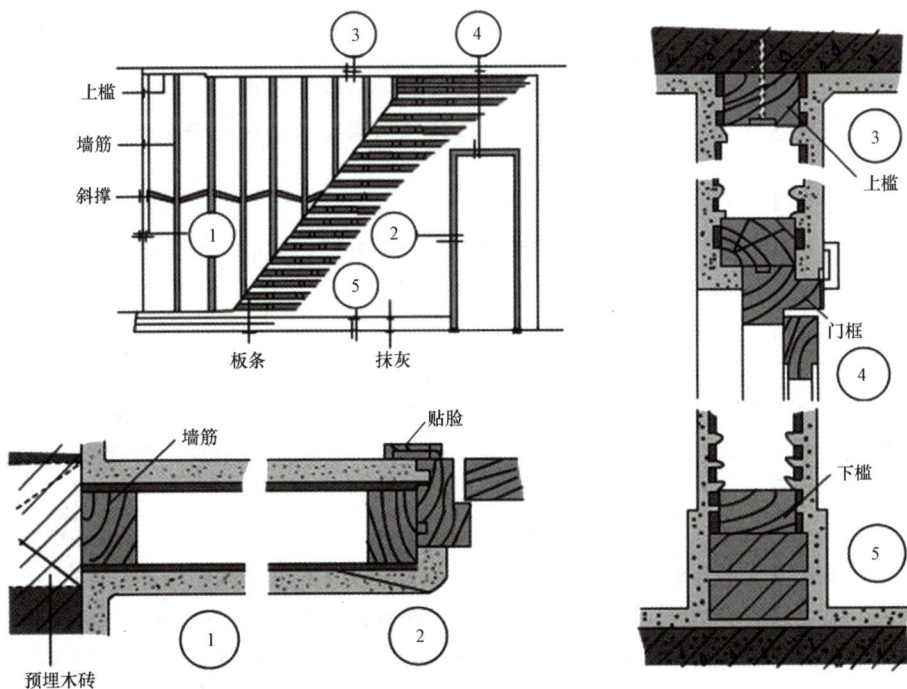

图 3-45　板条抹灰隔墙

2. 立筋面板隔墙

立筋面板隔墙是指面板用人造胶合板、纤维板或其他轻质薄板，骨架由木质或金属组合而成的隔墙，如图3-46所示。

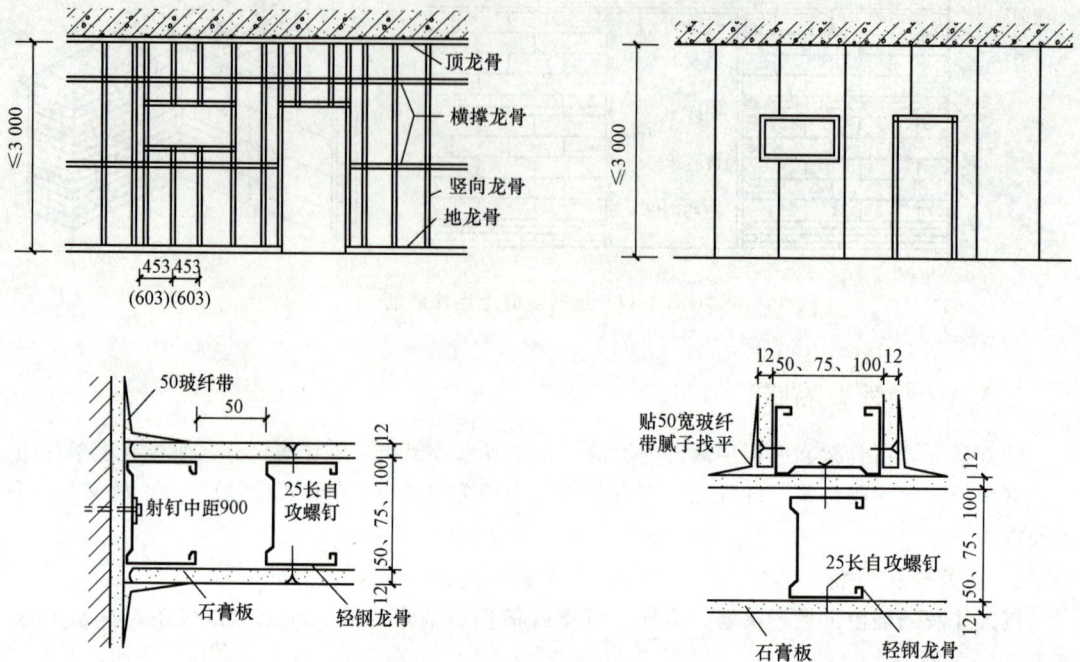

图3-46　立筋面板隔墙

骨架的墙筋间距视面板规格而定。金属骨架一般采用薄型钢板、铝合金薄板或拉伸钢板网加工而成，并保证板与板的接缝在墙筋和横档上；饰面层的常用板材类型有胶合板、硬质纤维板、石膏板等。

采用金属骨架时，可先钻孔，用螺栓固定，或采用膨胀铆钉将板材固定在墙筋上。立筋面板隔墙为干作业，自重轻，可直接支承在楼板上，施工方便，灵活多变，故得到广泛应用，但隔声效果较差。

3.3.4　板材隔墙

板材隔墙是指各种轻质板材的高度相当于房间净高，不依赖骨架，可直接装配而成，目前多采用条板，如加气混凝土条板、碳化石灰板、泰柏板、多孔石膏条板、纸蜂窝板、水泥刨花板、复合板等。下面介绍加气混凝土条板和泰柏板。

1. 加气混凝土条板

加气混凝土条板主要由水泥、石灰、砂、矿渣等加发泡剂，经过原料处理和切割、蒸压养护工序制成。加气混凝土条板的规格为长 2 700～3 000 mm，宽 600～800 mm，厚 80～100 mm。加气混凝土条板具有自重轻、节省水泥、运输方便、施工简单、可锯、可刨、可钉等优点，但由于其吸水性强、耐腐蚀性差、强度较低、在运输及施工过程中易损坏，故不宜用于高温、高湿或有化学、有害空气介质的建筑。

2. 泰柏板

泰柏板又称三维板，即铁丝网泡沫塑料水泥砂浆复合墙板，是用直径为 1.6～2.0 mm 的低碳冷拔镀锌铁丝焊接成三维空间网笼，中间填充 50 mm 厚的阻燃聚苯乙烯泡沫塑料构成的轻质板材，在现场安装并双面抹灰或喷涂水泥砂浆而组成的复合墙体。其自重轻，强度高，保温、隔热性能好，具有一定的隔声能力和防火性能，故被广泛用作工业与民用建筑的内外墙、坡形屋面及小开间建筑的楼板等。同时，泰柏板在高层建筑及旧房的加层改造中也是常用的墙体材料。

3.3.5 隔断

隔断是分隔室内空间的装修构件，其作用是变化空间或遮挡视线。隔断的形式很多，常见的有屏风式、移动式、镂空式、帷幕式和家具式等，如图 3-47 所示。

图 3-47 隔断
(a)屏风式隔断；(b)移动式隔断；(c)镂空式隔断；(d)帷幕式隔断

1. 屏风式隔断

屏风式隔断通常不到顶，空间通透性强，隔断与顶棚间保持一定距离，起到分隔空间和遮挡视线的作用，隔断高度一般为 1 050～1 800 mm。

2. 移动式隔断

移动式隔断可以随意闭合或打开，使相邻的空间随之独立或合并成一个空间。这种隔断使用灵活，在关闭时也能起到限定空间、隔声和遮挡视线的作用。其种类有拼装式、滑动式、折叠式、悬吊式、卷帘式和起落式等，多用于餐馆、宾馆活动室及会堂。

3. 镂空式隔断

镂空式隔断是公共建筑门厅、客厅等处分隔空间常用的一种形式，采用竹、木和混凝土预制构件等构成，形式多样。

4. 帷幕式隔断

帷幕式隔断使用面积小，能满足遮挡视线的功能要求，使用方便，便于更新，一般多用于住宅、旅馆和医院。帷幕式隔断的材料大体有两类：一类是使用棉、丝、麻织品或人造革等制成的软质帷幕隔断；另一类是用竹片、金属片等条状硬质材料制成的隔断。

5. 家具式隔断

家具式隔断巧妙地把分隔空间与储存物品功能结合起来，既节约费用，又节省使用面积，既提高了空间组合的灵活性，又使家具与室内空间相互协调。这种形式多用于室内设计及办公室分隔等。

3.3.6 幕墙

幕墙是以板材形式悬挂于主体结构上的外墙，犹如悬挂的幕而得名。幕墙构造具有如下特征：幕墙不承重，但要承受风荷载，并通过连接件将自重和风荷载传给主体结构；幕墙装饰效果好，安装速度快，施工质量也容易得到保证，是外墙轻型化、装配化的理想形式。

幕墙分为轻质幕墙和重质幕墙。重质幕墙一般为各类钢筋混凝土的墙板，在工业化装配式建筑中根据成套体系生产和安装。这里主要介绍属于骨架体系的轻质幕墙。按面板材料的不同，常见的轻质幕墙种类有玻璃幕墙、铝板幕墙、石材幕墙等，如图3-48所示。

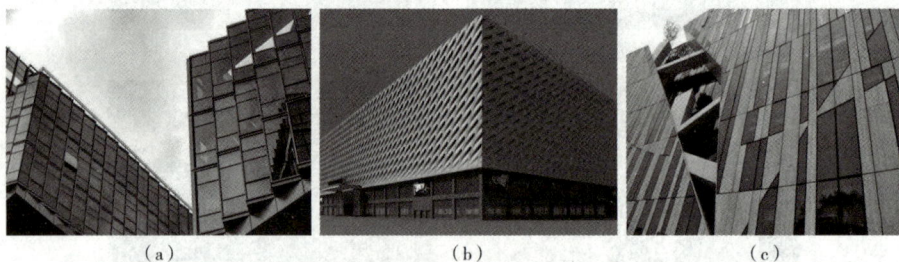

图3-48 各类幕墙外观
(a)玻璃幕墙；(b)铝板幕墙＋玻璃幕墙；(c)石材幕墙＋玻璃幕墙

1. 玻璃幕墙

玻璃幕墙根据其玻璃的固定和承重方式不同，分为框支承玻璃幕墙、全玻幕墙和点支承玻璃幕墙，如图3-49所示。框支承玻璃幕墙是使用最为广泛的玻璃幕墙；全玻幕墙通透、轻盈，常用于大型公共建筑。点支承玻璃幕墙不仅通透，而且展现了精美的结构，发展十分迅速。

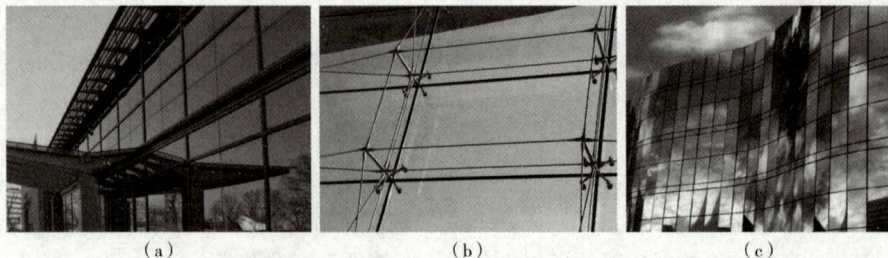

图3-49 各类玻璃幕墙外观
(a)框支承玻璃幕墙；(b)全玻幕墙；(c)点支承玻璃幕墙

(1)框支承玻璃幕墙。框支承玻璃幕墙是指玻璃面板周边由金属框架支承的玻璃幕墙，按其构造方式可分为以下几种：

1)明框玻璃幕墙，即金属框架的构件显露于面板外表面的框支承玻璃幕墙。

2)隐框玻璃幕墙，即金属框架的构件完全不显露于面板外表面的框支承玻璃幕墙。

3)半隐框玻璃幕墙，即金属框架的竖向或横向构件显露于面板外表面的框支承玻璃幕墙。

明框幕墙玻璃的安装类似窗玻璃的安装，将玻璃嵌入金属框，因而将金属框暴露。隐框玻璃幕墙需制作玻璃板块，将玻璃和铝合金附框用结构胶黏结，最后采用压块或挂钩的方式与幕墙的立柱、横梁连接。半隐框玻璃幕墙通常在隐框玻璃幕墙的基础上，加上竖向或横向的装饰线条构成。明框、隐框和半隐框玻璃幕墙可以形成不同的立面效果，可根据建筑设计的总体考虑进行选择，如图3-50所示。

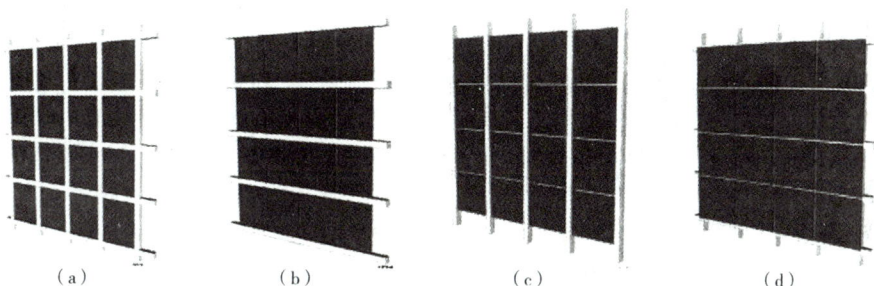

图3-50　有框式幕墙
(a)全框式；(b)横框式；(c)竖框式；(d)隐框式

构件式玻璃幕墙造价相比单元式玻璃幕墙较低，对施工条件要求不高，应用广泛。单元式玻璃幕墙安装速度快，工厂化程度高，质量容易控制，是幕墙设计施工发展的方向。

框支承玻璃幕墙选用的单片玻璃厚度不应小于6 mm，宜选用钢化玻璃。在人员流动密度大、青少年或幼儿活动的公共场所以及使用中容易受到冲击的部位，应采用安全玻璃。

(2)全玻幕墙。全玻幕墙是由肋玻璃和面玻璃构成的大面积玻璃墙面。肋玻璃垂直于面玻璃设置，以加强面玻璃的刚度。肋玻璃与面玻璃可以采用结构胶黏结，也可以通过不锈钢爪件驳接。面玻璃的厚度不宜小于10 mm；肋玻璃厚度不应小于12 mm，截面高度不应小于100 mm。

全玻幕墙的玻璃固定有下部支承式和上部悬挂式两种方式。当幕墙的高度不太大时，可以用下部支承的非悬挂系统。当高度更大时，为避免面玻璃和肋玻璃在自重作用下因变形而失去稳定，需采用悬挂的支承系统。这种系统有专门的吊挂件在上部抓住玻璃，以保证玻璃的稳定。下部支承式全玻幕墙的最大高度见表3-4。

表3-4　下部支承式全玻幕墙的最大高度

玻璃厚度/mm	10、12	15	19
最大高度/m	4	5	6

(3)点支承玻璃幕墙。点支承玻璃幕墙是由玻璃面板、支承装置和支承结构构成的玻璃幕墙，其中，支承结构可分为杆件体系和索杆体系两种。杆件体系是由刚性构件组成的结构体系。索杆体系是由拉索、拉杆和刚性构件等组成的预拉力结构体系。常见的杆件体系有钢立柱和钢桁架，索杆体系有钢拉索、钢拉杆和自平衡索桁架，如图3-51所示。

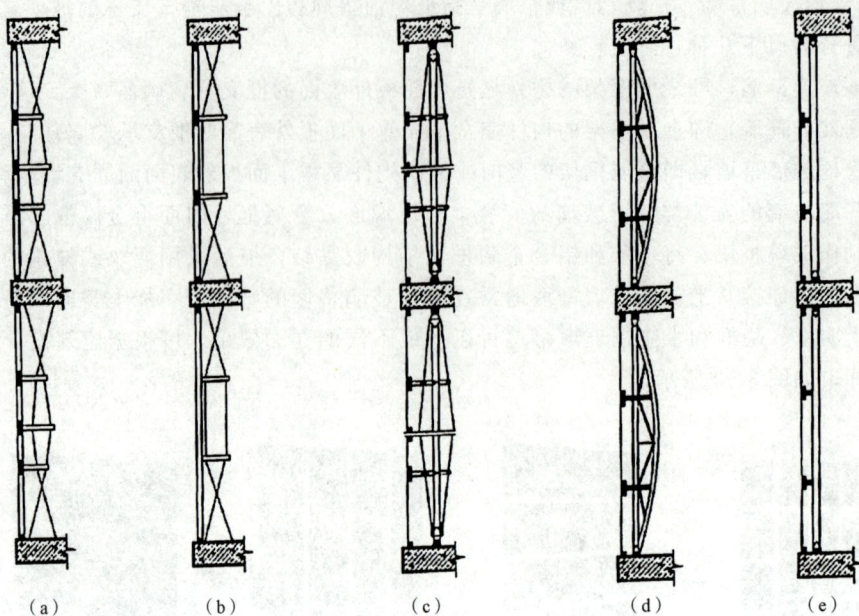

（a）　　　　（b）　　　　（c）　　　　（d）　　　　（e）

图 3-51　五种支承结构示意

（a）拉索式；（b）拉杆式；（c）自平衡索桁架式；（d）桁架式；（e）立柱式

连接玻璃面板与支承结构的支承装置由爪件、连接件及转接件组成。爪件根据固定点数可分为四点式、三点式、两点式和单点式，常采用不锈钢制作。爪件通过转接件与支承结构连接，转接件一端与支承结构焊接或内螺纹套接，另一端通过内螺纹与爪件套接。连接件以螺栓方式固定玻璃面板，并通过螺栓与爪件连接。

点支承玻璃幕墙的玻璃面板必须采用钢化玻璃，玻璃面板形状通常为矩形，采用四点支承，根据情况也可采用六点支承，对于三角形玻璃面板可采用三点支承。

2. 石材幕墙

石材幕墙一般采用框支承结构，因石材面板连接方式的不同，可分为钢销式、槽式和背栓式等。

（1）钢销式连接需在石材的上下两边或四边开设销孔，石材通过钢销及连接板与幕墙骨架连接。它拓孔方便，但受力不合理，容易出现应力集中导致石材局部破坏，使用受到限制。其所适用的幕墙高度不宜大于 20 m，石板面积不宜大于 1 m²。

（2）槽式连接需在石材的上下两边或四边开设槽口，与钢销式连接相比，它的适应性更强。根据槽口的大小又可分为短槽式和通槽式两种。短槽式连接的槽口较小，通过连接片与幕墙骨架连接，它对施工安装的要求较高。通槽式连接的槽口为两边或四边通长，通过通长铝合金型材与幕墙骨架连接，主要用于单元式幕墙。

（3）背栓式连接方式与钢销式及槽式连接不同，它将连接石材面板的部位放在面板背部，改善了面板的受力，通常先在石材背面钻孔，插入不锈钢背栓，并扩胀使之与石板紧密连接，然后通过连接件与幕墙骨架连接。

3. 铝板幕墙

铝板幕墙的构造组成和隐框玻璃幕墙类似，采用框支承受力方式，也需要制作铝板板块。铝板板块通过铝角与幕墙骨架连接。

铝板板块由加劲肋和面板组成。板块的制作需要在铝板背面设置边肋和中肋等加劲肋。在制作铝板板块时，铝板应四周折边以便与加劲肋连接。加劲肋常采用铝合金型材，以槽形或角形型材为主。

4. 幕墙结构安全和防火设计

幕墙在安装时必须考虑结构的安全性、施工的可能性以及对各种使用状态的适应性。幕墙构件在交接处通常留有缝隙，可以适应温差及风荷载等引起的变形。点支承式幕墙的安装节点也提供了藏在钢爪中的万向铰。幕墙构件之间所预设的缝隙，除宽度要符合规范的要求外，其他可以用柔性材料填塞。

幕墙系统往往使用了大量的金属杆件和连接件，使得对幕墙的防雷要求特别严格。有关规定要求幕墙自身应形成防雷体系，而且应与主体建筑的防雷装置可靠连接。

玻璃幕墙的防火设计是一个非常重要的问题。一般幕墙玻璃不耐火，在 250 ℃ 即会炸裂，而且垂直幕墙与水平楼板之间往往存在缝隙，如果未经处理或处理不合理，火灾初起时，浓烟会通过该缝隙向上层扩散，火焰可通过这一缝隙向上窜到上一层楼层。当幕墙玻璃开裂掉落后，火焰可从幕墙外侧窜到上层墙面并烧裂上层玻璃幕墙，随后窜入上层室内。玻璃幕墙的设置应符合下列防火安全要求：

（1）窗间墙、窗槛墙的填充材料应采用非燃烧材料。当其外墙面采用耐火极限不低于 1 h 的非燃烧材料时，其墙内填充材料可采用难燃烧材料。

（2）无窗间墙和窗槛墙的玻璃幕墙，应在每层楼板外沿设置不低于 80 cm 高的实体墙裙，或在玻璃幕墙内侧，每层设自动喷水保护设备，喷头间距不应大于 2 m。

（3）玻璃幕墙与每层楼板隔墙处的缝隙，必须用非燃烧材料严密填实。

📖 **拓展阅读** ⋯

上海中心大厦

1. 简介

上海中心大厦（Shanghai Tower）（图 3-52），位于上海市陆家嘴金融贸易区银城中路 501 号，是上海市的一座巨型高层地标式摩天大楼，为中国第一高楼、世界第三高楼，始建于 2008 年 11 月 29 日，于 2016 年 3 月 12 日完成建筑总体的施工工作。

上海中心大厦被绿色建筑 LEED-CS 白金级认证，曾获得 MIPIM"人民选择奖""中国高层建筑创新奖"、美国建筑奖（AAP）年度设计大奖、"2016 世界最佳高层建筑奖"、第十五届中国土木工程詹天佑奖、2018 年"国家优质工程金质奖"、全球最具影响力的五十座建筑名录、2019 年"BOMA 全球创新大奖""2019 上海新十大地标建筑"等重要奖项。

图 3-52　上海中心大厦

2. 绿色发展运用

上海中心大厦是一个可持续发展的建筑奇迹。大厦创新采用的两层独立幕墙设计，就像是大楼的两层皮肤，透明的第二层表皮包裹在建筑周围，创造了作为自然通风的空气缓冲，减少了能源成本，立面上的270个风力涡轮机为外部照明提供了动力。同时大厦还建立了能源中心，探索多种能源的智能化运行管理系统，以达到节能10%～20%的目的。在这座大厦中，夏季或者秋季，早晨或者中午，都会启用不一样的供能搭配。

上海中心大厦还成为国内首获双认证的绿色超高层建筑，获得国家住房和城乡建设部授予的"三星级绿色建筑设计标识证书"。

3.3.7 墙体节能

1. 墙体节能的构造层次

墙体节能构造要追求绿色环保理念，不断推陈出新，达到建筑领域节能降碳以及实现碳达峰、碳中和的目标。墙体设置保温层的构造有外保温（保温层在室外侧）、内保温（保温层在室内侧）和夹芯保温（保温层在中间夹芯）三种基本形式。

（1）外保温。外保温的层次构造由墙体基层、找平层、保温层、抗裂层、结合层、面层组成。图3-53所示为外墙涂料面层和外墙面砖面层的构造示意。

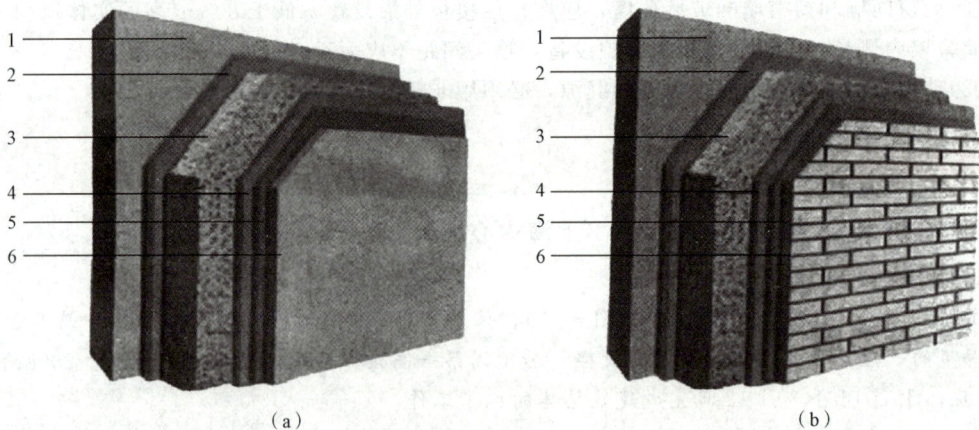

图3-53 外墙涂料面层、外墙面砖面层构造示意

（a）外墙涂料面层

1—基层墙体；2—黏结砂浆；3—发泡陶瓷保温板；4—抹面砂浆；5—柔性腻子；6—外墙涂料

（b）外墙面砖面层

1—基层墙体；2—黏结砂浆；3—发泡陶瓷保温板；4—抹面砂浆；5—面砖黏合剂；6—面砖面层

（2）内保温。内保温包括外墙的内墙面保温和内墙的双面保温，应当根据节能设计确定。保温层一般采用保温砂浆。

（3）夹芯保温。夹芯保温是在双层结构的墙体中间夹保温材料或留出封闭的空气间层，使保温材料不受外界气候的影响。

2. 墙体节能保温材料

（1）常用的墙体节能保温材料举例。

1）发泡陶瓷板。发泡陶瓷板是高温焙烧而成的高气孔率的闭孔陶瓷材料。特点是不燃、耐老化、耐候、与水泥制品相容性好、吸水率低、可贴面砖，导热系数为0.08～0.10 W/(m·K)。

2）膨胀玻化微珠保温板。膨胀玻化微珠保温板适用于涂料或干挂幕墙，但不得用于贴面砖墙面，导热系数为 0.05～0.065 W/(m·K)。

3）复合发泡水泥板。复合发泡水泥板适用于涂料或干挂幕墙，但不得用于贴面砖墙面，导热系数为 0.06～0.28 W/(m·K)。

4）无机保温砂浆。无机保温砂浆适用于涂料或干挂幕墙、贴面砖。在使用强度较低的保温材料时，为了提高门窗转角等部位的强度与抗渗能力，通常采用无机保温砂浆粉刷，导热系数为 0.07 W/(m·K)。

5）挤塑板。挤塑板是由聚苯乙烯树脂及其他添加剂经挤压制造出的拥有连续均匀表层及闭孔式蜂窝结构的板材，具有极低的吸水性（接近不吸水）、低导热系数［仅为 0.028 W/(m·K)］、高抗压性和抗老化性能。

（2）保温材料的燃烧性能。在上述常用的墙体保温材料中，挤塑板的保温性能最佳，但其燃烧性能制约了它的应用。因此，高热阻、不吸水、不燃材料是保温材料研发的重要课题。《建筑材料及制品燃烧性能分级》(GB 8624—2012)把建筑材料的燃烧性能（属性）分为四个类别：不燃材料、难燃材料、可燃材料和易燃材料，分别对应 A 级、B_1 级、B_2 级和 B_3 级。

3. 节能建筑

（1）建筑热工分区及热工设计要求。我国幅员辽阔，建筑热工分区涵盖严寒地区、寒冷地区、夏热冬冷地区、夏热冬暖地区、温和地区。根据建筑所处地区的热工分区，围护结构的热工设计应符合相应的规定。建筑围护结构的部位包括屋面、外墙（包括非透明幕墙）、底面接触室外空气的架空板或外挑楼板、非采暖房间与采暖房间之间的隔墙和楼板、外窗（包括透明幕墙）、单一朝向外窗（包括透明幕墙）及屋顶透明部分等。热工性能包括建筑体形系数、传热系数、遮阳系数等。

建筑围护结构部位的热工设计要求：根据建筑不同的体形系数、朝向、窗墙比等指标，围护结构的传热系数、遮阳系数以及外墙和外墙冷桥处的热阻等应满足一定的限值。具体规定详见相关的节能设计标准。

（2）节能建筑相关的基本概念。

1）节能建筑。节能建筑是指在保证建筑使用功能和满足室内热环境质量要求下，通过提高建筑外围护结构隔热保温性能、供暖空调系统运行效率和利用自然能源等措施，使建筑的供暖与空调降温能耗降低到规定水平；同时，当室内不采用供暖和空调降温措施时，仍满足一定居住舒适度的建筑。节能建筑包括被动式建筑和主动式建筑。

被动式建筑主要是指不依赖自身耗能的建筑设备，而完全通过建筑自身的空间形式、围护结构、建筑材料与构造的设计来实现建筑节能的建筑。例如，利用遮阳、墙体隔热、自然通风等设计，降低南方炎热地区室内温度。主动式建筑是指采取了通过机械干预手段来降低不可再生资源消耗的"主动式节能"措施的建筑。

2）体形系数、导热系数、热阻与传热系数。

①体形系数是指建筑物与室外大气接触的外表面积与其包围的体积的比值，以 S 表示。

②导热系数是指在稳定传热条件下，1 m 厚材料的两侧表面的温差为 1 K，在 1 s 内通过 1 m^2 面积传递的热量，用 λ 表示，单位为 W/(m·K)(K 可用℃代替)。

③热阻是指物体对热流传导的阻碍能力。热阻与材料厚度成正比，与材料的导热系数成反比，用 R 表示，单位为 m^2·K/W。

④传热系数是指在稳定传热条件下，围护结构两侧空气温差为 1 K 或 1 ℃，单位时间通过单位面积传递的热量，单位为 W/(m^2·K)，用 K 来表示，反映了传热过程的强弱。各类节能

设计标准中，对围护结构的传热系数限值做了相应的规定。

3)热桥与冷桥现象。热桥现象是指热量的传递主要是通过建筑保温的薄弱构件，如混凝土梁柱、门窗等，即成为热量传递的桥梁。冷桥现象是指在寒冷的冬季，由于热桥构件热量损失较大，内表面温度偏低，当空气中的水蒸气与之接触后，就由气态转化为液态冷凝水的现象。

冷桥现象的危害是因热量的损失，导致降低室内保温的效果、加剧墙体及其饰面的破坏。例如，热桥表面的粉刷层经过一定的冻融相继出现受潮、变形、起鼓、开裂、霉变、剥落等现象。

3.3.8 其他

1. 新型复合自保温砌块

新型复合自保温砌块由主体砌块、保温层、保温芯料、保护层及保温连接柱销组成，如图 3-54(a)所示。主体砌块的内外壁、主体砌块与外保护层间，通过 L 形、T 形点状连接肋和贯穿保温层的点状柱销组合为整体，在柱销中设置有钢丝。结构、材料各自独立，互相作用，优势互补，充分发挥各种材料的特性，具有优异的综合性能。新型复合自保温砌块墙特点如下。

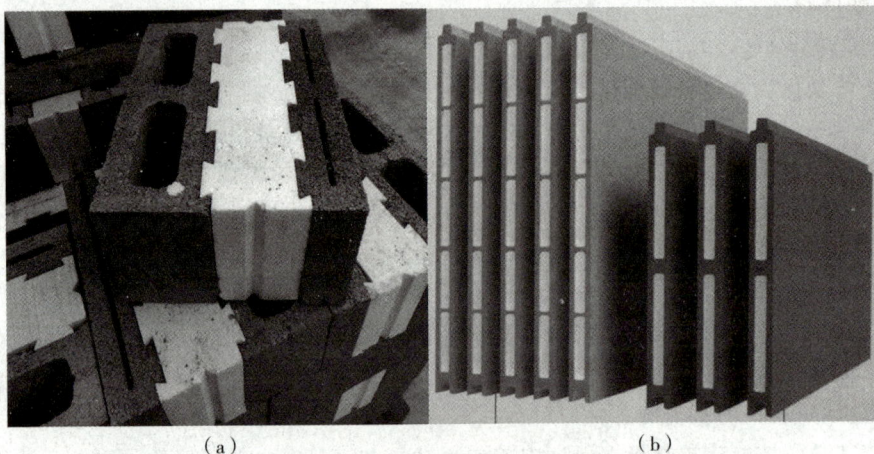

（a）　　　　　　　　　　　　（b）

图 3-54　新型墙材
(a)自保温砌块；(b)轻质复合墙板

(1)砌块采用混凝土坯体，内置无机保温材料，辅以铁丝加强，具有轻质、高强、保温隔热、防潮防水等优点，解决了外保温墙体体系保温层材料防火不达标、外保温体系耐久性能差、饰面易龟裂脱落等问题。当有特殊防火要求时，保温材料可选用矿棉板、玻璃棉板等无机保温材料。

(2)采用嵌入式砌筑方式，有效地增加砌体强度。在主体砌块的内外壁与 L 形、T 形点状连接肋组成的空间中，填充的是低密度 EPS 板，砌筑砂浆在砌块重力与砌块间挤压力的作用下，自然地压入 EPS 板，嵌固在砌块的内外壁与条状连接肋之间，形成嵌入式砌筑，有效地增强了砌体的抗剪强度和抗震性能。

(3)以建筑垃圾、细石为集料的混凝土，赋予砌块高强度、低干缩值、低吸水率、低含水率和优良的抗冻性能、良好的二次施工性能，为装饰施工和卫生洁具的吊挂提供坚实的墙面。

(4)管线盒及卫生洁具、空调等的吊挂简便可靠。主体砌块是由内外壁和连接于其间的 L 形、T 形连接肋组成的，根据设计相应掏去 L 形、T 形点状连接肋之间的泡沫，即可在墙体中多方向布置管线；在相对坚实的墙面开孔后，取出周围少量泡沫后填入胶泥，即可在胶泥中埋设开关盒或卫生洁具、空调等的吊挂件，牢固可靠。

2. 轻质复合墙板

轻质复合墙板是以高强度水泥或氧化镁为胶凝料，以粉煤灰工业废渣、草秸、木屑、膨胀珍珠岩等为填料，以玻纤布、网格布为增强材料加工而成。夹芯为聚苯板、聚塑板、岩棉等防火保温材料，并被制成网状工艺结构，复合为独特的高强度、轻质、保温墙材，如图3-54（b）所示。其成本较低，抗震性能好，无毒、无害、无污染、无放射性，属于绿色环保新型节能建材。

3.4 墙面装修

3.4.1 墙面装修的作用

为了满足建筑物的使用要求、提高建筑的艺术效果、保护墙体免受外界影响、保护结构、改善墙热工性能，必须对墙面进行装修。墙面装修的功能归纳起来主要有以下三个方面。

1. 保护建筑构配件，保证结构的安全性

墙面装修可防止墙体结构受风、雨的直接袭击，提高墙体防潮、抗风化和机械碰撞的能力，从而增强墙体的坚固性和耐久性，使墙体在装修层的保护下不直接受到如磨损、碰撞、雨水等外力破坏，加强隔离作用。

2. 改善环境条件，满足住房的使用功能要求

墙面装修可提高环境卫生条件，使墙面易清洁，减少和防止污染；墙面采用浅色装饰材料可反射光线，提高室内照明度；在墙体做内保温或外保温构造可防止热量散失；墙面粉刷可加强墙体表面密度，隔绝空气传声。

3. 在美观方面，提高建筑的艺术效果

墙面装修构造通过将不同质感、色彩、纹理、凹凸的材料进行合理的组合，能够恰到好处地表现出建筑物优美、和谐、统一而又丰富的空间环境。

3.4.2 墙面装修的分类

墙面装修按装修部位不同，可分为室外装修和室内装修两类。室外装修要求采用强度高、抗冻性强、耐水性好及耐腐蚀的材料。室内装修材料则因室内使用功能不同，要求有一定的强度、耐水及耐火性。

墙面装修按饰面材料和构造不同，可分为清水勾缝、抹灰类、涂料类、贴面类、裱糊类、条板类、玻璃（或金属）幕墙等。

3.4.3 墙面装修构造

1. 清水墙墙面装修

（1）清水砖墙。清水砖墙是不做抹灰和饰面的墙面，一般选用质地密实、棱角分明、色泽一致、抗冻性好、吸水率低的红砖或青砖。采用每皮丁顺相间（梅花丁）或一顺一丁的砌式，灰缝要整齐，要及时清扫墙面。为使墙身整齐、美观且防止雨水浸入，可用1:1或1:2水泥细砂浆勾缝，勾缝的形式有平缝、平凹缝、斜缝和弧形缝等，如图3-55所示。

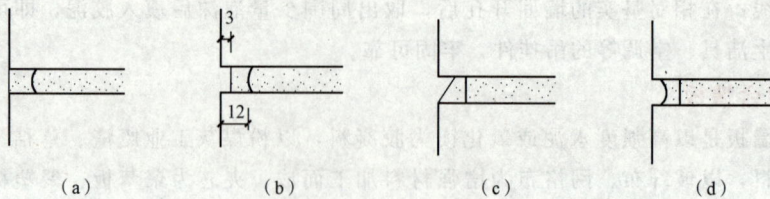

图 3-55 砖墙勾缝的形式

(a)平缝；(b)平凹缝；(c)斜缝；(d)弧形缝

(2)装饰混凝土饰面。装饰混凝土饰面是利用混凝土本身的图案纹理或水泥和集料的颜色、质感来装饰墙面。一种方案是清水混凝土墙面，是指混凝土经过处理，保持原有外观、质感、纹理；另一种方案是露集料混凝土墙面，它将表面水泥浆膜剥离，露出混凝土粗细集料的颜色、质感。

2. 抹灰类墙面装修

抹灰分为一般抹灰和装饰抹灰两类。

(1)一般抹灰。一般抹灰有石灰砂浆、混合砂浆、水泥砂浆等。外墙抹灰厚度为 20～25 mm，内墙抹灰厚度为 15～20 mm，顶棚抹灰厚度为 12～15 mm。在构造上和施工时应分层操作，一般分为底层抹灰、中层抹灰和面层抹灰，如图 3-56 所示，各层的作用和要求不同。

1)底层抹灰。底层抹灰主要起到与基层墙体黏结和初步找平的作用。墙的底灰多用混合砂浆或聚合物水泥砂浆；板条墙的底灰常用麻刀石灰砂浆或纸筋石灰砂浆。另外，对湿度较大的房间或有防水、防潮要求的墙体，底层抹灰宜选用水泥砂浆。

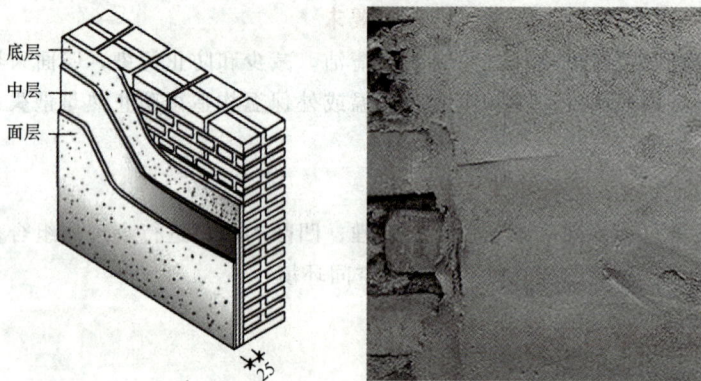

图 3-56 抹灰构造层次(水泥砂浆墙面)

2)中层抹灰。中层抹灰用于进一步找平以减少打底砂浆层干缩后可能出现的裂纹，同时也是底层和面层的黏结层，其厚度一般为 5～10 mm。中层抹灰的材料可以与底灰相同，也可根据装饰要求选用其他材料。

3)面层抹灰。面层抹灰主要起装饰作用，因此要求面层表面平整、无裂痕、颜色均匀。根据所选材料和施工方法形成各种不同性质与外观的抹灰。面层上的刷浆、喷浆或涂料不属于抹灰。

抹灰按质量及工序要求分为普通抹灰、中级抹灰和高级抹灰三个级别。为保证抹灰层与基层连接牢固，表面平整均匀，避免裂缝和脱落，在抹灰前应将基层表面的灰尘、污垢、油渍等清除干净，并洒水湿润，同时还要求抹灰层不能太厚，并分层完成。

(2)装饰抹灰。除对墙面做一般抹灰外，利用不同的施工操作方法将其直接做成装饰抹灰，包括水刷石、斩假石、干粘石、拉毛等，工序较复杂，但装饰效果较好。

1）水刷石饰面。水刷石是一种传统的外墙饰面，如图 3-57（a）所示，是用水泥和石子等加水搅拌，抹在建筑物的表面，半凝固后，用喷枪、水壶喷水，或者用硬毛刷蘸水，刷去表面的水泥浆，使石子半露。水刷石饰面朴实淡雅，经久耐用，装饰效果好，运用广泛，主要适用于外墙、窗套、阳台、雨篷、勒脚及花台等部位的饰面。若采用不同颜色的石屑，将得到不同色彩的装饰效果。

2）斩假石饰面。斩假石又称剁斧石，如图 3-57（b）所示，它是以水泥石子浆或水泥石屑浆涂抹在水泥砂浆基层上，待凝结硬化具有一定强度后，用斧子和各种凿子等工具，在面层上剁斩出具有石材经雕琢后的纹理效果的一种人造石料装饰方法。

斩假石饰面装饰的效果类似毛面的天然花岗石，质朴素雅，美观大方，有真实感，装饰效果好。但因手工操作，工效低，劳动强度大，造价高，故一般用于公共建筑重点装饰部位，如外墙面、勒脚、室外台阶等。

3）干粘石饰面。干粘石饰面是指用压缩空气带动喷斗喷射小粒径石碴并将其甩到黏结砂浆上，然后拍实。这种饰面效果与水刷石饰面相似，但比水刷石饰面节约水泥 30%～40%，节约石碴 50%，提高工效 30%左右，故应用较多，如图 3-57（c）所示。但因其黏结力较低，一般与人直接接触的部位不宜采用。

干粘石可以将小石子压实、拍平、半凝固后，用喷枪去除表面的水泥浆，使石子半露，形成人造石碴装饰面。这种饰面既有水刷石饰面黏结牢固、石粒密实、表面平整、不易积灰的优点，又有斩假石饰面的质地朴实、美观大方、成本较低的优点，这一做法也可以用较大的卵石作为面层，表面水泥浆去除后，可以得到光滑的卵石面层。

图 3-57 装饰抹灰墙面

（a）水刷石饰面；（b）斩假石饰面；（c）干粘石饰面

4）弹涂饰面。水泥浆弹涂饰面是在墙体表面刷一道聚合物水泥色浆后，用弹涂器分几遍将不同色彩的聚合物水泥浆弹在已涂刷的涂层上，形成 3～5 mm 的扁圆形花点，为使饰面的颜色保持较好的耐久性及耐污性，在色点干燥以后，将耐水性、耐候性较好的甲基硅树脂或聚乙烯醇缩丁醛等材料喷在饰面的表层进行罩面，如图 3-58 所示。

弹涂饰面的材料以白水泥为主，刷涂层及弹涂层的颜色及颜料用量应根据设计要求和拼板试配而定。弹涂的色彩常由 2～3 种颜色组成，分为深色、浅色和中间色。弹涂的表面不仅有各种色彩，而且还有单色光面、细麻面和小拉毛拍平等各种质感，装饰性较好。弹涂饰面效果类似干粘石。

图 3-58 弹涂饰面

弹涂砂浆在配制时，先将108胶按配合比加水搅拌均匀，再将白水泥和颜料拌和均匀后将配好的108胶溶液倒入搅拌成色浆，配制时应由专人负责，严格按配合比过秤。

(3)细部构造。在内墙抹灰中，当遇到人群活动频繁、易受碰撞或有防水、防潮要求的墙面，如门厅、公共走廊、厨房、浴室、厕所等处，为保护墙身，常做保护处理，称为墙裙。墙裙的高度一般为1.5 m，个别做到1.8 m。

对易受碰撞的内墙凸出的转角处(内墙阳角)或门洞的两侧，常抹以高1.5 m的1∶2水泥砂浆打底，以素水泥浆倒小圆角进行处理，俗称护角，如图3-59所示。

外墙抹灰面积较大，为防止面层开裂和便于操作，或立面处理的需要，常对抹灰面层做分格处理，俗称引条线，如图3-60所示。为防止雨水通过引条线渗入室内，必须做好防水处理，通常利用防水砂浆或其他防水材料做勾缝处理。

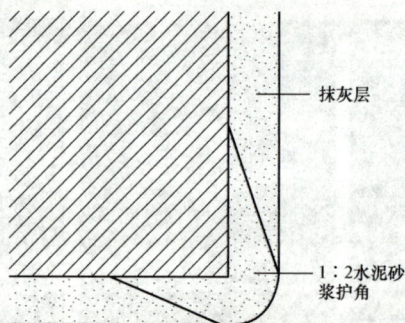

抹灰层

1∶2水泥砂浆护角

图 3-59 护角构造

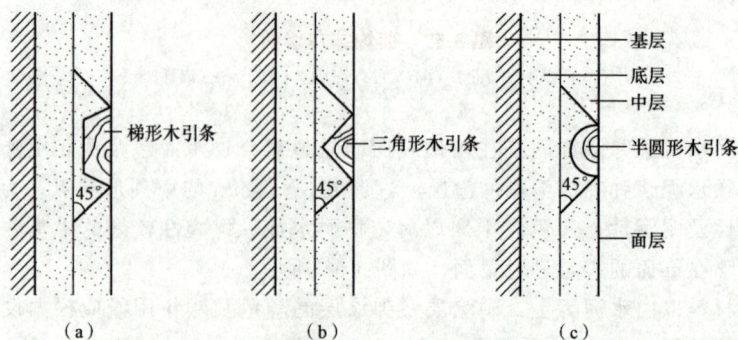

(a)　　　　　　　　　　(b)　　　　　　　　　　(c)

梯形木引条　　　三角形木引条　　　基层
　　　　　　　　　　　　　　　　　底层
　　　　　　　　　　　　　　　　　中层
　　　　　　　　　　　半圆形木引条
　　　　　　　　　　　　　　　　　面层

图 3-60 引条线构造

(a)梯形木引条线；(b)三角形木引条线；(c)半圆形木引条线

3. 贴面类墙面装修

贴面类墙面装修是指在内外墙面上粘贴各种天然石材、人造石材、陶瓷面砖等。

（1）面砖饰面构造。面砖多数以陶土或瓷土为原料，压制成型后经焙烧而成。由于面砖不仅可以用于墙面装饰，也可以用于地面，所以被人们称为墙地砖，如图 3-61(a)所示。常见的面砖有釉面砖、无釉面砖、仿花岗岩瓷砖、劈离砖等。

无釉面砖表面不施釉，比釉面砖具有更好的耐磨性能，花色效果比釉面砖单一。釉面砖具有表面光滑、易擦洗、美观耐用、吸水率低等特点。釉面砖除白色和彩色外，还有图案砖、印花砖以及各种装饰釉面砖等，釉面砖主要用于高级建筑内外墙面以及厨房、卫生间的墙裙贴面。

面砖应先放入水中浸泡，安装前取出晾干或擦干净，安装时先抹 15 mm 厚 1：3 水泥砂浆找平并划毛，再用 1：0.3：3 水泥石灰混合砂浆或用掺有 108 胶（水泥用量为 5%～7%）的 1：2.5 水泥砂浆满刮 10 mm 厚于面砖背面紧贴于墙上。对贴于外墙的面砖常在面砖之间留出一定缝隙。

陶瓷马赛克也称陶瓷锦砖，如图 3-59(b)所示。马赛克是高温烧结而成的小型块材，色彩丰富，表面致密光滑、坚硬耐磨、耐酸耐碱，一般不易变色。陶瓷马赛克的尺寸较小，常见的厚度为 4 mm 左右。根据它的花色品种，可拼成各种花纹图案。由于马赛克面积很小，所以销售和施工时需将多片马赛克按设计的图案组合，通过纸或塑料网连接成较大尺度的一"张"纸。纸连接时常用牛皮纸，一般纸贴在马赛克的正面；用塑料网连接时，塑料网贴在马赛克的背面。以纸连接的方式铺贴时，牛皮纸面向外将马赛克贴于饰面基层，待半凝后将纸洗去，同时修整饰面。陶瓷马赛克可用于墙面装修，也可用于地面装修。

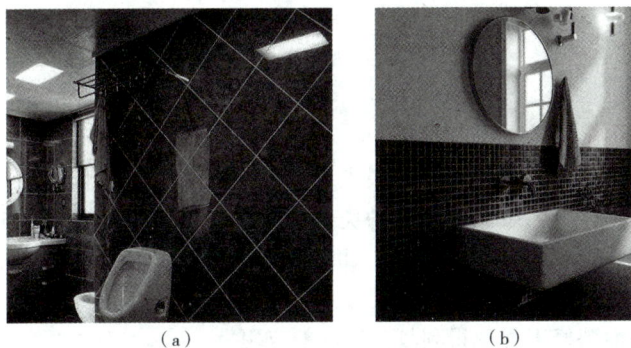

图 3-61　陶瓷贴面类墙面装修

(a)面砖饰面；(b)陶瓷马赛克饰面

（2）天然石材和人造石材饰面。墙面常用的装饰石材主要分为天然石材和人造石材。常见天然石材有花岗石、大理石和青石板等，具有强度高、耐久性好等特点，多做高级装饰用，如图 3-62 所示。常见人造石材有预制水磨石板、人造大理石板等。

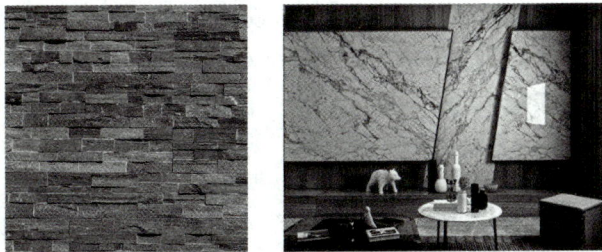

图 3-62　贴面类墙面

1)湿挂法。天然石材与人造石材的安装方法相同，先在墙内或柱内预埋 $\phi6$ 铁箍，间距依石材规格而定，而铁箍内立 $\phi6\sim\phi10$ 竖筋，在竖筋上绑扎横筋，形成钢筋网。在石板上下边钻小孔，用双股 16 号钢丝绑扎固定在钢筋网上。上下两块石板用不锈钢卡销固定，板与墙面之间预留 $20\sim30$ mm 缝隙，上部用定位活动木楔做临时固定，校正无误后，在板与墙之间浇筑 1∶3 水泥砂浆，待砂浆初凝后，取掉定位活动木楔，继续上层石板的安装，如图 3-63(a)所示。

2)干挂法。干挂石材的施工方法是用一组高强度、耐腐蚀的金属连接件，将饰面石材与结构可靠地连接，其间形成的空气间层不做灌浆处理，如图 3-63(b)所示。

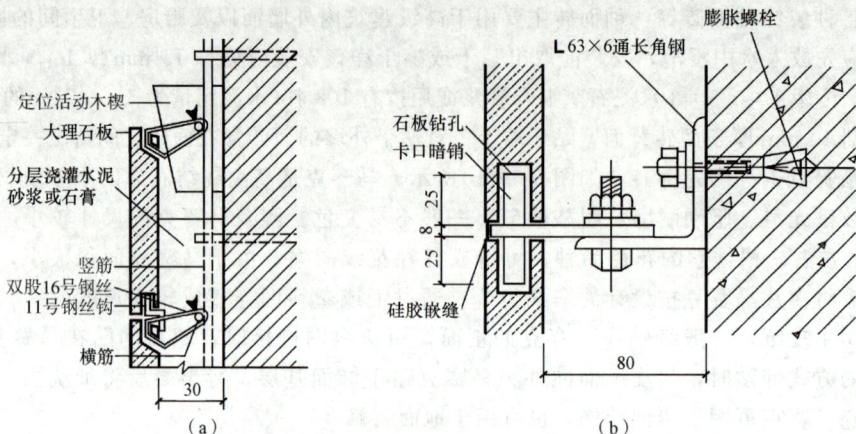

图 3-63 饰面板的挂贴构造
(a)湿挂法；(b)干挂法

4. 涂料类墙面装修

涂料类墙面装修是将各种涂料敷于基层表面，形成完整牢固的膜层，从而起到保护墙面和具有美观性的一种装饰做法。按涂刷材料种类不同，涂料类墙面可分为刷浆类饰面、涂料类饰面及油漆类饰面三类。涂料类饰面涂层薄，耐腐蚀能力差，外用乳液涂料使用年限一般较短，需要定期翻新维护，但是由于涂料类饰面施工简单、省工省料、工期短、效率高、自重轻、维修更新方便，故在饰面装修工程中得到较为广泛的应用。

5. 裱糊类墙面装修

裱糊类墙面装修是将各种装饰性壁纸用胶粘剂裱糊在墙面上的一种饰面做法。常用的材料有各类壁纸、壁布和配套的黏结材料。其中常用的壁纸类型有 PVC 塑料壁纸、纺织物面壁纸、金属面壁纸、天然木纹面壁纸等。常用的壁布类型有人造纤维装饰壁布、锦缎类壁布等。

裱糊类墙面装修的面层施工工艺主要在抹灰的基层上进行，也可在其他基层上粘贴壁纸和壁布。壁纸或壁布在施工前要先做润水处理，为防止基层吸水过快，可涂刷壁纸基膜，再涂刷胶粘剂。裱糊前应在基层上划分垂直准线，用刮板或胶辊将其赶平压实。面材的接缝有对缝或搭缝两种方式，一般墙面采用对缝方式，阴、阳角处采用搭缝方式，搭缝方式面材重叠 $10\sim20$ mm。

6. 铺钉类墙面装修

铺钉类墙面装修是指采用天然木板或各种人造薄板借助镶钉胶等固定方式对墙面进行装饰处理。板材由骨架和面板组成，骨架有木骨架和金属骨架，面板有硬木板、胶合板、纤维板、石膏板等各种装饰面板和近年来应用日益广泛的金属面板。

项目小结

1. 墙体设计应满足结构与抗震要求、功能要求、工业化生产要求。

2. 砌体墙是用砂浆等胶结材料将砖石、砌块等块材按一定的技术要求组砌而成的墙体，如砖墙、石墙及混凝土砌块墙等。砌块墙的优点是生产制造及施工操作简单，不需要大型的施工设备；缺点是现场湿作业多、施工速度慢、劳动强度大。

3. 为了保证砌块墙的耐久性和墙体与其他构件的连接，应在相应的位置进行细部构造处理。砌块墙的细部构造包括勒脚、门窗洞口、墙身加固措施及变形缝构造等。

4. 隔墙、隔断是分隔室内空间的非承重构件，起到空间的分隔、引导和过渡的作用。

5. 幕墙是以板材形式悬挂于主体结构上的外墙，幕墙不承重，装饰效果好，安装速度快，施工质量也容易得到保证，是外墙轻型化、装配化的理想形式。

6. 墙面装修是墙体构造必不可少的组成部分，其主要作用是保护墙体、满足使用功能要求和美化墙体。由于材料和施工方式的不同，常见的墙面装修做法可分为抹灰类、贴面类、涂料类、裱糊类和钉挂类五类。

7. 为节省建筑能耗，可利用不同性能的材料进行组合，构成既承重又保温的复合墙体。按保温材料的位置分为外保温构造、内保温构造和夹芯构造。

习 题

一、填空题

1. 墙体按其受力状况不同分为_____和_____两类。其中非承重墙包括_____、_____、_____等。

2. 散水的宽度一般为_____，当屋面挑檐时，散水宽度应为_____。

3. 常用的过梁构造形式有_____、_____和_____三种。

4. 钢筋混凝土圈梁的宽度宜与墙体的厚度相同，高度不小于_____。

5. 隔墙按其构造方式不同常分为_____、_____和_____三类。

二、选择题

1. 烧结普通砖的规格为（   ）。

    A. 240 mm×120 mm×60 mm   B. 240 mm×110 mm×55 mm

    C. 240 mm×115 mm×53 mm   D. 240 mm×115 mm×55 mm

2. 当室内地面垫层为碎砖或灰土材料时，其水平防潮层的位置应设在（   ）。

    A. 垫层高度范围内   B. 室内地面以下−0.06 m处

    C. 垫层标高以下   D. 平齐或高于室内地面面层

3. 圈梁遇洞口中断，所设的附加圈梁与原圈梁的搭接长度应满足（   ）。

    A. $\leqslant 2h$ 且 $\leqslant 1\ 000$ mm   B. $\leqslant 4h$ 且 $\leqslant 1\ 500$ mm

    C. $\geqslant 2h$ 且 $\geqslant 1\ 000$ mm   D. $\geqslant 4h$ 且 $\geqslant 1\ 500$ mm

4. 墙体设计中，构造柱的最小尺寸为（   ）。

    A. 180 mm×180 mm   B. 180 mm×240 mm

    C. 240 mm×240 mm   D. 370 mm×370 mm

5. 半砖隔墙的顶部与楼板相接处为满足连接紧密，其顶部常采用（　　）或预留 30 mm 左右的缝隙，每隔 1 m 用木楔打紧。

    A. 嵌水泥砂浆   B. 立砖斜侧   C. 半砖顺砌   D. 浇细石混凝土

三、简答题

1. 墙体的作用是什么？在设计中有哪些基本要求？

2. 墙体的组砌有哪些要求？

3. 圈梁的作用是什么？在什么情况下应设附加圈梁？对其有何技术要求？

4. 构造柱的作用是什么？其设置的位置、间距、材料做法有何规定？

5. 常见的幕墙有哪几种？

项目 4

楼地层

项目导读

　　本项目主要讲述楼地层的基本构造和设计要求，以及钢筋混凝土楼板的主要类型、阳台和雨篷的构造，并着重介绍了大量性民用建筑的楼地面装修和顶棚构造设计要求。

思维导图

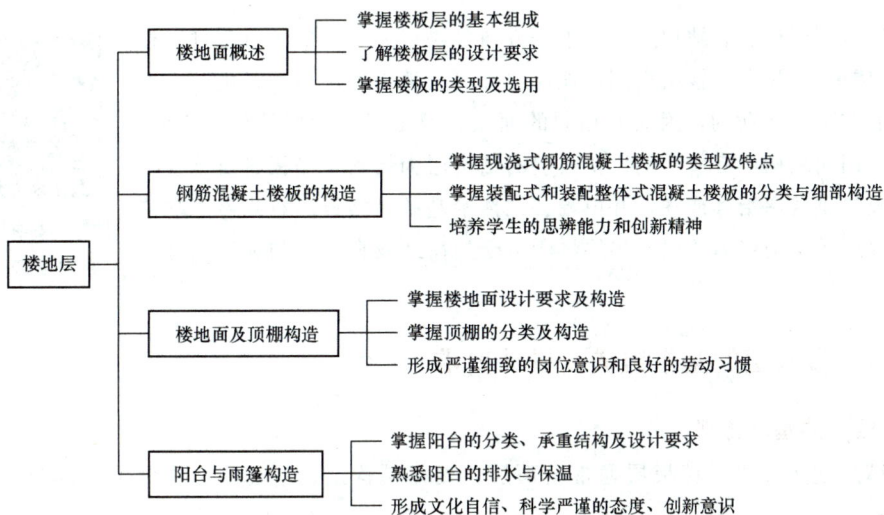

案例导入

　　背景材料：某综合楼框架结构，12 层，其中首层大堂，建筑面积为 1 200 m²，其室内装饰装修做法见表 4-1。

表 4-1　大堂装饰装修做法

序号	部位	材料名称	规格	做法
1	顶棚	奶黄色穿孔铝板	加工定做	见详图
2	地面	优等品米黄瓷质砖	800 mm×800 mm	1:2.5 干硬性水泥砂浆垫层，水泥浆(掺建筑胶)结合层

序号	部位	材料名称	规格	做法
3	墙面	木纹大理石	200 mm	12BJ1—1B14 外墙 13C

回答下列问题：

(1)建筑工程专业建造师应控制的装饰装修材料采购信息有几方面？

(2)该大堂装饰装修材料进场时验收要求有哪些？

(3)该大堂装饰装修做法使用了几种材料？哪些材料需要复验？如果需要复验，见证取样检测如何控制？复验哪些性能指标？

(4)该综合楼设有火灾自动报警装置和自动灭火系统，消防审核时发现设在第六层一个计划营业面积达 360 m² 的歌舞厅，其吊顶材料选用纸面石膏板，墙面材料选用玻璃棉装饰吸声板。请问该歌舞厅装饰装修材料燃烧性能是否符合要求？如不符合要求，请推荐两种符合要求的装饰材料。

4.1　楼地面概述

楼地层包括楼板层和地坪层，是水平方向分隔房屋空间的承重构件。楼板层（又称楼盖）分隔上下楼层空间，地坪层分隔大地与底层空间，由于它们均是供人们在上面活动的，因而有相同的面层，但由于它们所处位置不同、受力不同，因而结构层有所不同。楼板层的结构层为楼板，楼板将所承受的上部荷载及自重传递给墙或柱，并由墙、柱传给基础，楼板层有隔声等功能要求；地坪层的结构层为垫层，垫层将所承受的荷载及自重均匀地传给夯实的地基。

视频：楼地层的设计要求及构造组成

4.1.1　楼板层的基本组成及设计要求

1. 楼板层的基本组成

为了满足使用要求，楼板层通常由面层、楼板结构层、附加层、顶棚层四部分组成，如图 4-1 所示。

(1)面层，又称楼面或地面，起着保护楼板、承受并传递荷载的作用，同时对室内有重要的清洁及装饰作用。

(2)楼板结构层，是楼板层的承重部分，一般包括梁和板。它的主要功能在于承受楼板层上的全部静荷载和活荷载，并将这些荷载传给墙或柱，同时还对墙身或梁柱起水平支撑的作用，增强房屋刚度和整体性。

(3)附加层，又称功能层。在多层建筑中楼板层往往会设置管道敷设、防水、隔声、保温等各种附加层，主要起到隔声防噪、保温隔热、防潮防水、耐腐蚀、防静电等作用。有时与面层合二为一，有时又与顶棚层合为一体。

(4)顶棚层，是楼板层的下面部分。根据其构造不同，有抹灰顶棚、粘贴类顶棚和吊顶棚三种。

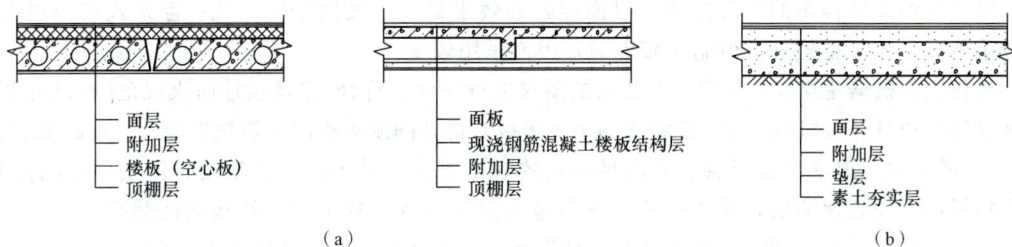

图 4-1　楼地层的组成

（a）楼板层；（b）地坪层

2. 楼板层的设计要求

楼板层的设计应满足建筑的使用、结构、施工及经济等多方面的要求。

(1)具有足够的强度和刚度。楼板层具有足够的强度和刚度才能保证其安全和正常使用。足够的强度是指楼板层能够承受使用荷载和自重。使用荷载因房间的使用性质不同而各异，自重是指楼板层材料的自重。足够的刚度是指楼板层的变形应在允许的范围内，它是用相对挠度（绝对挠度与跨度的比值）来衡量的。

(2)满足隔声、防火方面的要求。为了防止噪声通过楼板层传到上下相邻的房间，影响其使用，楼板层应具有一定的隔声能力。不同使用性质的房间对隔声的要求不同，但均应满足各类建筑房屋的允许噪声级和撞击声隔声量。

隔绝固体对下层空间的影响，其方法之一是在楼板面铺设弹性面层，以减弱撞击楼板时所产生的声能，减弱楼板的振动，如铺设地毯、橡胶、塑料等，如图 4-2 所示。在钢筋混凝土楼板上铺设地毯，噪声通过量可控制在 75 dB 以内(钢筋混凝土空心楼板不做隔声处理，通过的噪声为 80~85 dB；钢筋混凝土槽板、密肋楼板不做隔声处理，通过的噪声在 85 dB 以上)。这种方法比较简单，隔声效果也较好，同时还起到装饰美化室内空间的作用，是采用较广泛的一种方法。

第二种隔绝固体传声的方法是设置片状、条状或块状的弹性垫层，其上做面层形成浮筑式楼板。这种楼板是通过弹性垫层的设置来减弱由面层传来的固体声能，达到隔声的目的。

隔绝固体传声的第三种方法是结合室内空间的要求，在楼板下设置顶棚(吊顶)，使撞击楼板产生的振动不能直接传入下层空间。在楼板与顶棚间留有空气层，顶棚与楼板采用弹性挂钩连接，使声能减弱。对隔声要求高的房间，还可在顶棚上铺设吸声材料加强隔声效果。

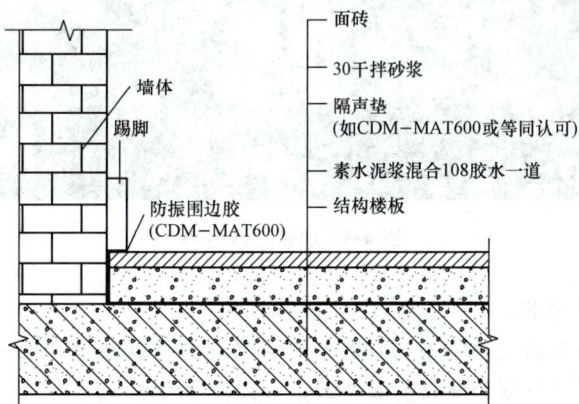

图 4-2　楼板隔声构造

对于隔绝固体传声的三种措施，以面层处理效果最好，又便于工业化；浮筑式楼板层虽增加造价不多，效果也较好，但施工较麻烦，因而采用较少。

楼板层应根据建筑物的等级、对防火的要求进行设计，符合《建筑设计防火规范(2018年版)》(GB 50016—2014)的相关规定。建筑物的耐火等级对构件的耐火极限和燃烧性能有一定的要求。

(3)满足热工要求。楼板层还应满足一定的热工要求。对于有一定温度、湿度要求的房间，常在楼板层中设置保温层，使楼面的温度与室内温度一致，减少通过楼板的冷热损失。一些房间如厨房、厕所、卫生间等，地面潮湿、易积水，应处理好楼板层的防渗漏问题。

(4)满足建筑经济的要求。在一般情况下，多层砖混结构房屋楼板层的造价占房屋土建造价的20%～30%。因此，应注意结合建筑物的质量标准、使用要求及施工技术条件，选择经济合理的结构形式和构造方案，尽量减少材料的消耗和楼板层的自重，并为工业化创造条件，以加快建设速度。

📖 **拓展阅读**

国家游泳中心——"水冰转换"工程

1. 简介

国家游泳中心(图4-3)别名"水立方""冰立方"，始建于2003年12月24日，于2008年1月正式竣工。2020年11月27日，国家游泳中心冬奥会冰壶场馆改造工程通过完工验收，"水立方"变身为"冰立方"。国家游泳中心是2008年北京奥运会的精品场馆和2022年北京冬奥会的经典改造场馆，也是唯一一座由港澳台同胞、海外华侨华人捐资建设的奥运场馆，国家游泳中心也因此成为"双奥场馆"。"水冰转换"让国家游泳中心可以在"水上功能"和"冰上功能"之间自由切换，可以同时具备开展水上运动、冰上运动及各类大型活动的能力。

图4-3 国家游泳中心

2. 楼地面承重构件选择

设计团队首先需要根据坑底平面的荷载能力去搭建可转换架体，在尝试了木头、钢筋等多种材料以后，最终选择了钢结构加轻质混凝土预制板的结构体系。

可转换钢结构由2 600根3 m高、2 m长的薄壁H型钢搭建而成，每根梁柱装有柱脚，每个连接点装有可拆卸高强度螺栓，确保钢架坚固结实。作为支撑冰面"骨架"的一部分，制冰基础层施工也十分重要，冰面下有制冰管、保温层、防水层、预制混凝土块层、钢梁和钢柱，质量达 100 t 左右，由 3 000 个左右的构件拼接而成。

3. 楼地面的设计要求

除了搭建冰架以外，因为冰壶比赛对现场环境要求极高，如果比赛场馆未能得到有效密封，湿热空气就会进入赛场，造成冰面起雾，影响比赛进行。所以对场馆的温度、湿度、声环境都进行了改造，增加了除湿系统、吸声材料、室内外空气隔离设施等。

4.1.2 楼板的类型及选用

根据使用的材料不同，楼板分为木楼板、钢筋混凝土楼板、压型钢板组合楼板等。

1. 木楼板

木楼板由木梁和木地板组成，如图 4-4 所示。木楼板具有自重轻、保温性能好、舒适、有弹性、节约钢材和水泥等优点。但易燃、易腐蚀、易被虫蛀、耐久性差，特别是需耗用大量木材。所以，此种楼板仅木材产地使用。

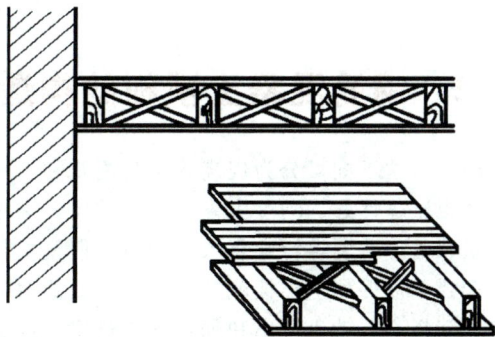

图 4-4 木楼板

2. 钢筋混凝土楼板

钢筋混凝土楼板一般由钢筋混凝土梁、钢筋混凝土板组成，如图 4-5 所示。其具有强度高、防火性能好、耐久性强、便于工业化生产等优点。钢筋混凝土楼板按其施工方法不同，可分为现浇式、装配式、装配整体式三种。此种楼板形式多样，是我国应用最广泛的一种楼板。

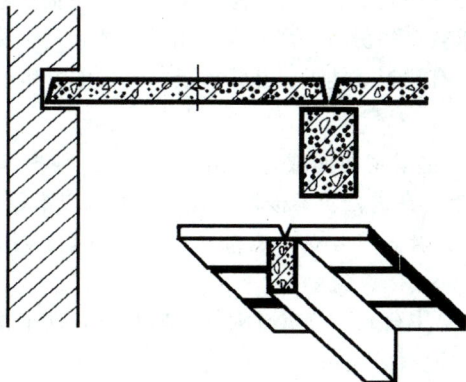

图 4-5 钢筋混凝土楼板

3. 压型钢板组合楼板

压型钢板组合楼板是指用界面为凹凸形的压型钢板与现浇混凝土面层组合形成的整体性很强的一种楼板结构，如图 4-6 所示，其类型主要有组合式面板和模板式面板。组合式面板压型钢板的作用：既为面层混凝土的模板，又起承力作用，从而增加楼板的侧向和竖向刚度，使结构的跨度加大，梁的数量减少，楼板自重减轻，加快施工进度。在国外高层建筑中得到广泛的应用，其整体连接是由栓钉（又称抗剪螺钉）将钢筋混凝土、压型钢板和钢梁组合成整体。

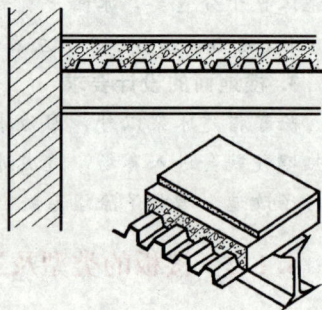

图 4-6 压型钢板组合楼板

栓钉是组合楼板的抗剪连接件，楼面的水平荷载通过它传递到梁、柱、框架，所以又称剪力螺栓，其规格、数量是按楼板与钢梁连接处的剪力大小确定的，栓钉应与钢梁固定焊接。

模板式面板压型钢板对钢筋混凝土板起到永久性模板的作用，这种作用一直维持到板能够支撑它的自重和活荷载为止。

4.2 钢筋混凝土楼板的构造

钢筋混凝土楼板根据其施工方法不同可分为现浇式、装配式和装配整体式三种。现浇式钢筋混凝土楼板整体性好、刚度大，有利于抗震，梁板布置灵活，能适应各种不规则形状和需留孔洞等特殊要求的建筑，但模板材料的耗用量大，施工速度慢；装配式钢筋混凝土楼板能节省模板，并能改善构件制作时工人的劳动条件，有利于提高劳动生产率和加快施工进度，但楼板的整体性较差，房屋刚度也不如现浇式的房屋刚度好。一些房屋为节省模板、加快施工进度和增强楼板的整体性，常做成装配整体式楼板。

视频：钢筋混凝土楼板的构造

4.2.1 现浇式钢筋混凝土楼板

现浇式钢筋混凝土楼板是指在施工现场架设模板、绑扎钢筋和浇筑混凝土，经养护达到一定强度后拆除模板而成的楼板。现浇式钢筋混凝土楼板整体性好，特别适用于有抗震设防要求的多层房屋和对整体性要求较高的其他建筑。有管道穿过的房间、平面形状不规整的房间、尺度不符合模数要求的房间和防水要求较高的房间，都适合采用现浇式钢筋混凝土楼板。现浇式钢筋混凝土楼板根据受力和传力情况，有梁板式楼板、开式楼板、无梁楼板和压型钢板组合楼板之分。

1. 梁板式楼板

梁板式楼板由板、次梁、主梁现浇而成，如图 4-7 所示。根据板的受力状况不同，有单向板肋梁楼板、双向板肋梁楼板，在进行肋梁楼板布置时应遵循以下原则：

（1）承重构件，如柱、梁、墙等应有规律地布置，宜做到上下对齐，以利于结构传力直接，受力合理。

（2）板上不宜布置较大的集中荷载，自重较大的隔墙和设备宜布置在梁上，梁应避免支承在门窗洞口上。

（3）满足经济要求。一般情况下，常采用的单向板跨度尺寸为 1.7～2.5 m，不宜大于 3 m。双向板短边的跨度宜小于 4 m；方形双向板宜小于 5 m×5 m。次梁的经济跨度为 4～6 m；主梁的经济跨度为 5～8 m。

在进行梁板式楼板布置时，还应考虑梁在顶棚上产生的阴影对房间采光和视觉的影响，如图 4-8 所示。如单向板肋梁楼板，次梁较密，当次梁与窗口光线垂直时，次梁将在顶棚上产生较多分散的阴影；当次梁与光线平行时，主梁将在顶棚上形成较集中的阴影区。

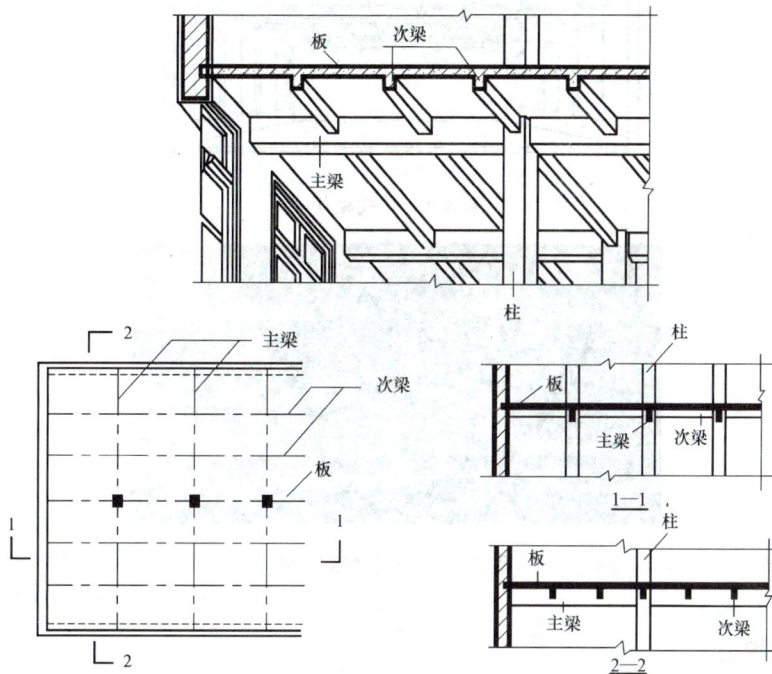

图 4-7　梁板式楼板

图 4-8　梁板式楼板实例

2. 井式楼板

当肋梁楼板两个方向的梁不分主次、高度相等、同位相交、呈井字形时，称为井式楼板，如图 4-9 所示。因此，井式楼板实际是肋梁楼板的一种特例。井式楼板的板为双向板，所以，井式楼板也是双向板肋梁楼板。

井式楼板宜用于正方形平面，长短边之比为 1.5 的矩形平面也可采用。梁与楼板平面的边线可正交也可斜交。此种楼板的梁板布置图案美观，有装饰效果，并且由于两个方向的梁互相支撑，为创造较大的建筑空间创造了条件，如图 4-10 所示。所以，一些大厅(如北京西苑饭店接待大厅、北京政协礼堂等)均采用了井式楼板，其跨度达 30～40 m，梁的间距一般为 3 m 左右。

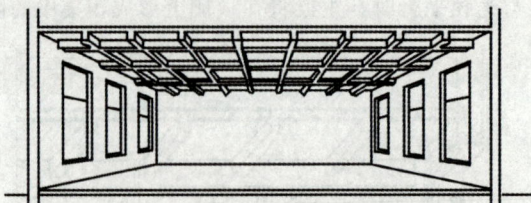

图 4-9　井式楼板

图 4-10　井式楼板实例

3. 无梁楼板

当楼板不设梁，而将楼板直接支承在柱上时，称为无梁楼板。无梁楼板是一种双向受力的板柱结构，如图 4-11 所示。为了提高柱顶处平板的受冲切承载力，通常在柱顶设置柱帽，特别是楼板承受的荷载较大时，为了提高楼板的承载能力和刚度，必须设置柱帽，以免楼板过厚。柱帽的形式有方形、多边形、圆形等。

无梁楼板采用的柱网通常为正方形或接近正方形，这样比较经济，如图 4-12 所示。常用的柱网尺寸为 6 m 左右，板厚为 170～190 mm。采用无梁楼板，顶棚平整，有利于室内的采光、通风、视觉效果较好，而且能减小楼板所占的空间高度。无梁楼板常用于商场、仓库、多层车库等建筑。

无梁楼板抗侧刚度较差，当层数较多或有抗震要求时，宜设置剪力墙，形成板柱-剪力墙结构。

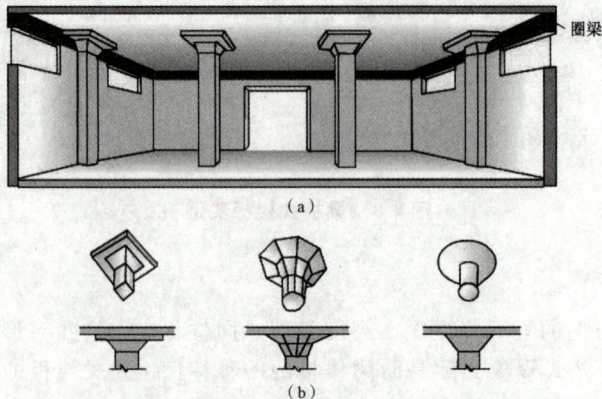

圈梁

(a)

(b)

图 4-11　无梁楼板

(a)无梁楼板；(b)柱帽形式举例

图 4-12 无梁楼板实例

4. 压型钢板组合楼板

压型钢板组合楼板是采用截面为凹凸相间的压型钢板做衬板，与现浇混凝土面层浇筑在一起并支承在钢梁上的板。它由钢梁、压型钢板和现浇混凝土三部分组成，如图 4-13 所示。

压型钢板对现浇混凝土起到永久模板的作用，同时能够增加构件的刚度及整体性。

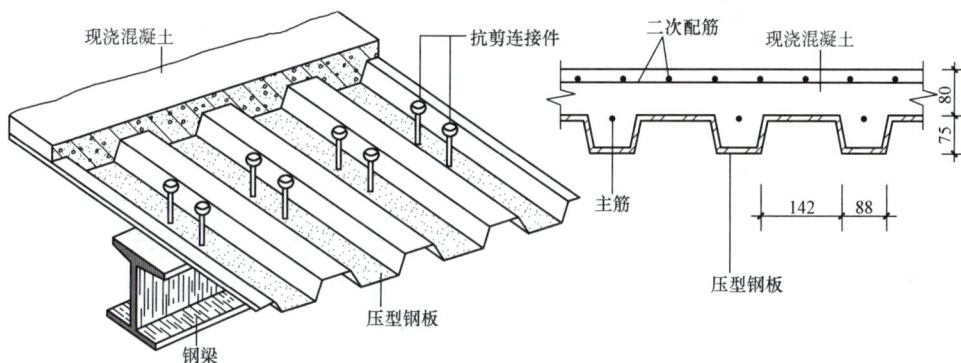

图 4-13　压型钢板组合楼板

4.2.2　装配式钢筋混凝土楼板

装配式钢筋混凝土楼板是指把楼板分成若干构件，在工厂或预制场预先制作好，然后在施工现场进行安装。预制板的长度应与房屋的开间或进深一致，长度一般为 300 mm 的倍数；板的宽度根据制作、吊装和运输条件以及有利于板的排列组合确定，一般为 100 mm 的倍数；板的截面尺寸需要经过结构计算确定，在确定板的截面高度时，还应考虑与砖的尺寸相配合，以便于墙的砌筑。

1. 板的类型

常用的预制钢筋混凝土板，根据其截面形式可分为实心平板、槽形板和空心板三种类型。

（1）实心平板。实心平板断面如图 4-14 所示，一般用于小跨度（1 500 mm 左右）房间，板的厚度通常为 60 mm。平板板面上下平整，制作简单，但自重较大，隔声效果差，常用作走道板、卫生间楼板、阳台板、雨篷板、管沟盖板等。

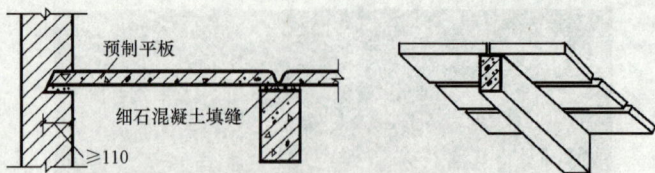

图 4-14　实心平板断面

（2）槽形板。当板的跨度尺寸较大时，为了减轻板的自重，根据板的受力情况，可将板做成由肋和板构成的板长为 3～6 m 的非预应力槽形板，板肋高为 120～240 mm，板的厚度仅为 30 mm，如图 4-15 所示。槽形板减轻了板的自重，具有省材料、便于在板上开洞等优点，但隔声效果差。当槽形板正放（肋向下）时，板底不平整，如图 4-16 所示；槽形板倒放（肋向上）时，需在板上进行构造处理，使其平整，槽内可填轻质材料，起保温、隔声作用。槽形板正放常用于厨房、卫生间、库房等楼板。当对楼板有保温、隔声要求时，可考虑倒放槽形板。

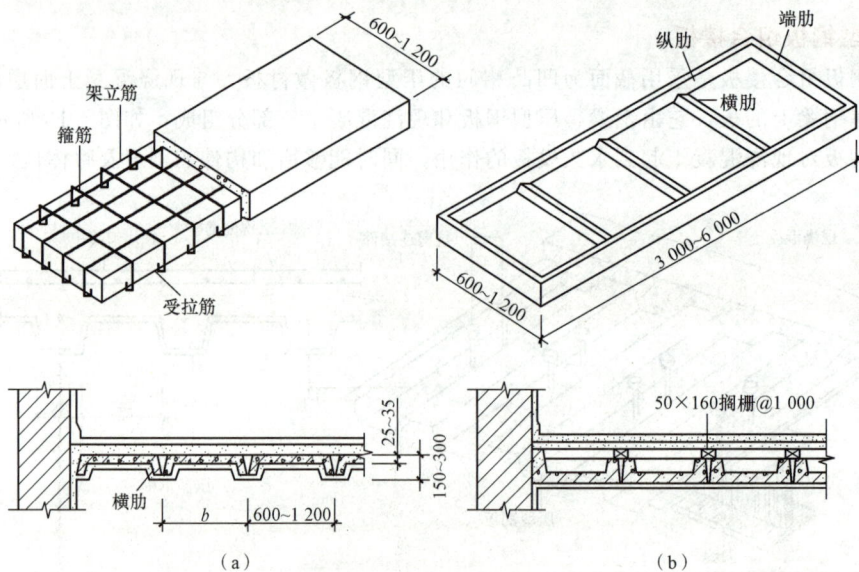

图 4-15　槽形板断面
（a）正槽板；（b）反槽板

图 4-16　槽形板实例

（3）空心板。根据板的受力情况，结合考虑隔声的要求，并使板面上下平整，可将预制板抽孔做成空心板，如图4-17所示。空心板的孔洞有矩形、方形、圆形、椭圆形等。矩形孔较为经济但抽孔困难，圆形孔的板刚度较好，制作也较方便，因此使用较广。根据板的宽度，孔数有单孔、双孔、三孔、多孔。目前我国预应力空心板的跨度尺寸可达到6 m、6.6 m、7.2 m等，如图4-18所示。板的厚度多为120~300 mm。空心板的优点是节省材料、隔声和隔热性能较好，缺点是板面不能任意打洞。

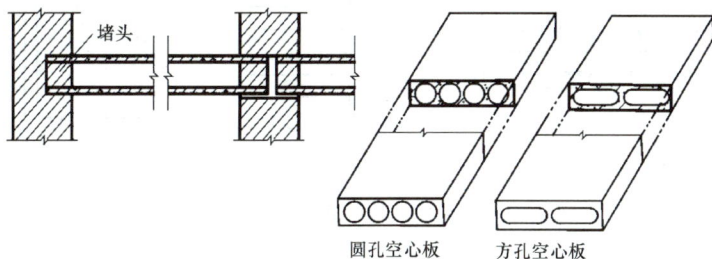

图4-17 空心板断面

图4-18 空心板实例

2. 板的布置方式与搁置要求

（1）板的布置方式。板的布置方式应根据空间的大小、铺板的范围以及尽可能减少板的规格、种类等因素综合考虑，以达到结构布置经济、合理的目的。

对一个房间进行板的结构布置时，首先应根据其开间、进深尺寸确定板的支承方式，然后根据板的规格进行布置。板的支承方式有板式和梁板式，如图4-18所示。预制板直接搁置在墙上的称为板式结构布置；若楼板支承在梁上，梁再搁置在墙上的称为梁板式结构布置。在确定板的规格时，应首先以房间的短边为板跨进行，一般要求板的规格、类型越少越好。因为板的规格、类型多，不仅施工麻烦，而且容易搞错。狭长空间（如走廊处），可沿走廊横向铺板，这种铺板方式采用的板跨尺寸小，板底平整，如图4-19（a）所示；也可采用与房间开间尺寸相同的预制板沿走廊纵向铺设，但需设梁支承，当板底不做吊顶时，走廊内可见板底的梁，如图4-19（b）所示。

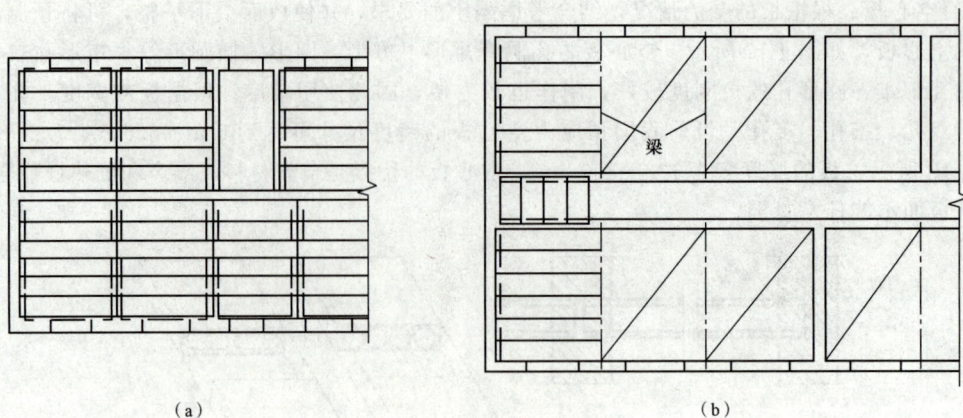

图 4-19　板的布置方式
(a)板式结构布置；(b)梁板式结构布置

(2)板的搁置要求。采用梁板式结构时，板在梁上的搁置方式一般有两种(图 4-20)：一种是板直接搁置在梁上；另一种是板搁置在花篮梁或十字梁上。

为了满足安全要求，板应有足够的搁置长度要求：支承于梁上时其搁置长度应不小于 80 mm；支承于内墙上时其搁置长度应不小于 100 mm；支承于外墙上时其搁置长度应不小于 120 mm。

铺板前，先在墙或梁上用 10～20 mm 厚 M5 水泥砂浆找平(坐浆)，然后铺板。坐浆的目的是使板与墙或梁有较好的连接，同时也使墙体受力均匀。

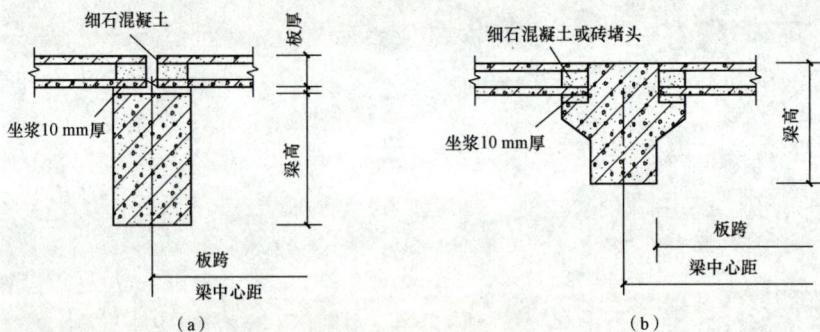

图 4-20　板的搁置要求
(a)板搁置在矩形梁上；(b)板搁置在花篮梁上

4.2.3　装配整体式钢筋混凝土楼板

装配整体式钢筋混凝土楼板是将楼板中的部分构件预制，然后到现场安装，再以整体浇筑其余部分的办法连接而成的楼板。它兼有现浇与预制的双重优越性。

1. 密肋填充块楼板

密肋填充块楼板由密肋楼板和填充块叠合而成，如图 4-21 所示。

密肋填充块楼板由布置得较密的肋(梁)与板构成。肋的间距及高度应与填充物尺寸配合，通常肋的间距为 600～1 200 mm，肋宽为 60～150 mm，肋高为 200～300 mm，板的厚度不小于 50 mm，楼板的适用跨度为 4～10 m。密肋填充块楼板有现浇密肋楼板、预制小梁现浇楼板、带骨架芯板填充块楼板等。

密肋填充块楼板常用陶土空心砖或焦渣空心砖填充块进行填充。密肋填充块楼板板底平整，有较好的隔声、保温、隔热效果，在施工中空心砖还可起到模板作用，也有利于管道的铺设。密肋填充块楼板由于肋间距小、肋的截面尺寸不大，使楼板结构所占的空间较小。此种楼板施工较麻烦，在大中城市采用较少。

图 4-21　密肋填充块楼板

2. 预制钢筋混凝土薄板叠合楼板

现浇式钢筋混凝土楼板的整体性好，但施工速度慢，耗费模板，不经济。装配式钢筋混凝土楼板的整体差，但施工速度快，省模。预制钢筋混凝土薄板与现浇混凝土面层叠合而成的预制钢筋混凝土薄板叠合楼板(简称叠合式楼板)，则既省模板，整体性又较好，但施工麻烦，如图 4-22 所示。叠合式楼板的预制钢筋混凝土薄板既是永久性模板，承受施工荷载，也是整个楼板结构的一个组成部分。预制钢筋混凝土薄板内配以高强度钢丝作为预应力筋，同时也是楼板的跨中受力钢筋，板面现浇混凝土叠合层，只需配置少量的支座负弯矩钢筋。所有楼板层中的管线均事先埋在叠合层内，现浇层内预制薄板底面平整，作为顶棚可直接喷浆或粘贴装饰顶棚壁纸。预制钢筋混凝土薄板叠合楼板目前已在住宅、宾馆、学校、办公楼、医院及仓库等建筑中应用。

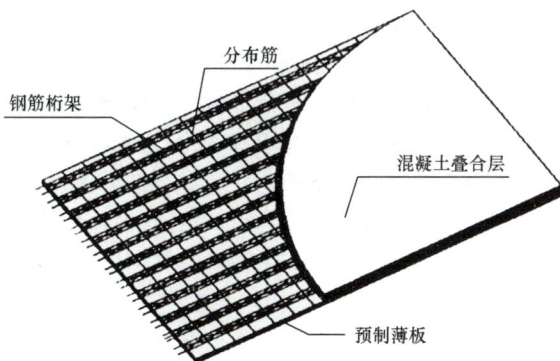

图 4-22　预制钢筋混凝土薄板叠合楼板

叠合式楼板跨度一般为 4～6 m，最大可达 9 m，以 5.4 m 以内较为经济。预制钢筋混凝土薄板厚度根据结构计算通常为 60～70 mm，板宽为 1.1～1.8 m，板间应留缝 10～20 mm。为了保证预制钢筋混凝土薄板与叠合层有较好的连接，薄板上表面需做处理，常见的处理方法有两种：一种是在上表面做刻槽处理，如图 4-23(a)所示，刻槽直径为 50 mm，深为 20 mm，间距为 150 mm；另一种是在薄板上表面露出较规则的三角形结合钢筋，如图 4-23(b)所示。现浇混凝土叠合层的混凝土强度等级为 C20，厚度一般为 70～120 mm。叠合式楼板的总厚度取决于板的跨度，一般为 150～250 mm，楼板厚度以薄板厚度的 2 倍为宜，如图 4-23(c)所示。

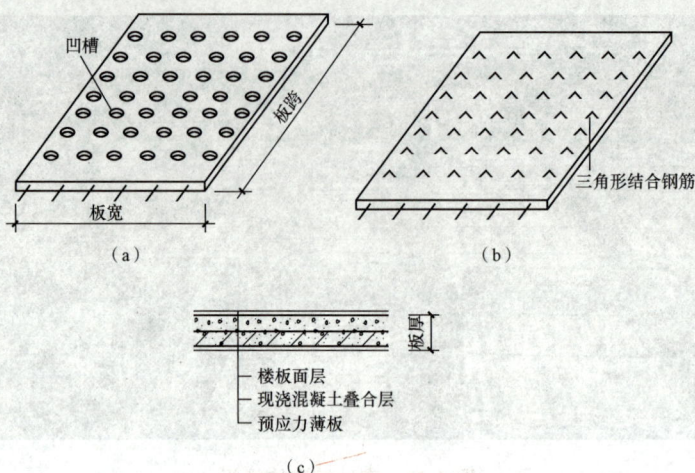

图 4-23　预制钢筋混凝土薄板叠合楼板构造
(a)板面刻槽；(b)板面露出三角形结合钢筋；(c)叠合组合模板

📖 **拓展阅读**

钢筋桁架混凝土叠合板生产工艺改善

1. 简介

钢筋桁架混凝土叠合板由钢筋桁架预制底板和现浇混凝土叠合层组成，预制底板配筋由底板构造钢筋和钢筋桁架构成，钢筋桁架由上下弦钢筋和腹杆钢筋焊接组成，制作工艺简单，受力性能好。

2. 钢筋桁架混凝土叠合板制作工艺

(1)根据预制底板尺寸设置模具，在模具上按照图集规范布置底部构造钢筋。

(2)钢筋桁架由上下弦钢筋和腹杆钢筋通过专用的焊接机器进行焊接，钢筋桁架制作完成后，按照设计要求将钢筋桁架放置在底板构造钢筋上，将下弦钢筋与底板构造钢筋进行绑扎连接或焊接，底部钢筋布置完成后进行位置调整。

(3)浇筑底板混凝土，浇筑过程中注意混凝土的振捣与密实，以及钢筋桁架是否发生位置的变动，混凝土浇筑至设计高度，一般为 60 mm，钢筋桁架的下弦钢筋和底部构造钢筋与混凝土结合在一起，形成钢筋桁架预制薄板。

(4)在现场楼板施工时，吊装拼接完毕后进行叠合层混凝土浇筑，形成钢筋桁架混凝土叠合板。

3. 钢筋桁架混凝土叠合板工艺改善

钢筋桁架混凝土叠合板在浇筑底板混凝土过程中，容易散落在钢筋桁架上，增加了生产人员后期的清理工作，拖延了工期。于是人们在生产过程中，提出了一项改善工艺，就是利用 PVC 管这一成本相对较低，又能大大提升工作效率的方式。将 PVC 管对半切开，在浇筑混凝土前覆盖在钢筋桁架上，能很好地保证钢筋桁架的整洁性。

4.3 楼地面及顶棚构造

视频：楼地面及顶棚构造

4.3.1 楼地面的设计要求

楼地面是与人、设备和家具直接接触的部分，也是建筑中直接承受荷载，经常受到摩擦、清扫和冲洗的部分。楼地面除应具有足够的坚固性，不易被磨损、破坏的特性外，还应满足平整、耐磨、不起尘、防滑、防污染、隔声、易于清洁等要求。

楼地面是建筑于地基之上的地面，应根据需要采取防潮、防基土冻胀、防不均匀沉降等措施。

总之，在设计和建造地面时应根据房间的使用功能及要求，有针对性地选用材料，并采取适宜的构造措施。

4.3.2 楼地面的构造

楼地面的类型很多，一般按面层所用材料和施工方式不同来划分，常见地面可分为以下几类。

1. 整体地面

用现场浇筑的方法做成整片的地面称为整体地面，常用的有水泥砂浆抹灰地面、细石混凝土地面、水磨石地面等。

（1）水泥砂浆抹灰地面简称水泥地面，其构造简单，坚固耐磨，防潮防水，造价低，是目前使用最普遍的一种低档地面。水泥砂浆地面导热系数大，吸水性差，容易返潮。此外，它还具有易起灰、不易清洁等问题。

水泥砂浆抹灰地面分为双层和单层构造。双层做法：一般以 15～20 mm 厚 1∶3 水泥砂浆找平做底层，再以 5～10 mm 厚 1∶1.5 或 1∶2.5 的水泥砂浆抹灰做面层。单层构造是在结构层上抹水泥浆结合层一道后，直接抹 15～20 mm 厚 1∶2 或 1∶2.5 的水泥砂浆一道，抹平后待其终凝前，再用钢板压实赶光。

（2）细石混凝土地面是在楼板上浇灌 30～40 mm 厚细石混凝土，在初凝时用铁辊滚压出浆抹平，待其终凝前再用钢板压实赶光的地面。这种楼面能增强楼板层的整体性，防止楼面产生裂缝和起砂。

（3）水磨石地面又称磨石子地面，是用大理石等中等硬度石料的石屑与水泥拌和，形成水泥石屑浆，经磨结磨光而成的。其特点是坚固耐用，表面光洁，美观，颜色和纹理可调，不易起灰，如图 4-24 所示。其造价比水泥地面稍高，常用作公共建筑的大厅、走廊、楼梯及卫生间等地面。

图 4-24 水磨石地面实例

水磨石地面为分层构造，底层为1∶3水泥砂浆15 mm厚找平，面层为1∶1.5～1∶2水泥石碴，厚度除特殊要求外，宜为12～18 mm，石碴粒径为8～10 mm，如图4-25所示。

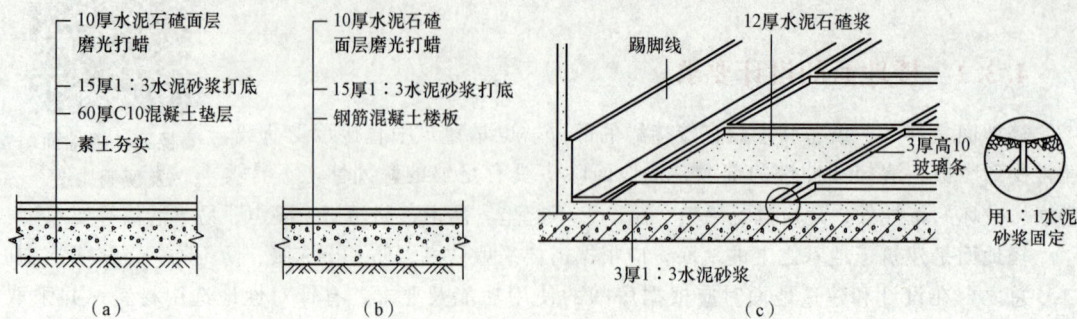

图 4-25　水磨石地面

(a)底层地面；(b)楼板层地面；(c)分格条水磨石地面

施工中先将找平层做好，在找平层上嵌固玻璃塑料分格条(或铜条、铝条)。分格条一般高10 mm，用1∶1水泥砂浆固定。将拌和好的水泥石屑铺入压实，经浇水养护后磨光，用草酸水溶液洗净，最后打蜡抛光。

2. 块材地面

块材地面是把地面材料加工成块(板)状，然后借助胶结材料贴或铺砌在结构层上。块材地面种类很多，常用的块材地面有地砖地面、天然石板地面、人造石板地面、面砖地面、缸砖地面、陶瓷马赛克地面及水泥花砖地面等。这类地面具有光洁、美观、耐用、耐腐蚀、耐磨、易于清扫等优点，在工业与民用建筑工程中应用广泛，如图4-26所示。

图 4-26　块材地面

(1)地砖地面。地砖又称墙地砖，其类型有釉面地砖、亚光釉面地砖、无釉防滑地砖及抛光同质地砖等。地砖色彩丰富、图案各异，有红、浅红、白、浅黄、浅绿、浅蓝等各种颜色。地砖色调均匀，砖面平整，抗腐耐磨，施工方便，块大缝少，装饰效果好。特别是防滑地砖和抛光地砖又能防滑，因而越来越多地用于办公、商店、旅馆和住宅。块材越大，价格越高，装饰效果越好。陶瓷地砖一般厚为 8～14 mm，其规格有 500 mm×500 mm、400 mm×400 mm、300 mm×300 mm、250 mm×250 mm、200 mm×200 mm，如图 4-27 所示。

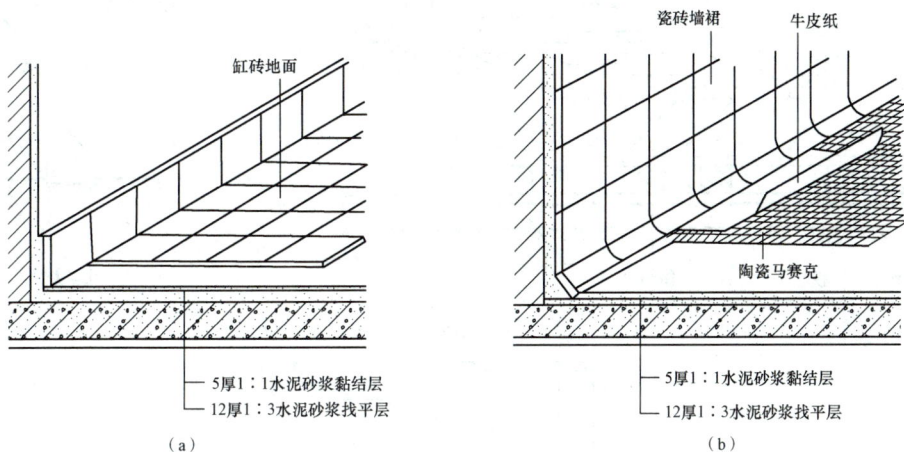

图 4-27　地砖地面构造做法
(a)缸砖地面；(b)陶瓷马赛克地面

(2)石板地面。石板可分为天然石板和人造石板。天然石板有大理石板和花岗石板等；人造石板有预制水磨石板、人造大理石板、人造花岗石板等。它们质地坚硬、色泽美丽、装饰效果极佳，但造价高，一般多用于高级宾馆、会堂、公共建筑的大厅、门厅等处。石板的规格一般为 300 mm×300 mm～1 200 mm×1 200 mm，厚度为 20～30 mm。石板铺贴时，先在刚性垫层上用 20～30 mm 厚 1:3 干硬性水泥砂浆找平，再用纯水泥浆黏结石板，板材缝隙用配色水泥浆擦缝，如图 4-28 所示。

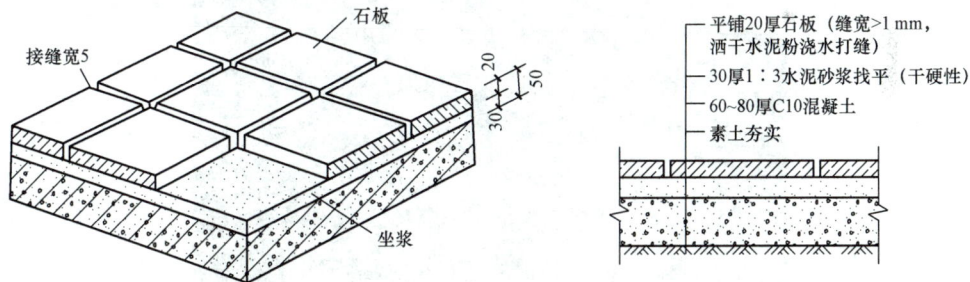

图 4-28　天然石板地面

3. 木地面

木地板类地面(木地面)按其面层分为纯木地板(实木条形地板、硬木拼花地板)地面、复合木地板(实木复合地板、强化复合地板)地面、软木地板地面等类型。木地面的主要特点是有弹性、不起火、不反潮、导热系数小，常用于住宅、宾馆、体育馆、剧院舞台等建筑。木地面按其构造方法有空铺、实铺和粘贴三种。

(1)空铺木地面。常用于底层地面，由于占用空间大，费材料，因而采用较少。

(2)实铺木地面。它是直接在实体基层上铺设木地板。木搁栅固定在结构层上，可采用埋铁丝绑扎或V形铁件嵌固等方式。底层地面为了防潮，在结构层上涂刷冷底子油和热沥青，如图 4-29、图 4-30 所示。

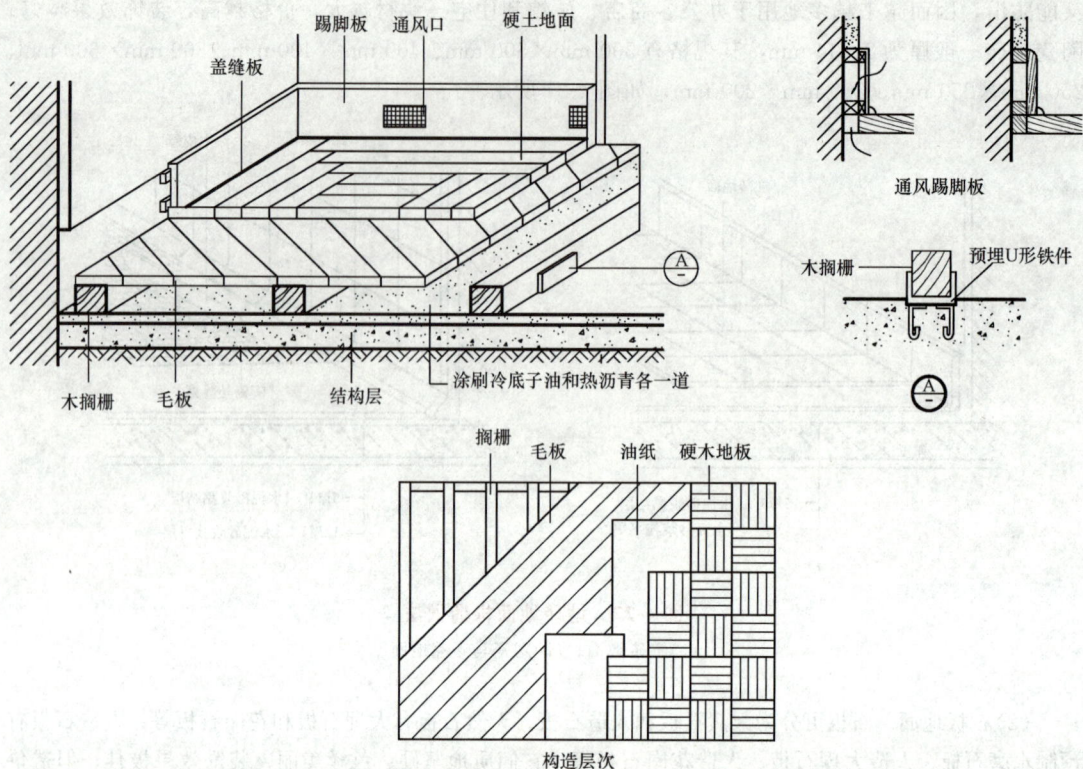

图中标注文字：
盖缝板　踢脚板　通风口　硬土地面
通风踢脚板
木搁栅　预埋U形铁件
木搁栅　毛板　结构层　涂刷冷底子油和热沥青各一道
搁栅　毛板　油纸　硬木地板
构造层次

图 4-29　实铺木地面结构

图 4-30　实铺木地面实例

　　(3)粘贴木地面。直接粘贴在找平层上，多用于复合木地板地面。其采用企口镶铺与粘贴相结合的安装方式，如图 4-31 所示。复合木地板改变了原木的纤维结构，克服了原木各向异性、稳定性差的弱点。因此，复合木地板的强度高、规格统一、耐磨系数高、防腐、防蛀且装饰效果好。同时，还克服了原木表面的疤节、虫眼、色差等问题。复合木地板施工简单，使用范围广，易打理，是最符合现代家庭生活节奏的地面材料。另外，复合木地板的木材使用率高，是很好的环保材料，如图 4-32 所示。

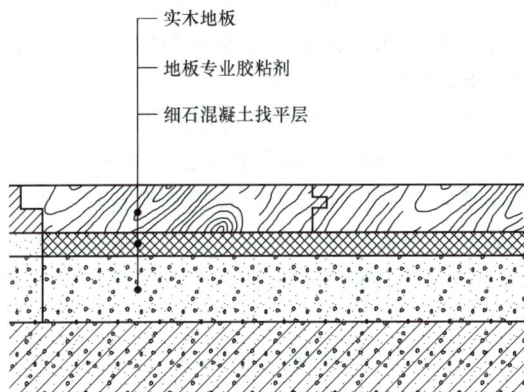

图 4-31　粘贴木地面结构

实木地板
地板专业胶粘剂
细石混凝土找平层

图 4-32　粘贴木地面实例

4.3.3　顶棚的构造

在大部分民用建筑和工业建筑中，顶棚是楼板层的最下面部分。顶棚同墙面、楼地面一样，是室内装饰装修的一部分。顶棚用于遮挡结构构件、美化室内环境、改善采光条件、提高室内照度，一般采用白色或浅色系。同时，还能够提高屋顶的保温隔热能力、增强室内音质效果。顶棚位于屋顶承重结构的下面；在多层房屋和高层房屋中顶棚位于屋顶承重结构下面和各层楼板的下面。顶棚按构造分为直接式顶棚和悬吊式顶棚。

1. 直接式顶棚

直接式顶棚是指在楼板板底、屋面板板底直接喷刷涂料、抹灰、贴面，如图 4-33 所示。当室内装饰要求不高、楼板底面平整时，可用腻子嵌平板缝，直接喷刷大白浆、石灰浆等涂料，可以提高顶棚的光反射作用。抹灰顶棚是在楼板板底直接抹灰而后喷水泥浆或不抹灰直接喷水泥浆形成的顶棚。这种顶棚构造简单，造价较低，性价比较高。对某些装修标准较高或有保温、吸声要求的房间，可在板底直接粘贴装饰吸声板、石膏板、塑胶板等。

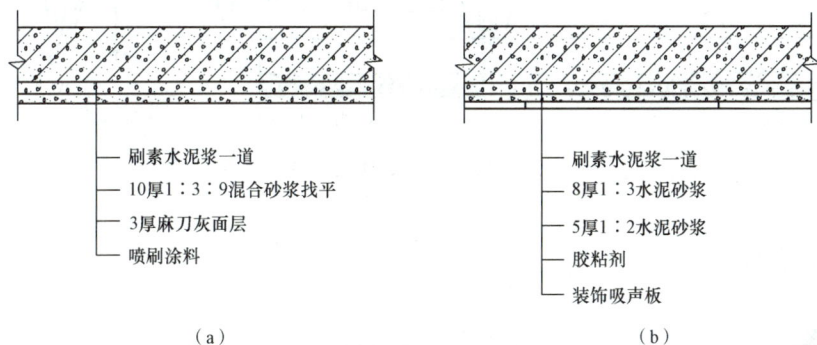

刷素水泥浆一道
10厚1:3:9混合砂浆找平
3厚麻刀灰面层
喷刷涂料

（a）

刷素水泥浆一道
8厚1:3水泥砂浆
5厚1:2水泥砂浆
胶粘剂
装饰吸声板

（b）

图 4-33　直接式顶棚结构

(a)抹灰顶棚；(b)粘贴顶棚

2. 悬吊式顶棚

悬吊式顶棚是指顶棚的装饰表面与屋面板、楼板等之间留有一定的距离，在这段空间内，通常要布置各种管道和设备，如灯具、空调、灭火器、烟感器等。将装饰面板悬吊固定在悬吊系统上，以增加室内亮度和美观是装修工程的一个重要工艺，其具有保温、隔热、隔声和吸声作用，能有效地节约能耗。悬吊式顶棚的装饰效果较好，还要保证有足够的强度、刚度和较好的整体性，同时还应满足消防规范和便于维修等要求，如图4-34所示。

悬吊式顶棚一般由吊杆、龙骨、面层三大基本部分组成，如图4-35所示。

(1)吊杆是连接龙骨和承重结构的承重传力构件，同时调整、确定悬吊式顶棚的空间高度，以满足艺术处理上的需要。吊顶的自重及吊顶所承受的灯具、风口等设备的重力荷载与屋顶承重结构的形式和材料等有关。吊杆可采用钢筋、铁丝、型钢或木方等加工制作。钢筋用于一般顶棚时一般不小于 $\phi6$；型钢用于重型顶棚或整体刚度要求特别高的顶棚；木方一般用于木基层顶棚，并采用金属连接件加固。

(2)龙骨主要承受吊顶面层的荷载，并将荷载通过吊筋传给屋顶承重结构。骨架的材料有木龙骨架、轻钢龙骨架、铝合金龙骨架等。骨架的结构主要包括主龙骨、次龙骨和搁栅、次搁栅、小搁机所形成的网架体系。轻钢龙骨和铝合金龙骨有 T 形、U 形、L 形及各种异形龙骨。

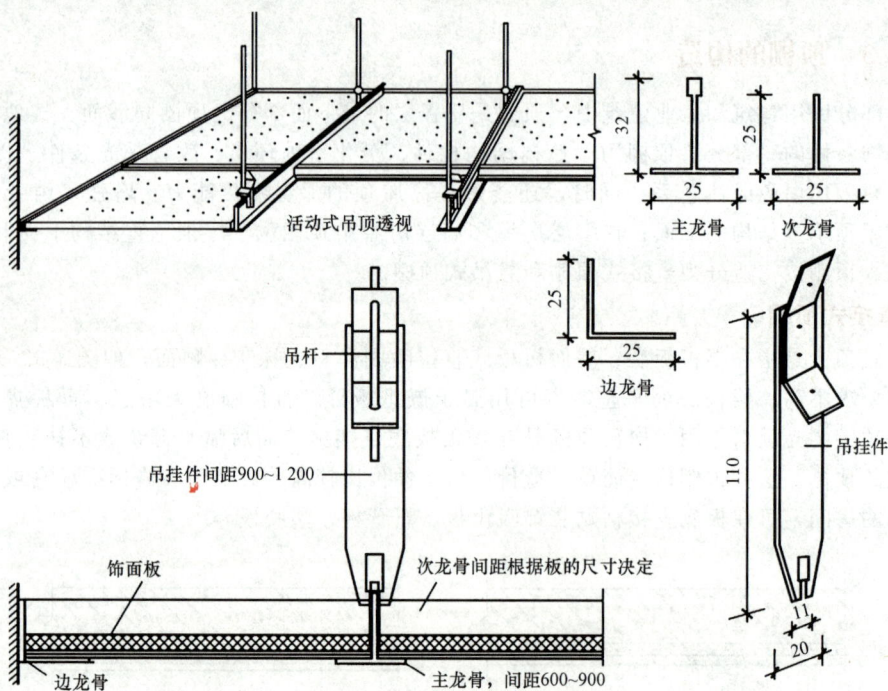

图 4-34 悬吊式顶棚结构

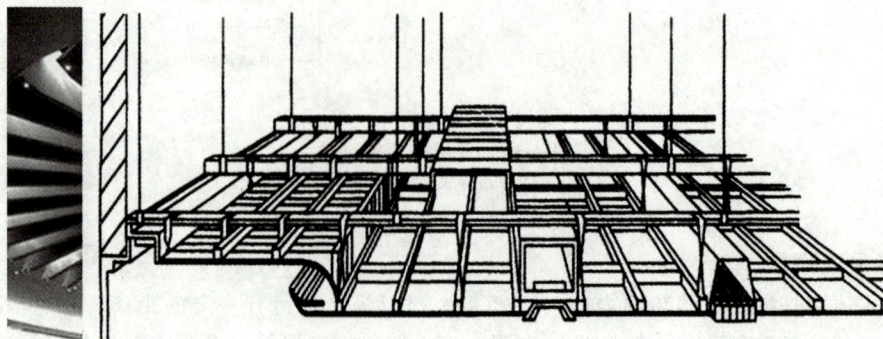

图 4-35 悬吊式顶棚实例

图 4-35　悬吊式顶棚实例(续)

(3)面层主要用到纸面石膏板、纤维板、胶合板、钙塑板、矿棉吸声板、铝合金等金属板、PVC 塑料板等,以条形、矩形等居多。面层具有装饰室内空间、吸声、反射等功能。

4.4　阳台与雨篷构造

4.4.1　阳台

视频:阳台与雨篷构造

阳台是建筑物室内的延伸,是居住者呼吸新鲜空气、晾晒衣物、摆放盆栽的场所,其设计需要兼顾实用与美观的原则。阳台的设置对建筑物的外部形象也起着重要的作用,如图 4-36 所示。

图 4-36　阳台实例

1. 阳台的分类

阳台按其与外墙的相对位置分为凸阳台(挑阳台)、凹阳台、半凸半凹式阳台、转角式阳台。

(1)凸阳台。从建筑外立面和阳台的外形来看,常见形式是凸阳台也就是以向外伸出的悬挑板、悬挑梁板作为阳台的地面,再由各式各样的围板、围栏组成一个半室外空间,如图 4-37 所示。其空间比较独立,能够灵活布局。

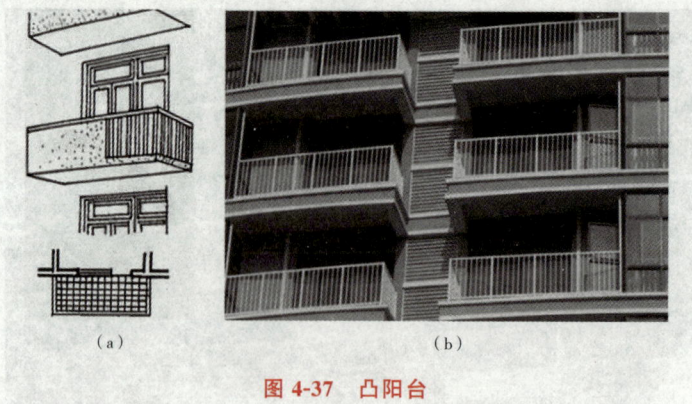

图 4-37 凸阳台

(a)凸阳台示意；(b)凸阳台实例

(2)凹阳台。凹阳台是指占用住宅套内面积的半开敞式建筑空间，也比较常见，如图 4-38 所示。与凸阳台相比，凹阳台无论从建筑本身还是给人的感觉上更显得牢固可靠，安全系数可能会大一些，但也因为没有了转角、直角，所以景致和视野上要窄很多。

(3)半凸半凹式阳台。半凸半凹式阳台是指阳台的一部分悬在外面，另一部分占用室内空间。它集凸、凹两类阳台的优点于一身，阳台的进深与宽度都足够大，使用、布局更加灵活自如，空间显得有所变化，如图 4-39 所示。

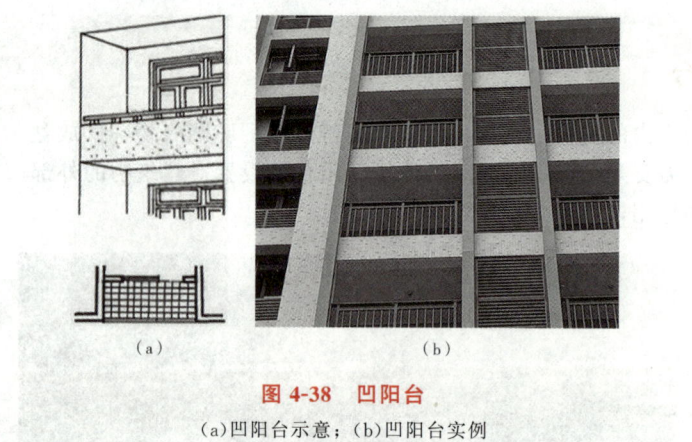

图 4-38 凹阳台

(a)凹阳台示意；(b)凹阳台实例

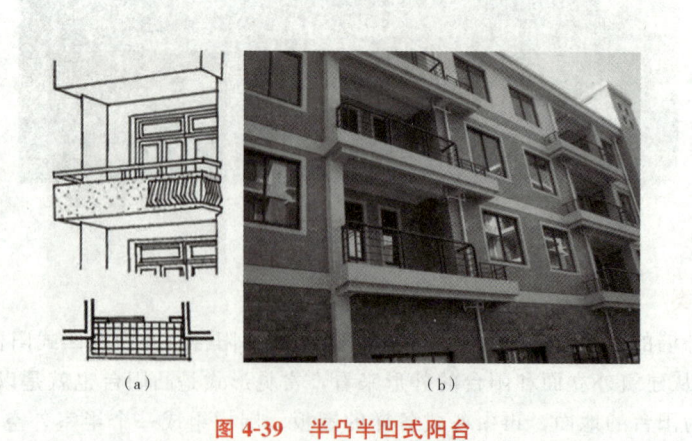

图 4-39 半凸半凹式阳台

(a)半凸半凹式阳台示意；(b)半凸半凹式阳台实例

(4)转角式阳台。东面和南面都有且是连在一起的阳台称为转角式阳台，如图 4-40 所示。转角式阳台一般设置在房屋大角处，能同时接受到两个朝向的采光和自然通风，可以享受到开阔的视野景致。

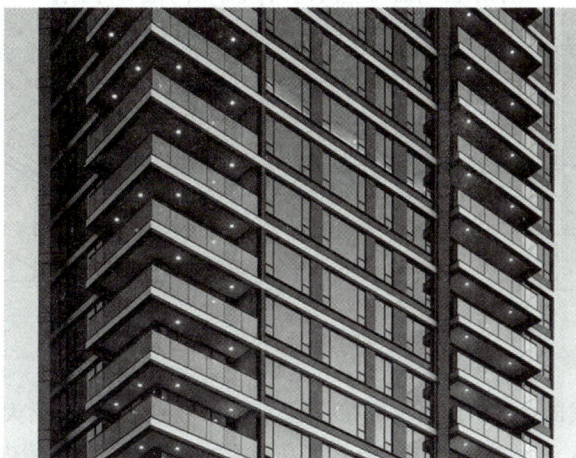

图 4-40 转角式阳台实例

2. 阳台的承重结构

凸阳台属于悬挑构件，凹阳台的阳台板常为简支板。阳台承重结构的支承方式有挑梁式、挑板式、压梁式、搁板式等。

(1)挑梁式。挑梁式阳台的楼板一般为预制楼板，结构布置为横墙承重，如图 4-41 所示。从横墙内外伸挑梁，其上搁置预制楼板，阳台荷载通过挑梁传给纵横墙，由压在挑梁上的墙体和楼板来抵抗阳台的倾覆力矩。这种结构布置简单、传力直接明确、阳台长度与房间开间一致。挑梁根部截面高度 H 为$(1/6\sim1/5)L$，L 为悬挑净长，截面宽度为$(1/3\sim1/2)h$，h 为梁高度。挑梁压入墙内的长度一般为悬挑长度的 1.5 倍左右，挑梁式阳台悬挑长度可适当大些。为美观起见，可在挑梁端头设置面梁，既可以遮挡挑梁头，又可以承受阳台栏杆质量，还可以加强阳台的整体性，挑梁式阳台应用较广泛。

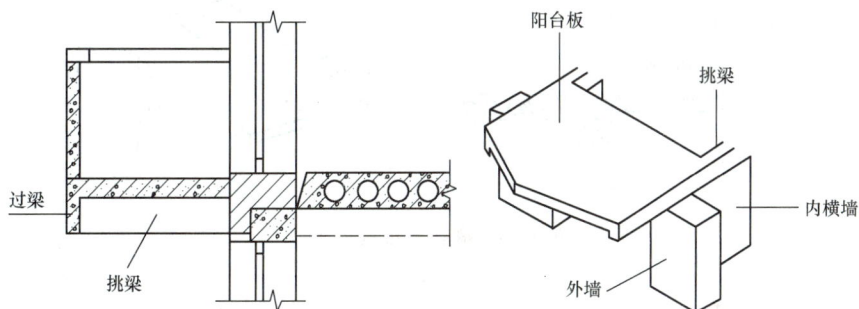

图 4-41 挑梁式结构示意

(2)挑板式。当楼板为现浇楼板时，可适用于挑板式阳台，悬挑长度一般为 1.2 m 左右，如图 4-42 所示，即从楼板外延挑出平板，板底平整美观，而且阳台平面可做成半圆形、弧形、梯形、斜三角形等各种形状。挑板厚度不小于挑出长度的 1/12。

挑板式阳台一般有两种做法：一种是将阳台板和墙梁现浇在一起。这种做法阳台底部平整，外形轻巧，阳台宽度不受房间开间限制，但梁受力复杂，阳台悬挑长度受限，一般不宜超过1.2 m。另一种是将房间楼板直接向外悬挑形成阳台板。这种做法构造简单，阳台底部平整，外形轻巧，但板受力复杂，构件类型增多，由于阳台地面与室内地面标高相同，不利于排水。

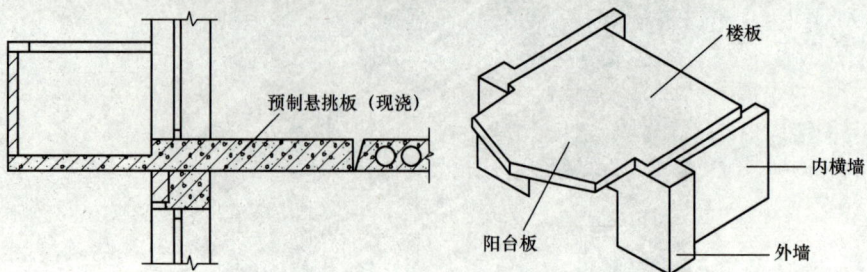

图 4-42　挑板式结构示意

（3）压梁式。压梁式阳台板与墙梁现浇在一起，墙梁的截面应比圈梁大，以保证阳台的稳定，而且阳台悬挑不宜过长，一般为1.2 m左右，并在墙梁两端设拖梁压入墙内，如图4-43所示。

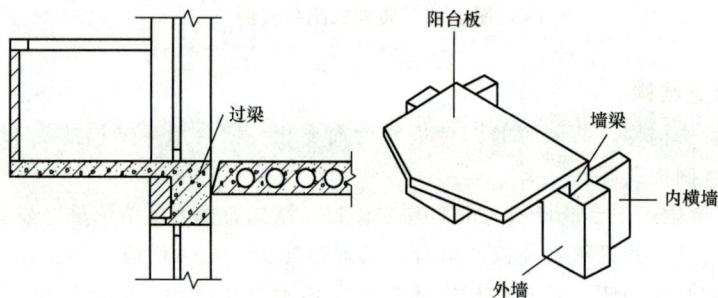

图 4-43　压梁式结构示意

（4）搁板式。搁板式适用于凹阳台，阳台宽度与房间宽度一样，如图4-44所示。

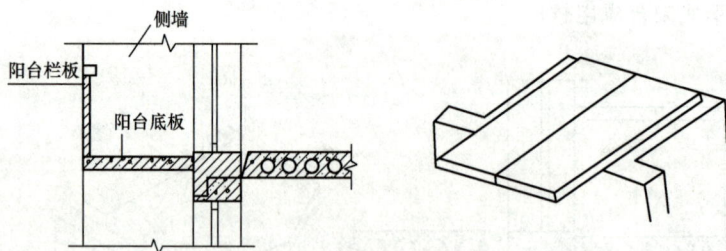

图 4-44　搁板式结构示意

3. 阳台的设计要求

阳台由承重结构（梁、板）和栏杆组成。如图4-45所示，阳台的结构及构造设计应满足以下要求：

（1）安全性。

1）阳台底板一般是悬挑结构，应保证在施加荷载的情况下阳台不致发生倾覆，挑出深度为1.2～1.5 m合适。

2)阳台栏板(或栏杆)的高度要满足规范要求:对于多层房屋不宜低于1.05 m;对于高层房屋不宜低于1.10 m,以保证阳台上人员的安全及心理不产生恐惧感。阳台栏杆与底板还应有可靠的连接构造。

(2)适用、美观。阳台地面应低于室内地面30~50 mm,以免雨水流入室内,并应做一定坡度和布置排水设施,使排水顺畅。

(3)排水顺畅。为防止阳台上的雨水流入室内,设计时要求阳台地面标高低于室内地面标高60 mm左右,并在地面抹出5%的排水坡将水导入排水孔,使雨水能顺利排出还应考虑地区气候特点。南方地区宜采用有助于空气流通的空透式栏杆,而北方寒冷地区和中高层住宅应采用实体栏杆,并满足立面美观的要求,为建筑物的形象增添风采。

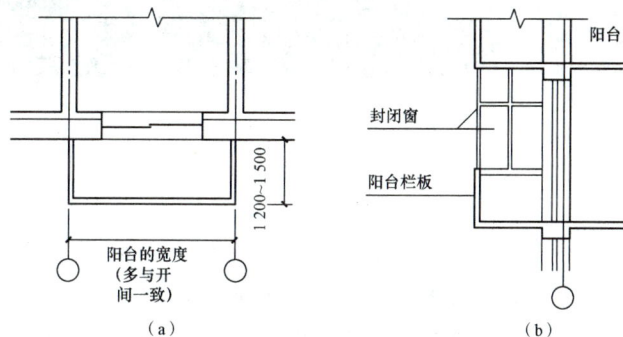

图4-45 阳台的设计要求示意
(a)阳台的尺度;(b)阳台的封闭

4. 阳台细部构造

阳台的细部构造有栏杆(栏板)、栏杆扶手。

(1)栏杆(栏板)是阳台的安全围护设施,既要求能够承受一定的侧压力,又要求具一定的美观性。栏杆的形式可分为空花栏杆、实心栏杆和混合栏杆三种,如图4-46所示。

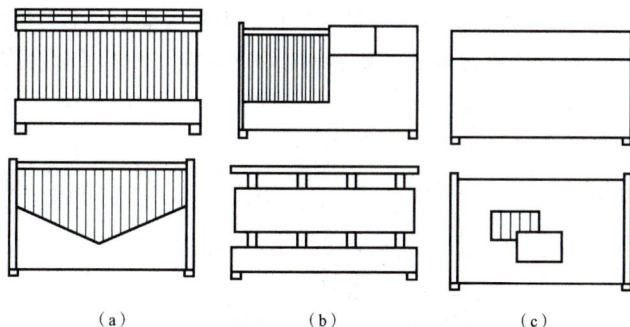

图4-46 阳台栏杆形式
(a)空花式;(b)混合式;(c)实心式

栏杆和栏板的高度应大于人体重心高度,一般不小于1.05 m;高层建筑的栏杆和栏板应加高,但不宜超过1.2 m;托儿所、幼儿园阳台及屋顶平台的护栏净高不应小于1.2 m;中小学室外楼梯及水平栏杆或栏板高度不应小于1.1 m;垂直立杆的间距不应小于110 mm。

阳台栏杆(栏板)净高,六层及六层以下不应低于1.05 m;七层及七层以上不应低于1.10 m;七层及七层以上住宅和寒冷、严寒地区住宅宜采用实心栏板。砖砌栏板的厚度一般为 120 mm，为加强其整体性，应在栏板顶部设现浇钢筋混凝土扶手，或在栏板中配置通长钢筋加固。

栏杆(栏板)按材料可分为砌体栏板、钢筋混凝土栏板和金属栏杆，如图 4-47 所示。

图 4-47　阳台栏杆(栏板)实例
(a)砌体栏板；(b)钢筋混凝土栏板；(c)金属栏杆

1)金属栏杆可由不锈钢钢管、铸铁花饰(铁艺)、方钢或扁钢等钢材制作。方钢的截面尺寸为 20 mm×20 mm，扁钢的截面尺寸为 4 mm×50 mm。金属栏杆与阳台板的连接有两种方法：一种为在阳台板上预留孔槽，将栏杆立柱插入，用细石混凝土浇灌；另一种为在阳台板上预埋钢板或钢筋，将栏杆与钢筋焊接，如图 4-48(a)所示。

2)砌体栏板的块材可采用烧结普通砖、空心砖或空心砌块。块材的强度等级不小于 MU5，砌体砂浆采用 M5 混合砂浆，砌体栏板的厚度为 120 mm。封闭阳台中的砌体栏板内侧设 50 mm 厚炉渣混凝土聚苯复合保温板。栏板上部的现浇混凝土扶手设 2φ6 通长钢筋，分布筋为 φ6@150，通长钢筋通过铁件与砌体墙内的预留钢筋焊接在一起，并与构造柱的钢筋连接。在砌体栏板的转角处设 180 mm×180 mm 现浇混凝土柱，主筋为 4φ12，箍筋为 φ6@250，如图 4-48(b)所示。

3)钢筋混凝土栏板按施工方式分为预制和现浇两种，预制钢筋混凝土栏板厚度一般为 30 mm，宽度为 600 mm，也可以根据具体情况调整，材料为 C20 细石混凝土，双向配筋 φ6@150。预制钢筋混凝土栏板与阳台板的连接有两种做法：第一种是钢筋混凝土栏板中的钢筋与阳台板预留钢筋焊接在一起；第二种是栏板预留铁件与阳台板预留铁件焊接，如图 4-48(c)所示。

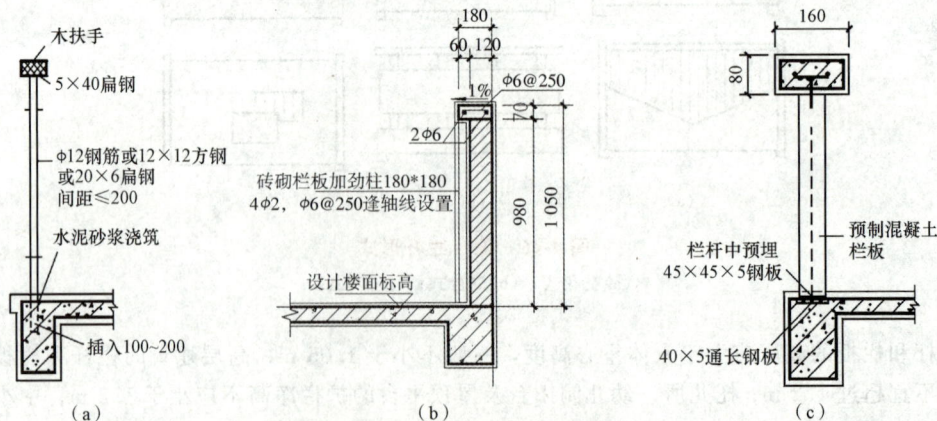

图 4-48　阳台栏杆(栏板)构造详图
(a)金属栏杆；(b)砌体栏板；(c)钢筋混凝土

（2）栏杆扶手的材质一般有金属和钢筋混凝土两种。金属扶手一般为钢管与金属栏杆焊接，钢筋混凝土扶手用途广泛，形式多样，有不带花台、带花台、带花池等形式。

预制钢筋混凝土栏板扶手为现浇混凝土扶手，采用C20细石混凝土，宽度为150 mm或170 mm，厚度为50 mm，配通长筋2ϕ12或3ϕ12，分布筋ϕ6@150，能通过铁件与砌入墙内预埋铁件焊接。

5. 阳台排水

为避免落入阳台的雨水流入室内，阳台地面应低于室内地面30～50 mm，并应沿排水方向做排水坡，阳台板的外缘设挡水边坎，在阳台的一端或两端埋设泄水管直接将雨水排出，如图4-49所示。泄水管可采用镀锌钢管或塑料管，管口外伸至少80 mm，对高层建筑应将雨水导入雨水管排出。

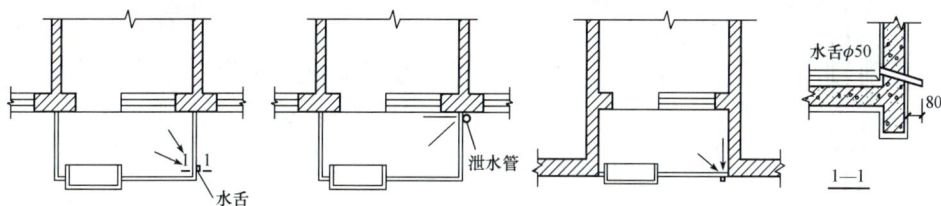

图4-49 阳台排水方式

阳台地面低于室内地面30 mm以上时排水方向可以向内或向外，以有组织排水为宜，在阳台一侧或两侧栏板下设排水口，阳台向排水口找坡0.5%～1%，孔内埋设ϕ40 mm或ϕ50 mm镀锌钢管或塑料管水舌，水舌外伸至少80 mm，排水口也可以通入雨水管内高层建筑宜用排水管排水，不得渗漏，如图4-50所示。

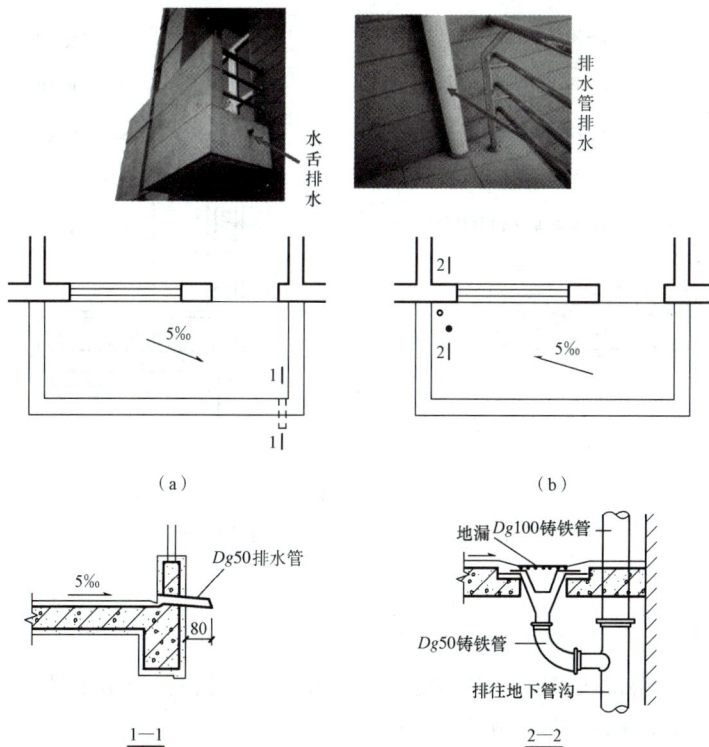

（a）　　　　　　　　　　　　　　（b）

图4-50 阳台排水处理

（a）水舌排水；（b）排水管排水

6. 阳台的保温

北方寒冷地区居住建筑常对阳台进行保温处理：

(1)采用保温的阳台栏板材料或对不保温的阳台栏板进行保温处理，如图4-51(a)所示；

(2)对阳台进行封闭处理，即用玻璃窗将阳台包围起来，如图4-51(b)所示；

(3)阳台的钢筋混凝土底板是形成热桥的主要部位之一，北方寒冷地区宜采取措施避免或减少热桥作用，可以采取在阳台底板上下分别做保温处理，即贴苯板保温吊顶和苯板钢板网抹灰的做法，如图4-52所示。

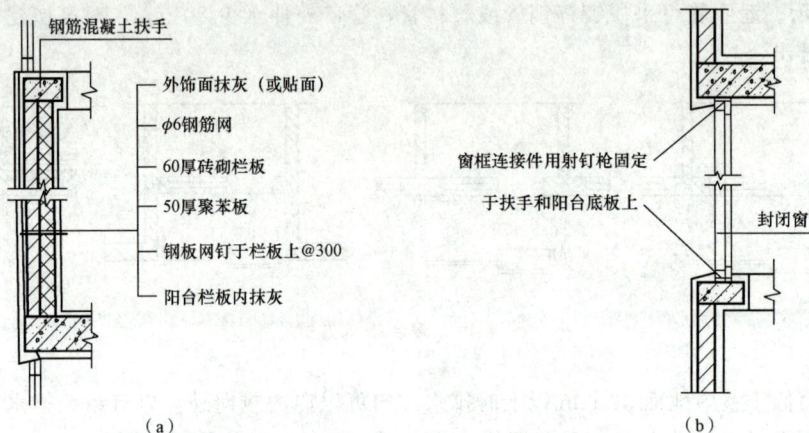

图 4-51　阳台栏板保温及封闭窗构造

(a)阳台栏板保温；(b)阳台封闭窗构造

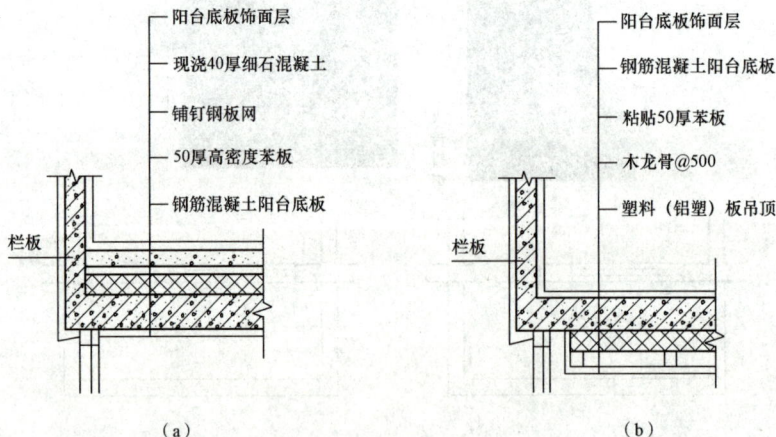

图 4-52　阳台底板的保温处理

(a)贴苯板保温吊顶；(b)苯板钢板网抹灰

4.4.2　雨篷

雨篷是建筑入口处和顶层阳台上部用以遮挡雨水、保护外门免受雨水侵蚀而设的水平构件。雨篷为悬臂构件，要防倾覆，保证雨篷梁上有足够的压重。

1. 雨篷的分类

雨篷按材料分为有钢筋混凝土雨篷、钢结构悬挑雨篷、玻璃采光雨篷。

（1）钢筋混凝土雨篷一般由雨篷梁和雨篷板组成，如图 4-53 所示。

图 4-53 钢筋混凝土雨篷实例

（2）钢结构悬挑雨篷由支撑系统、骨架系统和板面系统三部分组成，如图 4-54 所示。

图 4-54 钢结构悬挑雨篷实例

（3）玻璃采光雨篷是用阳光板、钢化玻璃作为雨篷面板的新型透光雨篷。其特点是结构轻巧，造型美观，透明新颖，富有现代感，在现代建筑中广泛采用，如图 4-55 所示。

图 4-55 玻璃采光雨篷实例

2. 雨篷的支承方式

雨篷按结构形式不同，可分为板式和梁板式两种，多为悬挑式，其悬挑长度一般为 0.9～1.5 m。

（1）板式雨篷多做成变截面形式，一般板根部厚度不小于 70 mm，板端部厚度不小于 50 mm，如图 4-56 所示。

（2）为使梁板式雨篷其底面平整，其常采用翻梁形式。当雨篷外伸尺寸较大时，其支承方式可采用立柱式，即在入口两侧设柱支承雨篷，形成门廊。立柱式雨篷的结构形式多为梁板式，如图 4-57 所示。

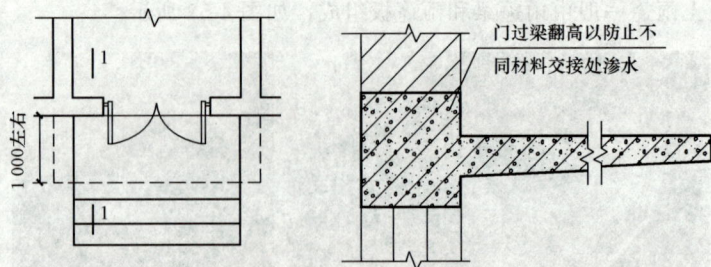

图 4-56　板式雨篷结构

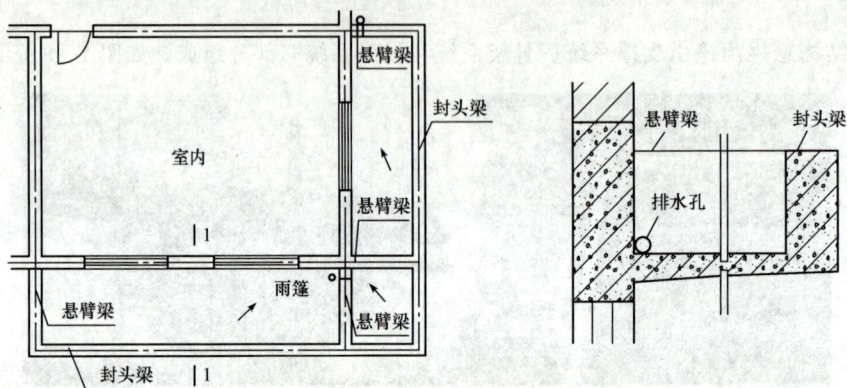

图 4-57　梁板式雨篷结构

项目小结

1.楼板层也称为楼层，一般分为面层和楼板层，是建筑构造中的水平承重构件。它的功能是把作用于其上面的各种固定荷载、活动荷载传递给承重的墙或柱等竖向构件，同时对墙体（或梁、柱）起水平支撑和加强结构整体性的作用。

2.依据建筑使用的要求，楼板层一般由面层、楼板结构层、附加层、顶棚层四部分组成。

3.楼板层的设计要求：强度和刚度要求；隔声要求；热工要求；防火要求；防水、防潮要求。

4.钢筋混凝土楼板按施工方法可分为现浇式、装配式和装配整体式三种。现浇式钢筋混凝土楼板按受力和传力情况分为井式楼板、梁板式楼板、无梁楼板、压型钢板组合楼板等。装配式钢筋混凝土楼板的类型有实心平板、空心板、槽形板等。装配整体式钢筋混凝土楼板分为密肋填充块楼板、预制钢筋混凝土薄板叠合楼板等。

5.楼地面除应具有足够的坚固性，不易被磨损、破坏的特性外，还应满足平整、耐磨、不起尘、防滑、防污染、隔声、易于清洁等要求。

6.按面层所用材料和施工方式不同，楼地面通常分为整体地面、块材地面、木地面等。

7.顶棚按构造分为直接式顶棚和悬吊式顶棚。

8.阳台承重结构的支承方式有挑梁式、挑板式、压梁式、搁板式等。搁板式是将阳台板搁置在承重墙上，板的跨度与房间的板相同，主要用于凹阳台。悬挑式分为挑板式和挑梁式。

9.雨篷是建筑入口处和顶层阳台上部用以遮挡雨水、保护外门免受雨淋的悬挑水平构件。

一、填空题

1. 根据所用材料的不同，楼板的类型主要有_____、_____、_____。

2. 钢筋混凝土楼板根据施工方法的不同可分为_____、_____、_____三种。

3. 顶棚按构造分为_____、_____。

4. 阳台按与外墙的位置关系可分为_____、_____、_____。

5. 高层建筑阳台栏杆(栏板)的高度不宜小于_____。

二、选择题

1. 当房间尺寸较大、形状近似正方形时，现浇式钢筋混凝土楼板常采用(   )。

    A. 井式楼板　　　　　B. 板式楼板　　　　　C. 梁板式楼板　　　　D. 无梁楼板

2. 预应力空心板具有的优点有(   )。

    A. 自重轻，强度高　　　　　　　　　B. 制作方便

    C. 隔热、隔声性能好　　　　　　　　D. 以上都对

3. 预制板在墙上的搁置长度不宜小于(   )mm。

    A. 90　　　　　　　　B. 100　　　　　　　　C. 120　　　　　　　　D. 150

4. 吊顶的吊筋（杆）是连接(   )的构件。

    A. 龙骨与楼板　　　　　　　　　　　B. 主龙骨与次龙骨

    C. 龙骨与面板　　　　　　　　　　　D. 面板与面板

5. 不属于整体地面的是(   )。

    A. 水泥砂浆地面　　　　　　　　　　B. 预制混凝土砖地面

    C. 细石混凝土地面　　　　　　　　　D. 水磨石地面

三、简答题

1. 压型钢板组合楼板的特点是什么？

2. 试绘制装配式钢筋混凝土楼板的搁置细部构造。

3. 简述阳台栏杆与阳台板的构造。

项目 5

楼 梯

项目导读

　　本项目着重讲述楼梯的设计、楼梯的构造、钢筋混凝土楼梯的构造、台阶和坡道及电梯构造。重点掌握楼梯的组成、类型与尺寸和钢筋混凝土楼梯的种类及构造做法。

思维导图

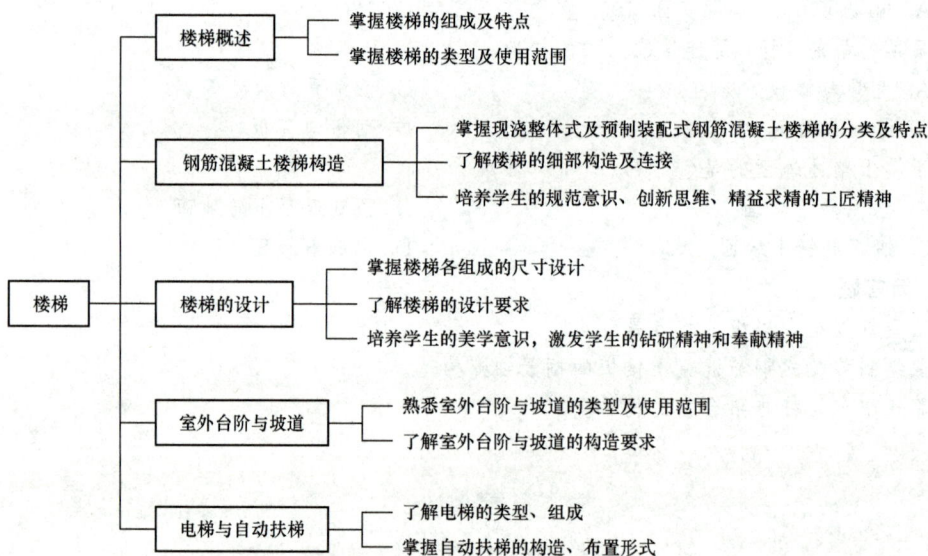

案例导入

　　某五层住宅楼，层高 2 900 mm，楼梯间开间 2 700 mm，进深 5 700 mm，室内外高差 600 mm，要求在底层楼梯平台下做出入口，试设计一个平行双跑楼梯。

　　解：1. 确定踏步尺寸

　　本楼梯为住宅楼梯，坡度可以陡一些。初选踏步高 $h=160$ mm，则每层踏步数 $N=2\,900/160=18.125$，取 $N=18$，可得踏步高 $h=2\,900/18=161.11$（mm），按照 $2h+b=600$ mm，得出 $b=600-2\times161.11=277.8$（mm）$\approx280$ mm，符合要求。

　　2. 计算梯段水平投影长度

　　每一梯段的水平投影长度 $L=(18/2-1)\times280=2\,240$（mm）

3. 确定梯段宽和梯井宽

取梯井宽 $C=100$ mm，则梯段宽 $B=(2\ 700-2\times120-100)/2=1\ 180$(mm)

4. 确定中间平台宽 D_1

根据 $D_1\geqslant B$，确定 $D_1=1\ 200$ mm

5. 确定楼层平台宽度 D_2

$D_2=5\ 700-1\ 200-2\ 240-240=2\ 020(mm)>B=1\ 180$ mm，且满足入户门开启的要求。

6. 底层平台下做出入口的净高验算

平台梁一般高取 350 mm，净高 $H=9\times161.11-350=1\ 099.99$(mm)

7. 不满足净高要求的解决办法

(1)降低底层平台下局部地坪的标高，使其为 -0.45 m，此时，净高
$H=9\times161.11-350+450=1\ 549.9(mm)<2\ 000$ mm

(2)将第一层楼梯设计成长短跑，第一步为长跑，其踏步阶数为 N_1。

$(N_1\times161.11-350)\geqslant2\ 000$ mm，得 $N_1\geqslant14.59$，取 $N_1=15$

第一跑梯段长 L 及楼层平台宽度 D_2：$L=(15-1)\times280=3\ 920$(mm)

$D_2=5\ 700-1\ 200-3\ 920-240=340$(mm)，入户门无法开启。

(3)将前两种做法结合起来。第一跑踏步数为 N_1，平台梁高 350 mm，降低底层平台下的地坪标高，使其为 -0.45 m，则 $(N_1\times161.11-350+450)\geqslant2\ 000$ mm，得 $N_1\geqslant11.79$，取 $N_1=12$

第一跑梯段长 $L=(12-1)\times280=3\ 080$(mm)

$D_2=5\ 700-1\ 200-3\ 080-240=1\ 180(mm)\geqslant B=1\ 180$ mm 且满足入户开门的要求。

$H=12\times161.11-350+450=2\ 033.32(mm)>2\ 000$ mm，满足净高要求。

$N_2=18-12=6$

5.1　楼梯概述

楼梯是建筑物中作为楼层间垂直交通用的构件，用于楼层之间和高差较大时的交通联系。在设有电梯、自动扶梯作为主要垂直交通的多层和高层建筑中也要设置楼梯。高层建筑尽管采用电梯作为主要垂直交通工具，但仍然要保留楼梯供火灾时逃生使用。

5.1.1　楼梯的组成

楼梯一般由梯段、楼梯平台、栏杆扶手三部分组成，如图 5-1 所示。

1. 梯段

梯段又称梯跑，是连系两个不同标高平台的倾斜构件，通常为板式梯段。为了减轻行走的疲劳，也可以由踏步板和梯斜梁组成梁板式梯段。梯段的踏步步数一般不宜超过 18 级，但也不宜少于 3 级，因为步数太少不易被人们所察觉，容易摔倒。

2. 楼梯平台

楼梯平台按平台所处位置和标高不同，有中间平台和楼层平台之分。两楼层之间的平台称为中间平台，用来供人们行走时调节体力和改变行进方向，而与楼层地面标高齐平的平台称为楼层平台，除起着与中间平台相同的作用外，还用来分配从楼梯到达各楼层的人流。

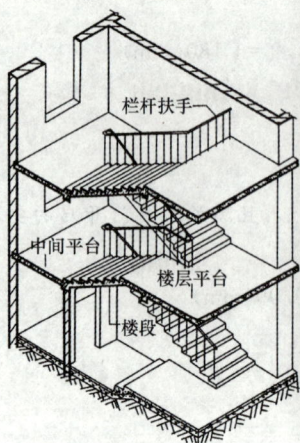

图 5-1 楼梯的组成及实例

3. 栏杆扶手

栏杆扶手是设在梯段及平台边缘的安全保护构件。当梯段宽度不大时，可只在梯段临空面设置；当梯段宽度较大时，非临空面也应加设靠墙扶手；当梯段宽度很大时，则需在梯段中间加设中间扶手。

楼梯在设置时应做到位置明显，起到引导和疏散人流的作用，并要充分考虑其造型美观、人流通行顺畅、行走舒适、结构坚固、防火安全，同时还应满足施工和经济条件的要求。因此，需要合理地选择楼梯的形式、坡度、材料、构造做法，精心地处理好其细部构造。

5.1.2 楼梯的类型

楼梯按梯段可分为单跑楼梯、双跑楼梯和多跑楼梯。梯段的平面形状有直线、折线和曲线。

1. 直行楼梯

直行楼梯(直线楼梯)分为直行单跑楼梯[图 5-2(a)]和直行多跑楼梯[图 5-2(b)]。直行单跑楼梯最为简单，适合层高较低的建筑；直行多跑楼梯增加了中间休息平台，一般为双跑梯段，适合层高较高的建筑。在公共建筑中常用于人流较多的大厅。

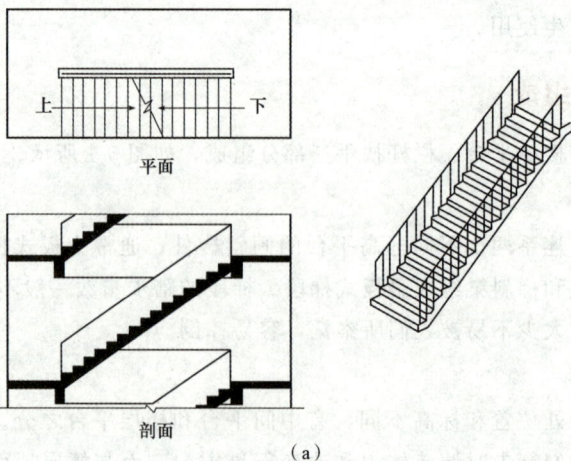

平面

剖面

（a）

图 5-2 直行楼梯

(a)直行单跑楼梯

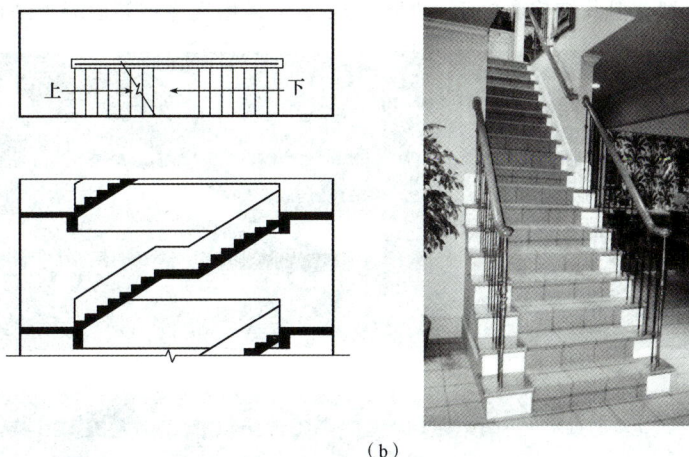

（b）

图 5-2　直行楼梯（续）

（b）直行多跑楼梯

2. 折线楼梯

在折线楼梯中，双跑楼梯最为常见，有双跑曲折式、双跑对折（平行）式等，适用于一般民用建筑和工业建筑；三跑楼梯有三折式、丁字式、分合式等，多用于公共建筑，如图 5-3 所示。

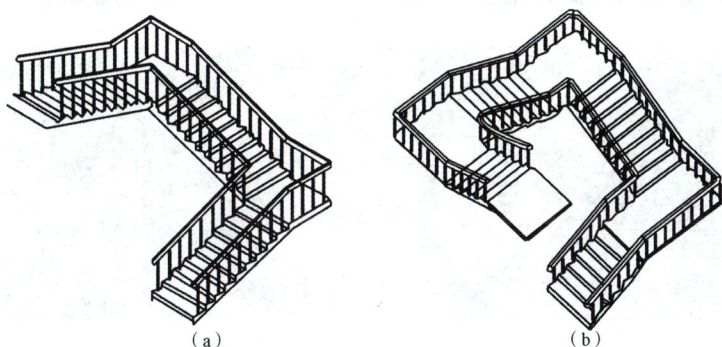

（a）　　　　　　　　　　　　　　　　　（b）

图 5-3　折线楼梯

（a）三跑楼梯；（b）四跑楼梯

3. 剪刀楼梯

剪刀楼梯如图 5-4（a）所示，由一对方向相反的双跑平行梯组成，或由一对互相重叠而又不连通的单跑直上楼梯构成，剖面呈交叉的剪刀形，能同时通过较多的人流并节省空间。

4. 螺旋楼梯

螺旋楼梯如图 5-4（b）所示，是以扇形踏步支承在中立柱上，虽行走欠舒适，但节省空间，适用于人流较少、使用不频繁的场所；圆形、半圆形、弧形楼梯，由曲梁或曲板支承，踏步略呈扇形，花式多样，造型活泼，富有装饰性，适用于公共建筑。

5. 弧形楼梯

弧形楼梯如图 5-4（c）所示，与螺旋楼梯的不同之处在于它围绕一较大的轴心空间旋转，未构成水平投影圆，仅为一段弧环，并且曲率半径较大，使坡度不至于过陡，可以用来通行较多的人流。弧形楼梯也是折线楼梯的演变形式，当布置在公共建筑的门厅时，具有明显的导向性和优美、轻盈的造型。但其结构和施工难度较大，通常采用现浇钢筋混凝土结构。

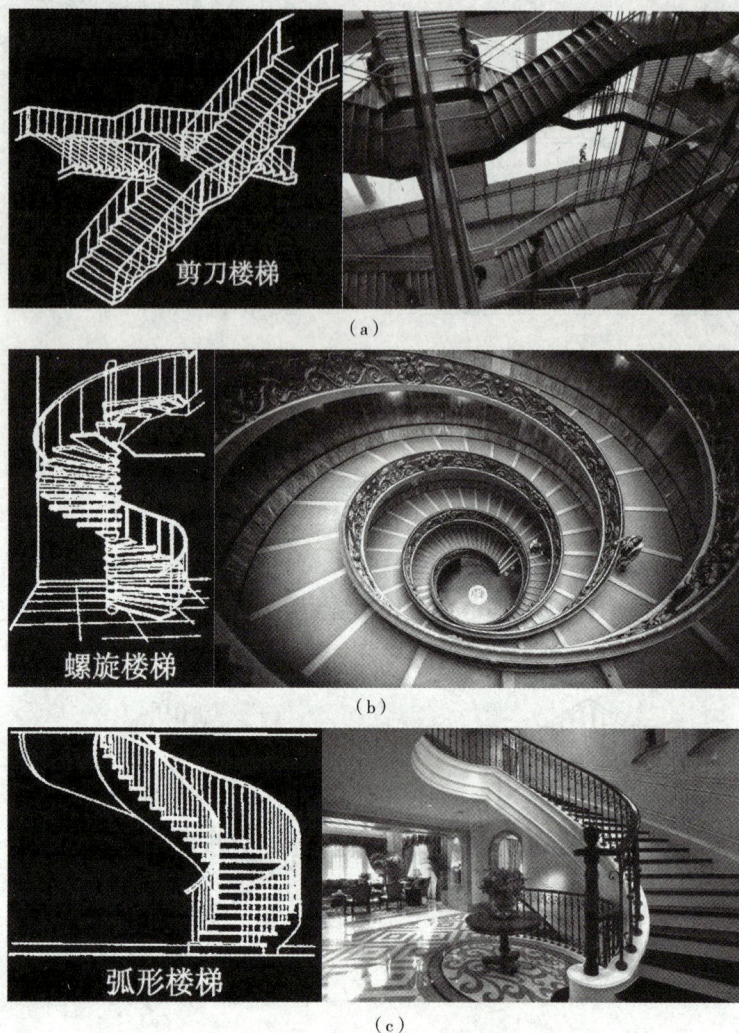

图 5-4 楼梯实例

(a)剪刀楼梯；(b)螺旋楼梯；(c)弧形楼梯

螺旋楼梯和弧形楼梯属于曲线楼梯。

5.2 钢筋混凝土楼梯构造

钢筋混凝土楼梯具有结构结实耐用、节省木材、防火性能好、可塑性强等优点，得到广泛应用。

钢筋混凝土楼梯按其施工方式可以分为现浇整体式和预制装配式。现浇整体式钢筋混凝土楼梯的整体性好，刚度大，有利于抗震，但模板耗费大，施工工期长，一般适用于抗震要求高、楼梯形式和尺寸特殊或吊装困难的建筑。预制装配式钢筋混凝土楼梯有利于节省模板，提高施工速度。

视频：钢筋混凝土
楼梯构造

5.2.1 现浇整体式钢筋混凝土楼梯

现浇整体式钢筋混凝土楼梯按其结构形式分为板式楼梯、梁式楼梯。

1. 板式楼梯

板式楼梯通常由梯段板、平台梁和平台板组成，如图5-5所示。楼梯梯段是一块斜放的板，称为梯段板。板式楼梯是由梯段板承受该梯段的全部荷载，并将荷载传递至两端的平台梁上的现浇式钢筋混凝土楼梯；也可取消梯段板一端或两端的平台梁，使梯段板与平台板连成一体，形成折线形的板支承于墙上。板式楼梯的梯段底面平整，外形简洁，便于支模施工，但当梯段跨度较大时，梯段板较厚，自重较大，钢材和混凝土用量较多，不经济。因此，梯段跨度不超过3 m时，因其受力简单、施工方便，可用于单跑楼梯、双跑楼梯。

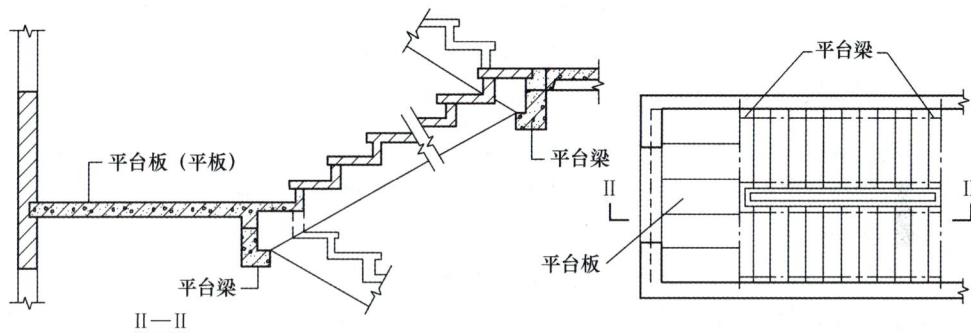

图5-5　板式楼梯结构示意

2. 梁式楼梯

梁式楼梯是指梯段踏步板直接搁置在斜梁上，斜梁搁置在梯段两端(有时由于受力需要，斜梁设置三根)的楼梯梁上的楼梯类型，如图5-6所示。梁式楼梯是带有斜梁的钢筋混凝土楼梯。它由踏步板、斜梁(梯梁)、平台梁和平台板组成，踏步板支承在斜梁上，斜梁和平台板支承在平台梁上，平台梁支承在承重墙或其他承重结构上。梁式楼梯一般适用于大中型楼梯。

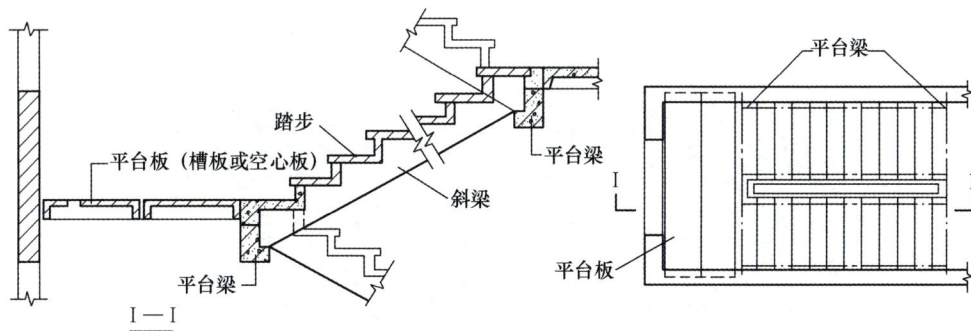

图5-6　梁式楼梯结构示意

梁式楼梯依据梯梁位置的不同分为明步式和暗步式。

(1)明步式：梯梁在踏步板之下，踏步外露，如图5-7(a)所示。

(2)暗步式：梯梁在踏步板之上，形成反梁，踏步包在里面，如图5-7(b)所示。

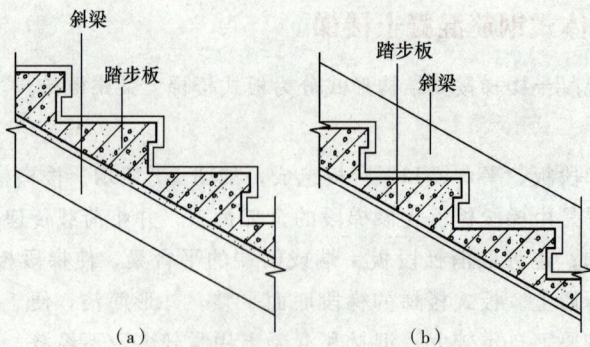

图 5-7　明步式、暗步式楼梯

(a)明步式楼梯；(b)暗步式楼梯

5.2.2　预制装配式钢筋混凝土楼梯

预制装配式钢筋混凝土楼梯在结构刚度、耐火、造价、施工及造型等方面都有较多的优点，应用普遍，按照预制踏步的支承方式分为悬挑式、墙承式、梁承式三种。

1. 悬挑式楼梯

悬挑式楼梯的每一踏步板为一个悬挑构件，踏步板的根部压砌在墙体内，踏步板挑出部分多为 L 形断面，压在墙体内的部分为矩形断面，如图 5-8(a)所示。

2. 墙承式楼梯

墙承式楼梯是指预制钢筋混凝土踏步板直接搁置在墙上的一种楼梯形式，如图 5-8(b)所示。其踏步板一般采用一字形、L 形或倒 L 形断面。由于踏步两端均有墙体支承，不需设平台梁和梯斜梁，也不必设栏杆，需要时设靠墙扶手，可节约钢材和混凝土，但由于每块踏步板直接安装入墙体，对墙体砌筑和施工速度影响较大。同时，踏步板入墙端形状、尺寸与墙体砌块模数不容易吻合，砌筑质量不易保证，影响砌体强度。这种楼梯由于在梯段之间有墙，搬运家具不方便，也阻挡视线，对抗震不利，施工也较麻烦。

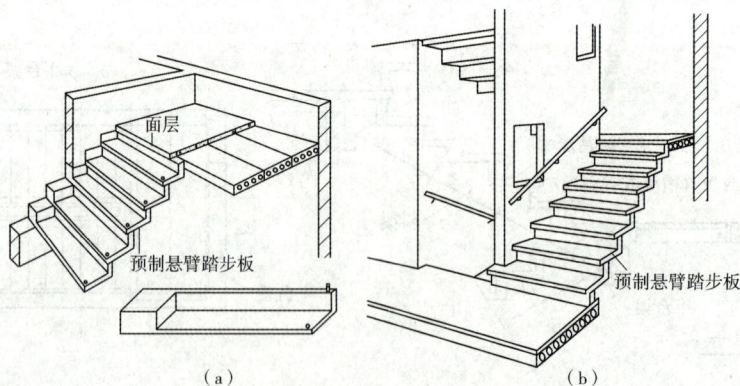

图 5-8　悬挑式、墙承式楼梯

(a)悬挑式楼梯；(b)墙承式楼梯

3. 梁承式楼梯

梁承式楼梯是指平台梁支承在墙体上或梁上梯段板架在平台梁上的楼梯构造方式，如图 5-9

所示。预制踏步支承在梯梁上，形成梁式梯段，梯梁支承在平台梁上。平台梁一般为 L 形断面。梯梁的断面形式，视踏步构件的形式而定。因为在楼梯平台与斜向梯段交汇处设置了平台梁，避开了构件转折处受力不合理和节点处理困难的问题，同时平台梁既可以支承于承重墙上，又可以支承于框架结构梁上，在普通大量性民用建造物中较为常用。

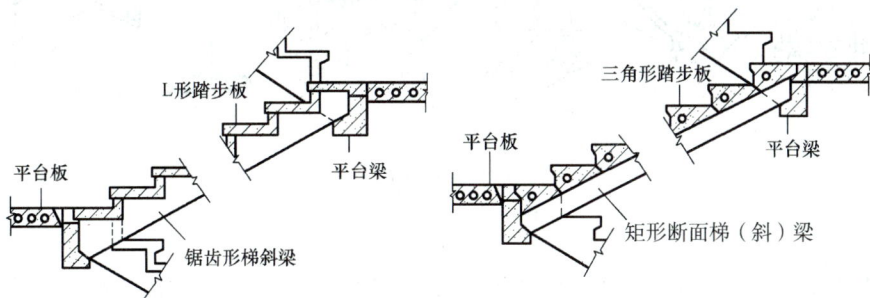

图 5-9　梁承式楼梯

5.2.3　楼梯的细部构造

1. 踏步

踏步的踏面应光洁、耐磨、易于清扫。面层常采用水泥砂浆或水磨石，也可采用缸砖、贴油地毡或大理石板等。前两种材料多用于一般工业与民用建筑，后几种材料多用于有特殊要求或较高级的公共建筑。

由于踏步面层比较光滑且尺度较小，因此为防止行人在上下楼梯时滑跌，常在踏步近踏口处，用不同于面层的材料做出略高于踏面的防滑条；或用带有槽口的陶土块或金属板包住踏口，如图 5-10 所示。如果面层为水泥砂浆抹面，由于表面较粗糙，可不做防滑条。

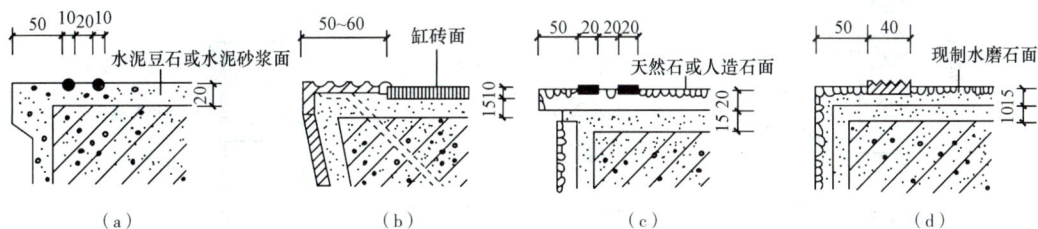

图 5-10　踏步面层及防滑处理
(a)金刚砂防滑条；(b)铸铁防滑条；(c)马赛克防滑条；(d)有色金属防滑条

2. 栏杆(板)

楼梯栏杆(板)是建筑中装饰性要求较高的部件，在设计时不仅要具有一定的强度，能经受必要的冲击力，还要考虑其装饰效果。楼梯栏杆(板)的材料多采用方钢、圆钢、钢管和扁钢等，并可焊接或铆接成各种图案，既起防护作用，又起装饰作用。栏杆与踏步的连接方式有锚接、焊接和栓接三种，如图 5-11 所示。

(1)锚接：在踏步板上预留孔洞，然后将钢条插入孔内，预留孔的尺寸一般为 50 mm×50 mm，钢条插入孔内应至少 80 mm，孔内浇筑水泥砂浆或细石混凝土嵌固。

(2)焊接：浇筑楼梯踏步板时，在需要设置栏杆的部位，沿踏面预埋钢板或在踏步内预埋套管，然后将钢条焊接在预埋钢板或套管上。

(3)栓接：是指利用螺栓将栏杆固定在踏步上，其方式可有多种。

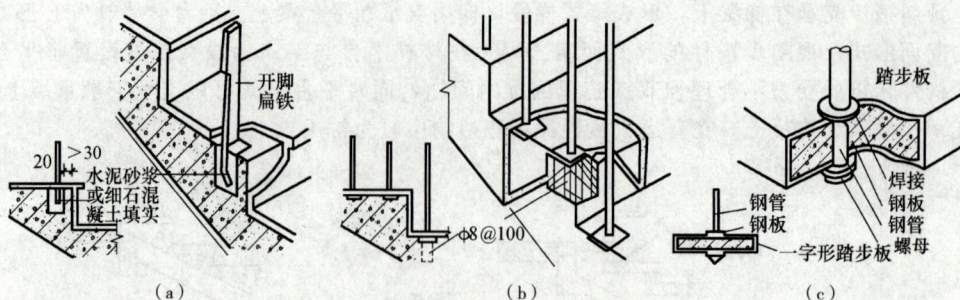

图 5-11 栏杆与踏步的连接方式

(a) 锚接；(b) 焊接；(c) 栓接

栏板多用钢筋混凝土或加筋砖砌体制作，也有用钢丝网水泥板制作的。钢筋混凝土栏板有预制和现浇两种。

栏杆和栏板两种栏杆形式也可组合使用，即栏杆竖杆作为主要抗侧力构件，栏板则作为防护和美观装饰构件。在这种形式中，栏杆竖杆常采用钢材或不锈钢等材料，栏板部分常采用轻质美观材料，如木板、塑料贴面板、铝板、有机玻璃板和钢化玻璃板等，如图 5-12 所示。

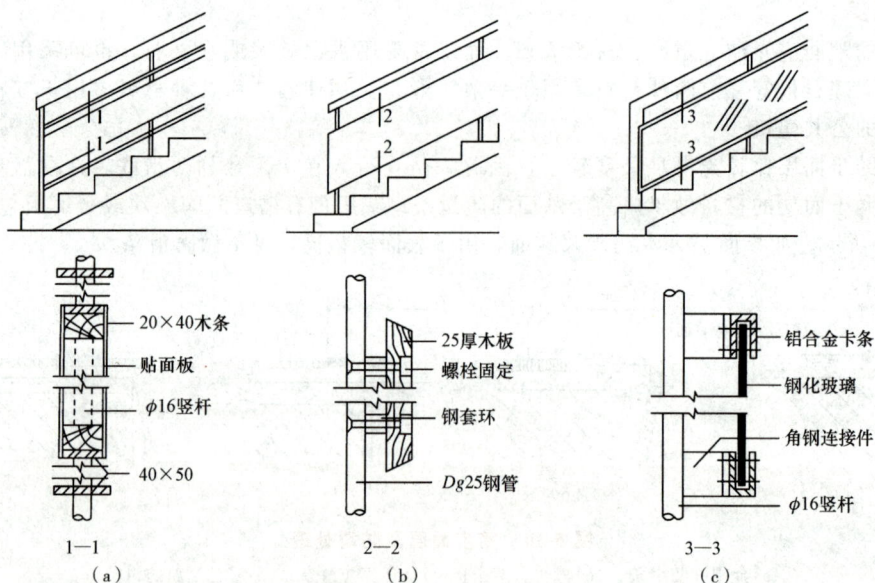

图 5-12 混合式栏杆构造

(a) 锚接；(b) 焊接；(c) 栓接

3. 扶手

扶手一般采用硬木、塑料、金属等材料制作。扶手的断面形式和尺寸应便于手握抓牢，如图 5-13 所示。

(1) 扶手与栏杆的连接方式。木扶手与金属立杆的连接，需采用通长扁钢与立杆焊接，扁钢上钻孔的间距为 200～300 mm，用螺钉与木扶手固定。木扶手与钢筋混凝土栏板的连接，用冲击钻在栏板上打洞，顶入木楔，然后用螺钉将扶手与栏板固定。水泥、水磨石、大理石扶手直接粉刷或粘贴于栏板顶部，常用于室外楼梯。金属扶手可与立杆直接焊接或铆钉连接。塑料扶手与金属立杆的连接同木扶手。靠墙扶手可安装在踏步侧面，在墙上适当高度安装短立杆，然后把扶手固定在立杆上。

（2）扶手在转弯处的处理方法。扶手在平台边缘以内约半个踏步处转弯时，不需要做特殊处理。将上下行梯段错开一步布置时，扶手可在平台边缘处转弯。采用鹤颈扶手，扶手可在平台边缘处转弯或者扶手断开。

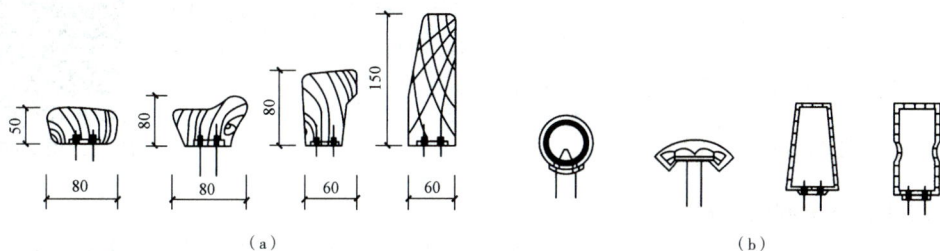

图 5-13 扶手的断面形式与尺寸
(a)木扶手；(b)塑料扶手

📖 **拓展阅读** ⋯

钢筋混凝土楼梯抗震加固结构及其改造方法

1. 简介

一种钢筋混凝土楼梯抗震加固结构及其改造方法：上平台基座与下平台基座之间固定有楼梯板，下平台基座与楼梯板连接位置水平切断，下平台基座的切断面沿其宽度方向设有两个下凹槽，楼梯板的切断面沿其宽度方向设有两个上凹槽，对应的上凹槽与下凹槽之间安装有一个铅芯橡胶支座，楼梯板底部粘贴有FRP进行加固。结构传力机制明确、合理，楼梯板与下平台基座之间采用铅芯橡胶支座柔性连接，减轻地震作用。

2. 结构特征

钢筋混凝土楼梯抗震加固结构的特征：每个铅芯橡胶支座6的上连接钢板及下连接钢板分别沿其圆周方向均匀设有多个螺栓安装孔，每个螺栓安装孔对应有一根固定螺栓，上连接钢板及下连接钢板分别通过多根固定螺栓与对应的上凹槽4及下凹槽5槽底面固接。这种钢筋混凝土楼梯抗震加固结构的改造方法包括如下步骤。

步骤一：将既有平台基座1与楼梯板2连接位置混凝土去除并切断钢筋。

步骤二：在平台基座1的切断面沿其宽度方向挖设两个下凹槽5，在楼梯板2的切断面挖设两个与下凹槽5对应的上凹槽4。

步骤三：将两个铅芯橡胶支座6分别放入对应的上凹槽4与下凹槽5之间，并通过固定螺栓进行固定安装。

步骤四：在平台基座1与楼梯板2之间填充防火发泡胶。

步骤五：在楼梯板2底部粘贴FRP进行加固，首先将楼梯板2底部进行表面处理，除去抹灰层，露出混凝土并打磨平整，然后通过高强度环氧树脂将FRP粘贴在打磨平整的混凝土上。加固结构如图5-14所示。

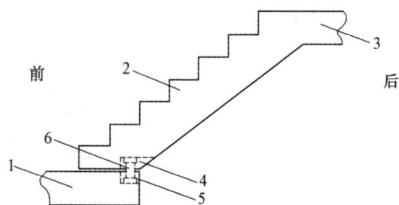

图 5-14 加固结构
1—平台基座；2—楼梯板；3—梯段平台；
4—上凹槽；5—下凹槽；6—铅芯橡胶支座

5.3　楼梯的设计

进行楼梯设计时，必须使其符合相关建筑设计规范的规定，如《建筑设计防火规范（2018年版）》（GB 50016—2014）等。此外，还要根据建筑平面形式、建筑等级以及楼梯的尺度进行楼梯的设计，楼梯的数量、位置、梯段净宽和楼梯间形式还应满足使用方便和安全疏散的要求。

5.3.1　楼梯的尺寸设计

1. 楼梯的坡度和踏步尺寸

楼梯的坡度和踏步尺寸一般应根据建筑的使用功能、使用者的特征以及楼梯的通行量综合确定。如图5-15所示，楼梯坡度范围宜为23°～45°，普通楼梯的坡度不宜超过38°，30°是楼梯的适宜坡度。

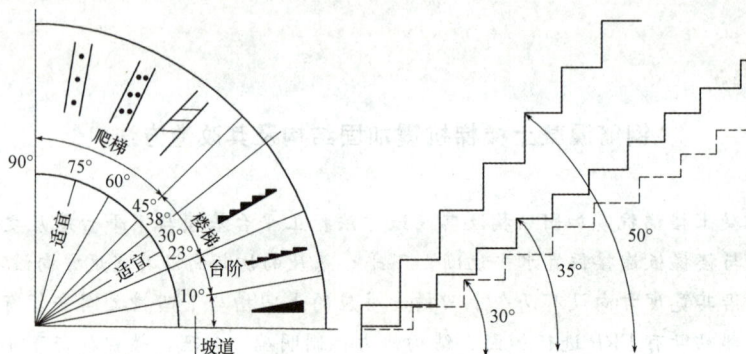

图 5-15　楼梯坡度范围

在踏步尺寸的设计中常使用如下经验公式：

$$2H + L = 600 \sim 620 \text{ mm}$$
$$N = H_{层} / H$$

式中　H——踏步高度（mm）；

　　　L——踏步宽度（mm）；

　　　N——踏步级数（步）；

　　　$H_{层}$——建筑物层高（mm）；

　　　600～620 mm——人的平均步距。

2. 梯段净宽

当一侧有扶手时，梯段净宽应为墙体装饰面至扶手中心线的水平距离，当双侧有扶手时，梯段净宽应为两侧扶手中心线之间的水平距离。当有凸出物时，梯段净宽应从凸出物表面算起，如图5-16所示。

还应考虑供日常主要交通用的楼梯的梯段净宽，应根据建筑物的使用特征，按每股人流宽度为 0.55 m＋（0～0.15）m 的人流股

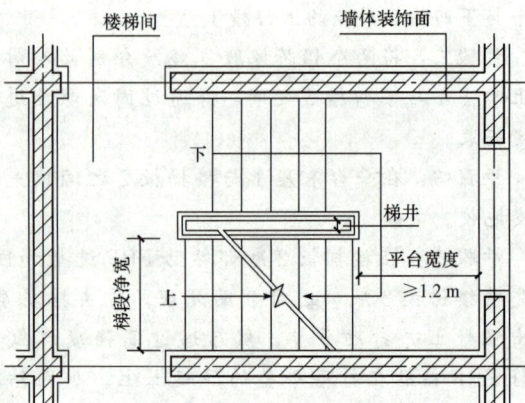

图 5-16　梯段净宽

数确定，并不应少于两股人流。(0～0.15)m 为人流在行进中人体的摆幅，公共建筑人流众多的场所应取上限值。

3. 平台宽度

当梯段改变方向时，扶手转向端处的平台最小宽度不应小于梯段净宽，并不得小于 1.2 m。当有搬运大型物件的需要时，应适量加宽。直跑楼梯的中间平台宽度不应小于 0.9 m。

4. 楼梯净高

楼梯平台上部及下部过道处的净高不应小于 2.0 m，梯段净高不应小于 2.2 m。梯段净高为自踏步前缘（包括每个梯段最低和最高一级踏步前缘线以外 0.3 m 范围内）量至上方凸出物下缘间的垂直高度，如图 5-17 所示。

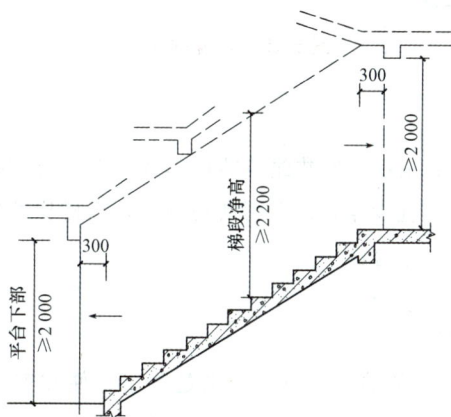

图 5-17　楼梯净高

5. 楼梯踏步

楼梯踏步的宽度和高度应符合楼梯踏步最小宽度和最大高度的规定，见表 5-1。梯段内每个踏步高度、宽度应一致，相邻梯段的踏步高度、宽度宜一致。踏步应采取防滑措施。

表 5-1　楼梯踏步最小宽度和最大高度
　　m

楼梯类别		最小宽度	最大高度
住宅楼梯	住宅公共楼梯	0.260	0.175
	住宅套内楼梯	0.220	0.200
宿舍楼梯	小学宿舍楼梯	0.260	0.150
	其他宿舍楼梯	0.270	0.165
老年人建筑楼梯	住宅建筑楼梯	0.300	0.150
	公共建筑楼梯	0.320	0.130
托儿所、幼儿园楼梯		0.260	0.130

6. 楼梯扶手

楼梯应至少于一侧设扶手，梯段净宽达三股人流时应两侧设扶手，达四股人流时宜加设中间扶手。室内楼梯扶手高度自踏步前缘线量起不宜小于 0.9 m。楼梯水平栏杆或栏板长度大于 0.5 m 时，其高度不应小于 1.05 m，如图 5-18 所示。

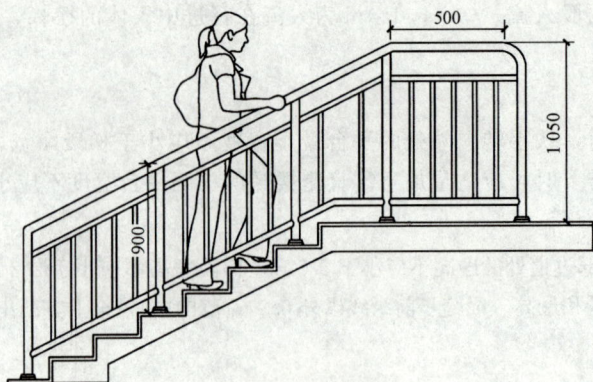

图 5-18　楼梯扶手

7. 楼梯井宽度

楼梯井宽度一般为 100 mm 左右。公共建筑的楼梯井,因消防的要求宽度不宜小于 150 mm。托儿所、幼儿园、中小学校及其他少年儿童专用活动场所,当楼梯井净宽大于 0.2 m 时,必须采取防止少年儿童坠落的安全防护措施。

5.3.2　楼梯的设计要求

楼梯作为建筑空间竖向连系的关键部分,应满足使用方便和安全疏散的要求,同时造型还应美观,因此设计时要综合考虑楼梯的形式、坡度、材料及构造做法等因素,具体的注意事项如下:

(1)若所设计的楼梯为主要楼梯,应与主要入口邻近,且位置明显;同时还应避免垂直交通与水平交通在交接处拥挤、堵塞。

(2)楼梯的间距、数量及宽度应经过计算满足防火疏散要求;楼梯间内不得有影响疏散的凸出部分,以免挤伤人;楼梯间除允许直接对外开窗采光外,不得向室内任何房间开窗;楼梯间四周墙壁必须为防火墙,防火要求高的建筑物特别是高层建筑,应设计成封闭式楼梯或防火楼梯。

(3)楼梯间必须有良好的自然采光。

(4)根据建筑物的类别和楼梯在平面图中的位置,确定楼梯的形式。

(5)根据楼梯的性质和用途,确定楼梯适宜坡度,初步选择合适的踏步高度 H 和踏步宽度 L。

(6)根据通过的人数和楼梯间的尺寸确定楼梯间的梯段宽度。

(7)确定踏步级数 $N = H_层 / H$,且应为整数。

(8)确定楼梯平台的宽度(中间平台和楼层平台)。根据规定,中间平台宽度应大于或等于梯段宽度;如果不能借助一部分走廊当平台用,楼层平台宽度也要大于或等于梯段宽度,如果能借助一部分走廊当平台用,楼层平台宽度也要大于 550 mm。

(9)由初定的踏步宽确定梯段的水平投影长度并校核进深尺寸。注意,楼梯段踏步的个数比楼梯段的踏步级数少一个。

(10)进行楼梯净空高度计算,使之符合要求。

赫基大厦旋转楼梯

1. 简介

国际知名大赛缪斯设计奖（MUSE Design Awards）公布了 2022 年度第一季最终获奖名单，"专注艺术楼梯设计与制作"的设计匠人梁长峻，在来自全球的 43 000 多个参赛选手中拔得头筹，以赫基大厦的旋转楼梯项目斩获缪斯奖金奖。

其作品《飘》荣获缪斯设计奖的金奖，这是梁长峻在国际专业评审下的又一次耀眼亮相，也是其坚持"筑梯 40 载"的实践结果。

2. 外形结构

多数写字楼或商场的垂直交通使用自动扶梯或者垂直电梯，而赫基大厦不然。他们委托了设计师兼匠人的梁长峻打造了一款魅力独特的旋转木梯。梁长峻有超过 30 年的楼梯设计与制作经验，他做过各种结构复杂、造型巧妙、工艺精湛的楼梯。可以说，很多楼梯工厂遇到难以解决的楼梯问题时，总喜欢找梁长峻来帮忙。

在接到这个任务时，梁长峻分析了现场情况、市场定位和客户需求。他认为做一个可以上下通行的楼梯并不难，难的是如何让这个楼梯变成该空间的灵魂和亮点。必须将现场动线、功能性与美学结合起来。梁长峻将旋转楼梯比喻成一个"艺术装置"，利用大堂开阔的空间，将楼梯围绕着不锈钢包裹的柱子盘旋而上，像一条轻盈律动的木色丝带。洁净反光的不锈钢与温暖的木色相得益彰，两种材料一冷一暖、一硬一软，碰撞出有意思的效果（图 5-19）。

图 5-19　赫基大厦旋转楼梯

3. 设计理念

旋转楼梯在结构上也设计得非常巧妙。梁长峻首先用钢结构解决了楼梯承重问题，这好比一艘船有了骨架。然后是复杂而精细的木工活儿。这个楼梯垂直高度为 9 m，总长度为 60 多米，宽度为 1.8～2.6 m。要做到线条优美、弧度流畅，极具技术难度。在做好结构骨架之后，就要做分舱板，每处的分舱板尺寸都不一样，弧度也不一样，都得精细定制。分舱板由好几层黏合或使用榫卯连接，它的原理与复合地板一样，在满足高强度的同时还可以防止木材的开裂和翘曲。然后把侧板加进去，紧固、收口、打磨抛光、上清漆，即可完工。

这个楼梯揭幕之后，果然成为赫基大厦的亮点，成为一个"网红打卡地"，人们争相来此拍照互动，也为这个空间增加了趣味和价值。

5.4 室外台阶与坡道

室外台阶与坡道是建筑物出入口的辅助配件，用于解决由于建筑物室内外地面高差形成的出入问题。一般建筑物多采用台阶，当有车辆出入或高差较小时，可采用坡道形式，还有些大型公共建筑，为使汽车能在大门入口处通行，常采用台阶与坡道相结合的形式，即平台左右设置成坡道，正面做成台阶。室外台阶与坡道的类型分为三面踏步式、单面踏步式、坡道式、踏步和坡道结合式，如图5-20所示。台阶与坡道面层材料必须防滑，坡道表面常做成锯齿形或带防滑条。

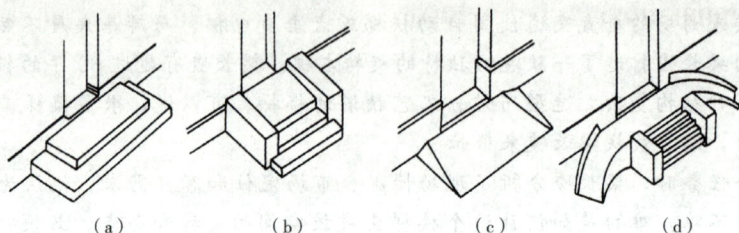

图 5-20　室外台阶与坡道

(a)三面踏步式；(b)单面踏步式；(c)坡道式；(d)踏步和坡道结合式

5.4.1 室外台阶

室外台阶由平台和踏步组成。台阶的坡度应比楼梯小，平台面应比门洞口每边宽出 500 mm 左右，并比室内地面低 20～60 mm，向外找坡 1%～4%。由于处在建筑物人流较为集中的出入口处，其坡度应较缓。台阶踏步宽一般取 300～400 mm，高度取值应不超过 150 mm。

室外台阶应在建筑物主体工程完成后再进行施工，并与主体结构之间留出约 10 mm 的沉降缝。台阶易受雨水侵蚀、日晒、霜冻等影响，其面材应考虑采用防水、防滑、抗风化、抗冻性强的材料制作，如水泥砂浆面层、水磨石面层、防滑地砖面层、天然石材面层等，如图5-21所示。

图 5-21　室外台阶实例

5.4.2 坡道

坡道按照其用途的不同，可以分成行车坡道和轮椅坡道两类。

行车坡道有普通行车坡道和回车坡道两种，如图 5-22 所示。普通行车坡道布置在有车辆进出的建筑物入口处，如车库、库房等。回车坡道与台阶踏步组合在一起，布置在某些大型公共建筑物的入口处，如办公楼、旅馆和医院等。轮椅坡道是专供特殊人员使用的。普通行车坡道的宽度应大于所连通的门洞口宽度，一般每边至少宽出 500 mm。坡道的坡度与建筑物的室内外高差及坡道的面层处理方法有关。光滑材料的坡道，其坡度应不大于 1∶10；粗糙材料的坡道（包括设置防滑条的坡道），其坡度应不大于 1∶6；带防滑齿的坡道，其坡度可加大到 1∶4。

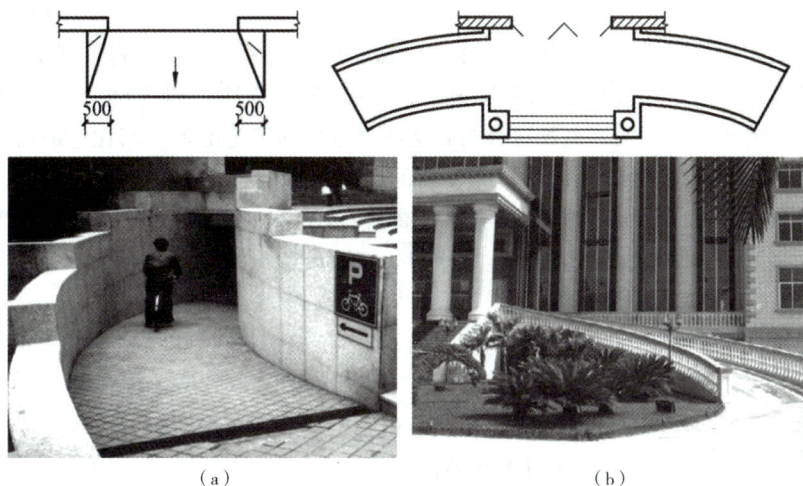

图 5-22　行车坡道实例

（a）普通行车坡道；（b）回车坡道

5.5　电梯与自动扶梯

自 1854 年美国人伊莱沙·格雷夫斯·奥的斯向世人展示了人类历史上第一部升降梯起，电梯和自动扶梯已逐渐融入人们的生活。如今，随着社会的不断发展，电梯与自动扶梯的应用也越来越普遍，如图 5-23 所示。

视频：电梯与
自动扶梯

图 5-23　电梯与自动扶梯实例

5.5.1 电梯

当房屋的层数较多，或房屋最高楼面的高度在 16 m 以上时，通过楼梯上楼或下楼不仅耗费时间，人的体力消耗也较大，在这种情况下应该设乘客电梯。

一些公共建筑虽然层数不多，但当建筑等级较高或有特殊需要时，也应该设电梯。例如，多层仓库及多层商店要设置运货的电梯，高层建筑除乘客电梯外还应设消防电梯。

1. 电梯类型

按用途不同，电梯可分为乘客电梯、住宅电梯、病床电梯、客货电梯、载货电梯、杂物电梯等；按拖动方式不同，电梯可分为交流拖动（包括单速、双速、调速）电梯、直流拖动电梯、液压电梯等；按消防要求不同，电梯可分为普通乘客电梯和消防电梯。当住宅的层数较多（七层及七层以上）或建筑从室外设计地面至最高楼面的高度超过 16 m 时，应设置电梯；四层及四层以上的门诊楼或病房楼、高级宾馆（建筑级别较高）、多层仓库及商店（使用有特殊需要）等，也应设置电梯；高层及超高层建筑达到规定要求时，还要设置消防电梯。

(1)电梯按使用性质可分为以下几种：

1)客梯，主要用于人们在建筑物中的垂直活动；

2)货梯，主要用于运送货物及设备；

3)消防电梯，发生火灾、爆炸等紧急情况时供安全疏散人员和消防人员紧急救援使用。

(2)电梯按电梯行驶速度可分为以下几种：

1)高速电梯，速度大于 2 m/s，梯速随层数增加而提高，消防电梯常用高速；

2)中速电梯，速度在 2 m/s 以内，货梯一般按中速考虑；

3)低速电梯，运送食物的电梯常用低速，速度在 1.5 m/s 以内。

(3)电梯按用途可分为乘客电梯、病房电梯、载货电梯和小型杂物货梯等，如图 5-24 所示。

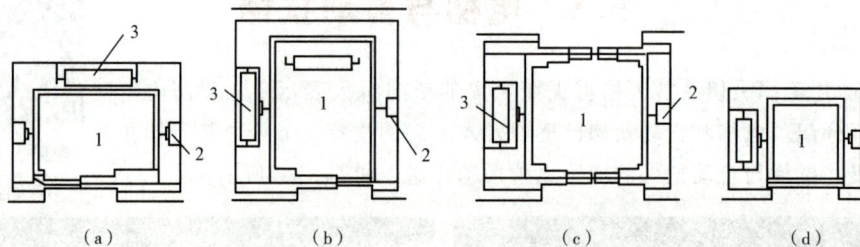

图 5-24 电梯

(a)客梯（双扇推拉门）；(b)病床梯（双扇推拉门）；(c)货梯（中分双扇推拉门）；(d)小型杂物货梯

1—轿厢；2—轿架；3—导轨

2. 电梯的布置要点

(1)电梯间应布置在人流集中的地方，而且电梯前应有足够的等候面积，一般不小于电梯轿厢面积。供轮椅使用的候梯厅深度不应小于 1.5 m。

(2)当需要设置多部电梯时，宜集中布置，这样既有利于提高电梯使用效率，也便于管理维修。

(3)以电梯为主要垂直交通工具的高层公共建筑和 12 层及 12 层以上的高层住宅，每栋楼设置电梯的台数不应少于 2 台。

(4)电梯的布置方式有单面式和对面式。电梯不应在转角处紧邻布置，单侧排列的电梯不应超过 4 台,双侧排列的电梯不应超过 8 台。

(5)消防电梯宜分别设在不同的防火分区内。

(6)消防电梯应设前室,居住建筑的前室面积不小于 4.5 m²、公共建筑的前室面积不小于 6.0 m²;与防烟楼梯间共用前室时,居住建筑的前室面积不小于 6.0 m²、公共建筑的前室面积不小于 10.0 m²。

(7)消防电梯间的前室宜靠外墙设置,在首层应设置出口或经过长度不超过 30 m 的通道通向室外。

(8)消防电梯间前室的门,应采用乙级防火门或具有停滞功能的防火卷帘。

(9)消防电梯的载重量不应小于 800 kg。

(10)消防电梯井、机房与相邻其他电梯井、机房之间,应采用耐火极限不低于 2.00 h 的隔墙隔开,当在隔墙上开门时,应设甲级防火门。

(11)消防电梯的行驶速度,应按从首层到顶层的运行时间不超过 60 s 计算确定。

(12)消防电梯轿厢的内装修应采用不燃烧材料。

(13)动力与控制电缆、电线应采取防水措施。

(14)消防电梯轿厢内应设专用电话,并应在首层设置供消防队员专用的操作按钮。

(15)消防电梯间前室的门口宜设挡水设施。井底应设排水设施,排水井的容量不应小于 2.00 m³,排水井的排水量不应小于 10 L/s。

(16)消防电梯可与载客或工作电梯兼用,但应符合消防电梯的要求。

3. 电梯的组成

(1)井道。电梯井道是电梯轿厢运行的通道。电梯井道可以用砖砌筑,也可以采用现浇钢筋混凝土墙。砖砌井道每隔一段应设置钢筋混凝土圈梁,供固定导轨等设备使用。电梯井道应只供电梯使用,不允许布置开关的管线。速度不低于 2 m/s 的载客电梯,应在井道顶部和底部设置不小于 600 mm×600 mm 的带百叶窗的通风孔。

(2)层门。层门是在每一层站处进入轿厢的门。层门上设有门锁,只有当轿厢在该层停留时才允许层门开启。层门上还装有联锁触点,只有当门扇可靠关闭时才能允许电梯启动。每一层门都设有手动开锁的三角锁,当电梯停电或故障且轿厢在平层区域内时,可手动开锁,强制开门;需要检修时,也可手动开锁打开层门;在运行时严禁开锁,该三角钥匙,应由专人负责保管。

(3)机房。机房一般设在电梯井道的顶部。面积要大于井道的面积,通往机房的通道、楼梯和门的宽度不应小于 1.20 m。除在机房机座下设弹性网层外,还应在机房下部设置隔声层。

(4)轿厢。轿厢是电梯的载客装置,它由曳引钢丝绳通过钢丝绳锥套或轿厢轮加以悬挂,轿厢通过安装在轿厢架上下两旁的导靴沿着轿厢导轨进行垂直滑移运行。轿厢内设有自动开关,轿厢门上装有联锁触点,只有当轿厢门可靠关闭时才能允许电梯启动;而一旦门扇开启,在运行中的轿厢就立即停止运动。

在轿厢自动门的门沿上装有可活动的安全触板或光电设施,关门过程中,若安全触板接触到障碍物或光束受阻,则安全触板的联锁触点或光电开关起作用,使轿厢门立即停止关闭,并迅速反向开启,防止夹人等事故发生。轿厢内设置操纵箱,供操作使用,并设有正常照明、通风装置及应急照明设施;轿壁设有扶手(残疾人电梯扶手离底面高为 800 mm),轿底设有超载或称量装置;轿顶设有紧急上人的安全窗及检修盒;轿架设有安全钳钳体、联动装置、停平层装置等。

电梯的组成如图 5-25 所示。

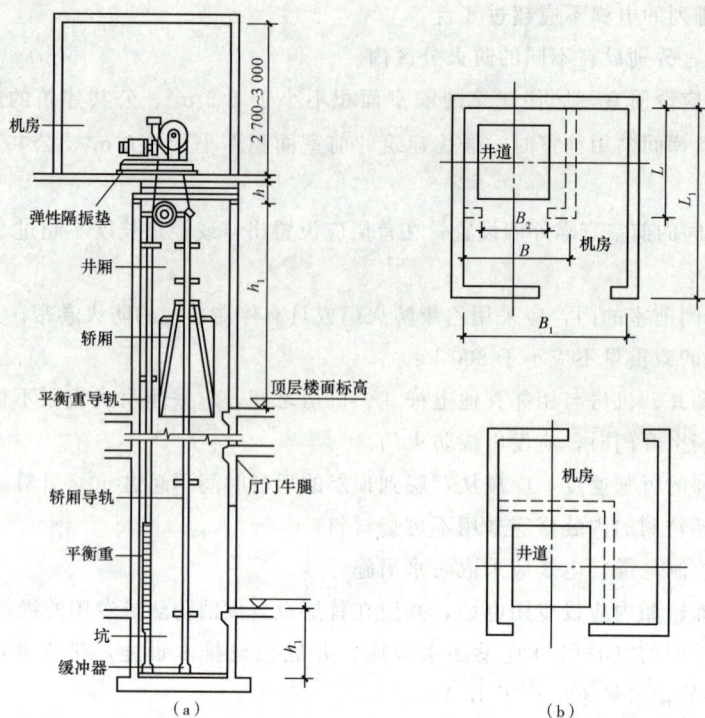

图 5-25　电梯的组成

(a)电梯井道；(b)井道平面

5.5.2　自动扶梯

自动扶梯是一种在一定方向上能大量、连续输送流动客流的装置，如图 5-26 所示。它具有结构紧凑、质量轻、耗电省、安装维修方便等优点，多用于人流较大的公共场所，并可用于室外，如车站、商场、地铁车站等。自动扶梯的坡度比较平缓，一般采用30°，一般运输的垂直高度为 0～20 m，速度为 0.45～0.75 m/s。

图 5-26　自动扶梯实例

1. 自动扶梯构造

自动扶梯用于百货商场、超市、写字楼、宾馆、机场、都市交通的诸多领域，具有下列特点：

(1)比电梯的输送能力大，能在短时间内输送大量人员。

(2)因为是连续运转，乘客不会有等待的感觉。因为是单方向运行，自然地可规划人流行进方向；可简单乘降，乘客不会有上楼梯的感觉；造型设计美观，有装饰建筑物的作用。自动扶梯构造如图 5-27 所示。

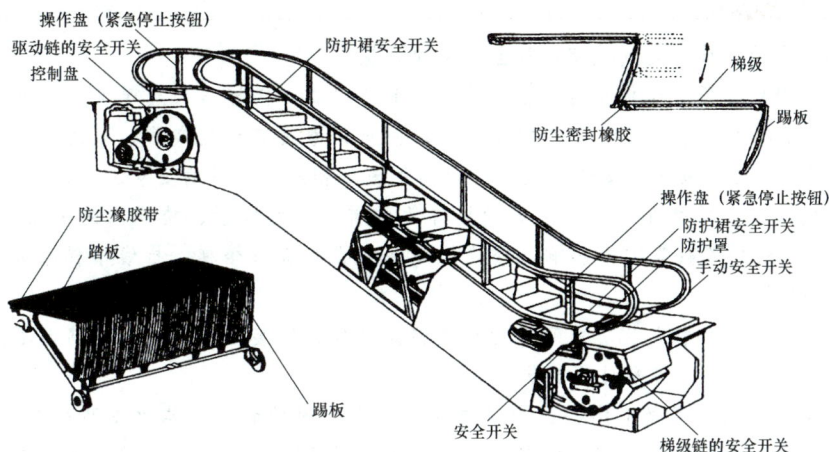

图 5-27 自动扶梯构造

2. 自动扶梯的布置方式

自动扶梯布置形式有并联排列式、平行排列式、串联排列式、交叉排列式，如图 5-28 所示。自动扶梯是建筑物层间连续运输效率最高的载客设备。一般自动扶梯均可正、逆方向运行，停机时不可当作临时楼梯行走。

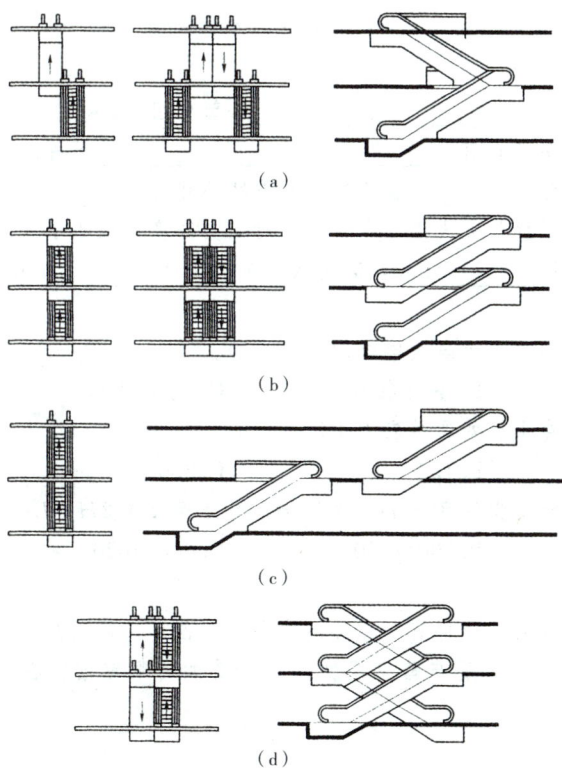

图 5-28 自动扶梯的布置
(a)并联排列式；(b)平行排列式；(c)串联排列式；(d)交叉排列式

1. 楼梯、台阶、坡道是建筑空间的竖向交通设施。

2. 楼梯一般由梯段、楼梯平台、栏杆扶手三部分组成,楼梯作为建筑交通空间竖向连系的主要部件,除了起到引导及疏散人流的作用,还应充分考虑其造型美观、人流通行顺畅、行走舒适、结构坚固、防火安全的要求,同时还应满足施工和经济条件的要求。

3. 楼梯的形式和类型非常多,主要受楼梯的材质、所处位置、楼梯间的平面形状和大小、层高与层数、人流的股数等因素影响。楼梯的类型主要有直行楼梯、折线楼梯、剪刀楼梯、螺旋楼梯和弧形楼梯等。

4. 钢筋混凝土楼梯按施工方式可分为现浇整体式和预制装配式两类。钢筋混凝土楼梯具有坚固耐久、防火性能好、可塑性强等优点。

5. 预制装配式钢筋混凝土楼梯是指用预制厂生产或现场制作的构件安装拼合而成的楼梯。采用预制装配式楼梯可较现浇整体式钢筋混凝土楼梯提高工业化施工水平,节约模板,简化操作程序,较大幅度地缩短工期。但预制装配式钢筋混凝土楼梯的整体性、抗震性、灵活性等不及现浇整体式钢筋混凝土楼梯。

6. 楼梯细部构造主要包括踏步面层及防滑措施、栏杆(栏板)与扶手构造。

7. 台阶与坡道是衔接建筑室内空间与室外地坪或不同标高室内空间之间的建筑构件。

习题

一、填空题

1. 楼梯一般由_____、_____、_____三部分组成。

2. 栏杆与踏步的连接方式有_____、_____、_____三种。

3. 楼梯坡度范围宜为_____,普通楼梯的坡度不宜超过_____。

4. 楼梯水平栏杆或栏板长度大于_____m时,其高度不应小于_____m。

5. 台阶踏步宽一般取_____mm,高度取值应不超过_____mm。

二、选择题

1. 在楼梯形式中,不宜用于疏散楼梯的是( )。

　　A. 直跑楼梯　　　　　B. 两跑楼梯　　　　　C. 剪刀楼梯　　　　　D. 螺旋楼梯

2. 楼梯的净空高度在平台处通常应大于( )m。

　　A. 1.8　　　　　　　B. 1.9　　　　　　　C. 2.0　　　　　　　D. 2.1

3. 民用建筑中,楼梯踏步的高度 H、宽度 B,有经验公式 $2H+L=($)mm。

　　A. 450~500　　　　　B. 500~550　　　　　C. 600~620　　　　　D. 800~900

三、简答题

1. 现浇整体式钢筋混凝土楼梯有哪几种结构形式?各有何特点?

2. 一般民用建筑的踏步高度与踏步宽度的尺寸是如何限定的?在不增加梯段长度的情况下,如何加大踏步面宽?

四、计算题

某中学层高为 3 600 mm,踏步尺寸为 150 mm×300 mm,底层不设出入口,梯井宽为 160 mm,梯段宽为 1 800 mm,楼梯为封闭式 $D_1=D_2=D$,求 L_1、L_2。

项目 6

屋 顶

本项目讲述了屋顶的作用、类型、设计要求及构造，介绍了屋面排水的找坡方式、排水方式以及排水组织设计的主要内容，包括防水的材料选择、构造层次和细部做法，同时介绍了屋面保温的构造层次和做法以及屋面隔热的常用种类。

思维导图

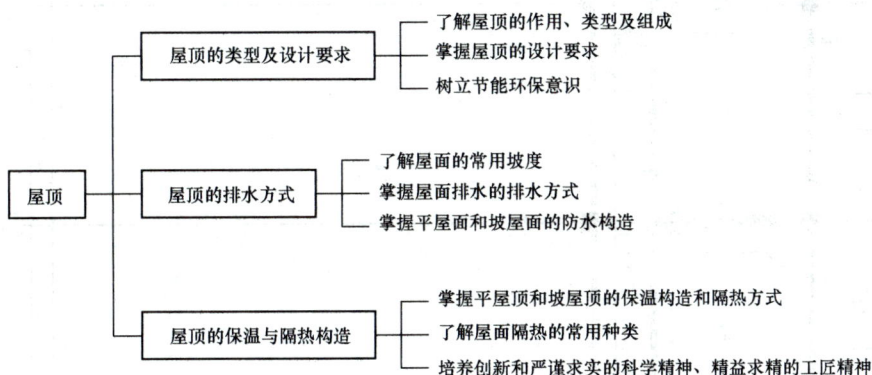

案例导入

某教学楼为四层钢筋混凝土结构，屋面板现浇钢筋混凝土板。建筑顶层平面图如图 6-1 所示。底层地面标高为 ±0.000，室外标高为 −0.750 m，顶层地面标高为 11.700 m，屋面标高为 15.600 m。所有墙体厚度为 200 mm，定位轴线与墙体中线相重合。下部各层门窗及入口的洞口平面位置与顶层门窗洞口的平面位置相同。屋面为不上人屋面，无特别的使用要求，防水层采用卷材防水。教学楼所在地年降雨量为 1 003.8 mm，每日最大降雨量为 153.3 mm。

回答下列问题：

如何设计该教学楼的屋面排水？

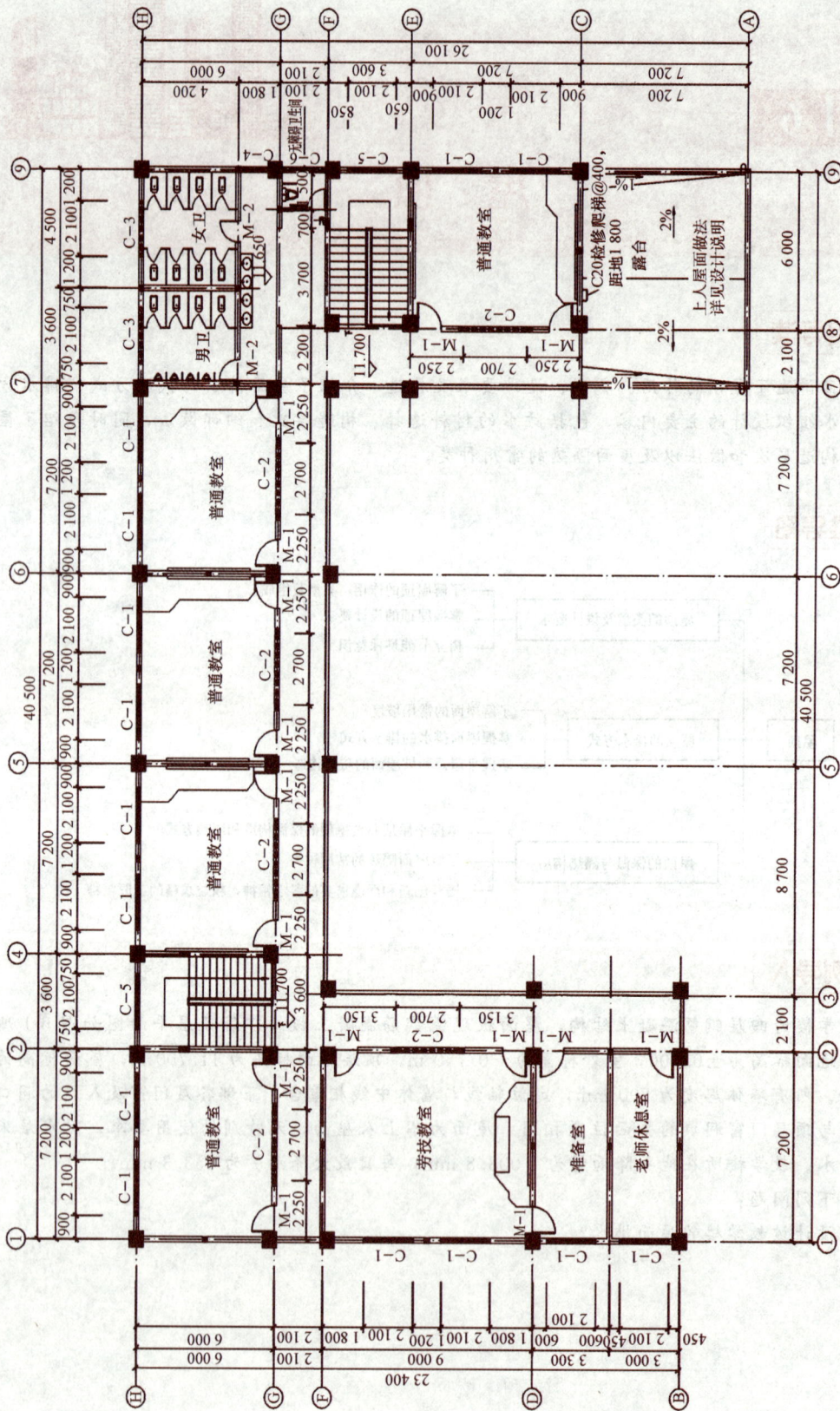

顶层平面图 1:100

图6-1 建筑顶层平面图

6.1 屋顶的类型及设计要求

6.1.1 屋顶概述

屋顶是建筑物最上部的承重围护构件，能够抵御自然界的各种环境因素对建筑物的不利影响。其主要有以下三方面的作用：

(1)承受建筑物顶部的荷载并将这些荷载传给下部的承重构件；同时还起着对房屋上部的水平支撑作用。因此，屋顶应有足够的刚度和强度，以保证屋顶的结构安全，并防止由于结构层发生过大的变形引起防水层开裂而产生漏水。

(2)抵御自然界的风霜雪雨、太阳辐射、气候变化和其他外界的不利因素，使屋顶覆盖下的空间有一个良好的使用环境。因此，屋顶应采取保温隔热措施，使屋顶能有良好的热工性能，以便给建筑物内部提供舒适的室内环境。

(3)影响建筑外立面造型，具有美观作用。我国传统建筑的重要特征之一就是其变化多样的屋顶外形和装饰精美的屋顶细部，因此现代建筑也应该注重屋顶形式及其细部的设计，以满足人们对建筑艺术的需求。

6.1.2 屋顶的类型

按所使用的材料，屋顶可分为钢筋混凝土屋顶、瓦屋顶、金属板屋顶、玻璃采光屋顶等；按外形和结构形式，屋顶又可分为平屋顶、坡屋顶和其他形式的屋顶。

1. 平屋顶

坡度小于5%的屋顶是平屋顶，坡度通常为2%~3%，是目前应用最广泛的一种屋顶形式，如图6-2所示。

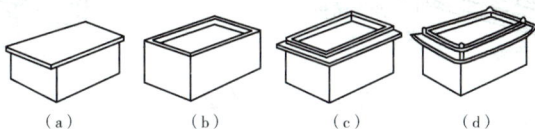

图6-2 平屋顶的形式

(a)带挑檐；(b)带女儿墙；(c)带挑檐和女儿墙；(d)带盝(盒顶)

2. 坡屋顶

坡屋顶是指屋面排水坡度在10%以上的屋顶。坡屋顶在我国有着悠久的历史，是我国传统建筑常用的屋顶形式。在现代建筑中，一些配合景观环境需求的建筑和仿古建筑也经常使用坡屋顶。坡屋顶的形式如图6-3所示。

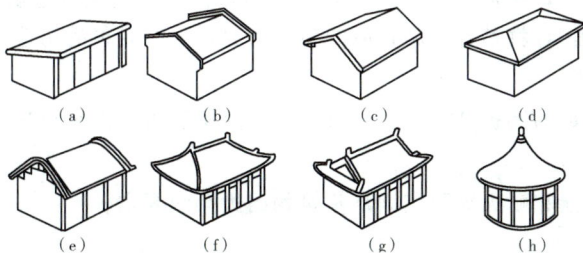

图6-3 坡屋顶的形式

(a)单坡顶；(b)硬山两坡顶；(c)悬山两坡顶；(d)四坡顶；
(e)卷棚顶；(f)庑殿顶；(g)歇山顶；(h)圆攒尖顶

3. 其他形式的屋顶

随着建筑科学技术的发展,出现了多种多样的屋顶结构形式,如拱结构屋顶、薄壳结构屋顶、悬索结构屋顶、网架结构屋顶、篷布结构屋顶、充气建筑屋顶等。这类屋顶多用于较大跨度的公共建筑,如图6-4所示。

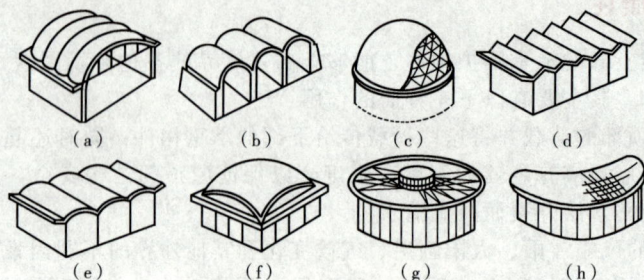

图 6-4　其他屋顶的形式
(a)双曲拱屋顶;(b)砖石拱屋顶;(c)球形网壳屋顶;(d)V形网壳屋顶;(e)筒壳屋顶;
(f)扁壳屋顶;(g)车轮形悬索屋顶;(h)鞍形悬索屋顶

6.1.3　屋顶的组成

屋顶主要由屋面、屋顶承重结构及顶棚组成,如图6-5所示。屋顶应根据防水、保温、隔热、隔声、防火、是否上人等功能,考虑设置不同功能的附加层。

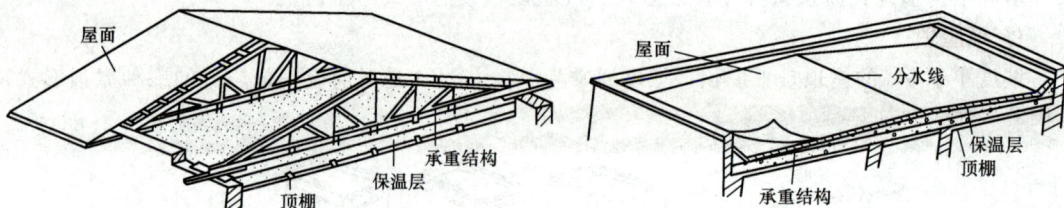

图 6-5　屋顶的组成

6.1.4　屋顶的设计要求

1. 结构要求

屋顶应能够承受积雪、积灰和上人所产生的荷载并顺利地传递给墙柱,满足刚度和强度的要求。

2. 防水和排水要求

屋顶积水(积雪)以后,应很快地排除,以防渗漏。屋面在处理防水问题时,应兼顾"导"和"堵"两个方面。所谓"导",就是要将屋面积水顺利排除,因而应该有足够的排水坡度及相应的一套排水设施;所谓"堵",就是要采用相应的防水材料,采取妥善的构造做法,防止渗漏。

3. 保温和隔热要求

屋面是建筑物最上部的围护结构,应具有一定的热阻能力,以防止热量从屋面过分散失。

4. 防火要求

屋顶构件的燃烧性能和耐火极限应满足建筑物耐火等级要求。

5. 艺术要求

屋顶是建筑物的重要装修内容之一。屋顶采取什么形式、选用什么材料和颜色均与美观有关。在解决屋顶构造做法时,应兼顾技术和艺术两大方面。

国家大剧院

1. 简介

中国国家大剧院位于北京市中心天安门广场西,人民大会堂西侧,西长安街以南,是我国面向 21 世纪投资兴建的大型现代文化设施,是中国最高表演艺术中心。结构主体由歌剧院、音乐厅、戏剧院、小剧场、公共大厅、配套用房及外部穹顶等部分组成,总占地面积为 11.89 万 m^2,总建筑面积约为 16.5 万 m^2。整个外观建筑是指数为 2.2 的超椭球体,东西长轴 212.20 m,南北短轴 143.64 m,高 46.68 m,地下最深 32.50 m。

该建筑充分利用了地下空间,顶部壳体为钢结构,椭球壳体直接坐落在基坑支护的地下连续墙和外围护结构上,与其内部主体相互独立。该椭球体外环人工湖,湖面面积达 35 500 m^2,各种通道和入口均设在水面以下。整个建筑外观像坐落在水面上的一颗明珠,如图 6-6 所示。

图 6-6 国家大剧院

2. 结构设计

国家大剧院建筑平面和空间组合非常复杂,整个结构方案综合使用了多种结构形式和建筑新技术,包括预应力混凝土、钢管混凝土、空间网壳和结构转换层。其中,外部穹顶为空间网壳结构,主体结构以钢筋混凝土剪力墙为主,局部辅以钢管混凝土柱和钢梁以及预应力梁组成的框架结构。巨大的壳体是建筑与结构的融合体,墙面与顶面浑然一体没有界限。整个钢壳体由顶环梁、钢架构成骨架,148 榀弧形钢架呈放射状分布,钢架之间由连杆、斜撑连接。设计考虑到方便施工及加工周期问题,壳体钢结构构件尽量标准化,并易于装配。

3. 设计理念

国家大剧院中心建筑为独特的壳体造型,壳体表面由 18 398 块钛金属板和约 1 226 块超白玻璃巧妙拼接,营造出舞台帷幕徐徐拉开的视觉效果。壳体周围是人工湖及由大片绿植组成的文化休闲广场,不仅美化了大剧院外部景观,也体现了人与自然和谐共融的理念。国家大剧院造型新颖、前卫,构思独特,是传统与现代、浪漫与现实的结合。安德鲁这样形容他的作品——巨大的半球,仿佛一颗生命的种子。中国国家大剧院要表达的就是内在的活力,是在外部宁静笼罩下的内部生机。一个简单的"鸡蛋壳",里面孕育着生命。它的设计灵魂是外壳、生命和开放。

4. 建筑施工

承担国家大剧院壳体钢结构施工任务的是上海建工集团总公司及所属上海市机械施工公司,

如此巨大的钢结构网壳不仅是中国国内所仅有，世界上也屈指可数，施工难度可想而知。为了实现钢结构安装的高精度，他们采取了一系列相应的施工措施。制作阶段壳体钢结构整体预拼装。每榀桁架间连杆的水平夹角均不相同，且用高强度螺栓连接，只有经过整体预拼装，才能实现制作阶段的正确定位，从而保证制作和安装精度。整体预拼装方案为顶环梁部分立体预拼装，弧形梁架平面预拼装。这样既保证了制作质量，还大大降低了制作成本，缩短了工期。鉴于该壳体钢结构外形特殊，形体复杂，结构安装控制点众多，而安装精度要求又很高，于是提出了一整套测量控制方案，即在工地四周设置由8～10个测站组成的平面测量控制网，在壳体外表面设置数百个专用测量棱镜，内表面粘贴数以万计的测量反光标志；同时在每一测站上各设一台高精度全站仪，8～10台全站仪与中央计算机联网，进行不间断实时检测；通过实测空间坐标与理论模型对照，从而控制壳体安装的全过程。

6.2 屋顶的排水方式

6.2.1 屋面的常用坡度

1. 屋顶坡度的常用表示方法

常用的屋顶坡度表示方法有斜率法、百分比法和角度法三种，斜率法用屋顶高度与坡面的水平方向投影长度之比表示；百分比法用屋顶高度与坡面的水平方向投影长度之比的百分比表示；角度法以坡面与水平面所构成的夹角表示，见表6-1。斜率法多用于坡屋顶；百分比法多用于平屋顶；角度法在实际工程中较少采用。

表 6-1 坡度表示法

屋顶类型	平屋顶	坡屋顶	
常用排水坡度	小于10%，常见2%～3%	一般大于10%	
屋顶坡度 表示方法	百分比法	斜率法	角度法
应用情况	普遍	普遍	较少采用，θ 多为 26°34″

2. 影响屋面坡度的因素

(1)防水材料的性能和尺寸的影响：性能越好，尺寸越大，坡度越小。对于尺寸小的屋顶防水材料，屋顶接缝越多，漏水的可能性就越大，因此其坡度应大一些，以便迅速排除雨水，减少漏水的机会。

(2)当地气候条件的影响：降雨量越大，排水坡度越大。降雨量大的地区，漏水的可能性大，为防止因雨水积水过深、水压力增大而引起渗漏的现象，屋顶坡度应适当增大；降雨量小的地区，屋顶坡度可适当小些。我国南方地区年降雨量一般为 1 000 mm 左右，北方地区较小，年降雨量一般为 500 mm 左右，因此即使采用同样的屋顶防水材料，南方地区的屋顶坡度一般要大于北方地区。

(3)其他因素的影响：建筑造型、屋顶结构形式，使用功能、经济条件等。

6.2.2 屋面的防水等级

屋顶应采用不透水的防水材料以及合理的构造处理来达到防水的目的；屋顶采用一定的排水坡度将积存的雨水尽快排走。屋顶防水、排水是一项综合性的技术问题，它与建筑结构形式、防水材料、屋顶坡度、屋顶构造处理等做法有关，应将防水与排水相结合，综合各方面的因素加以考虑。

根据建筑物的性质、重要程度、使用功能、防水层耐用年限、防水层选用材料和设防要求，屋面防水可分为四个等级，见表6-2。

表 6-2   屋面防水等级

项目	屋面防水等级			
	Ⅰ	Ⅱ	Ⅲ	Ⅳ
建筑物类型	特别重要的民用建筑	重要的民用、高层建筑	一般的民用、工业建筑	非永久性建筑
防水层耐用年限	25 年	15 年	10 年	5 年
防水层选用材料	合成高分子卷材、高聚物改性沥青毡	合成高分子卷材、高聚物改性沥青毡	三毡四油防水卷材、合成高分子卷材、高聚物改性沥青毡	二毡三油防水卷材
	合成高分子防水涂料、细石混凝土	合成高分子防水涂料、细石混凝土	合成高分子防水涂料、刚性防水层	
设防要求	三道以上防水防设	两道防水防设	一道或两道防水	一道防水

6.2.3 屋面的排水

1. 屋面的排水方式

屋面的排水方式一般分为无组织排水和有组织排水。

（1）无组织排水（自由落水）：屋面雨水直接从檐口滴落至地面的一种排水方式，因为不用天沟、雨水管等导流雨水，故又称自由落水，一般适用于低层建筑、少雨地区建筑及积灰较多的工业厂房，如图6-7所示。

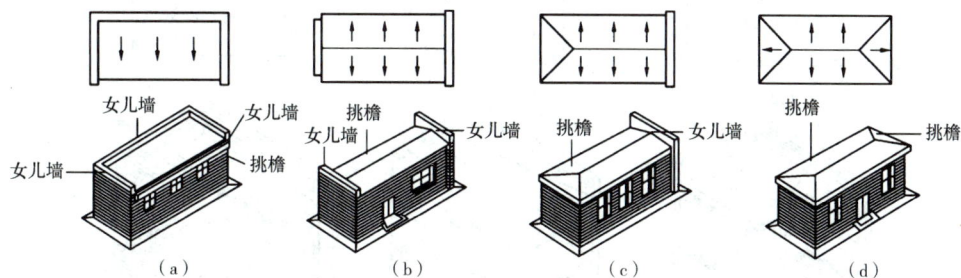

图 6-7 无组织排水

（a）三面女儿墙单坡排水；（b）两面女儿墙两坡排水；（c）一面女儿墙三坡排水；（d）四坡排水

（2）有组织排水：雨水经由天沟（檐沟）、雨水口、雨水管等排水装置引导至地面或地下管沟的排水方式，一般分为外排水和内排水。排水系统由屋面、檐沟、雨水斗、雨水管构成。

1）外排水（雨水管在外墙外面）、雨水经过雨水口流入室外雨水管的排水方式，如图6-8所示。根据檐口的做法不同，有组织外排水又分为檐沟外排水和女儿墙外排水，其中，檐沟外排水是檐沟内垫出纵向坡度引水，而女儿墙外排水是指女儿墙内设内檐沟或垫出纵向坡度引水，具体构造如图 6-9 所示。

图 6-8　屋面外排水实例

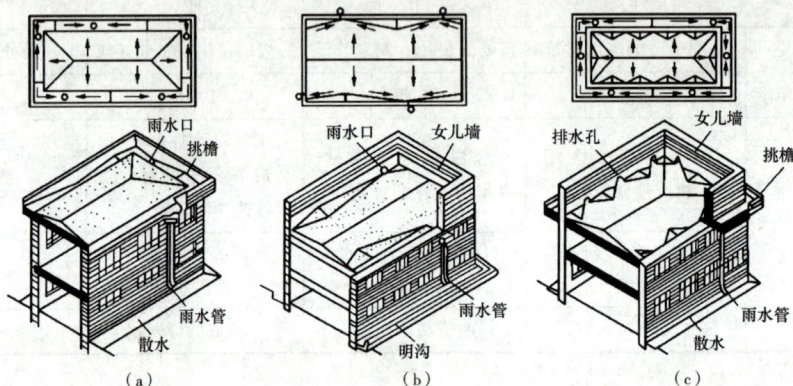

图 6-9　有组织外排水
(a)挑檐沟外排水；(b)女儿墙外排水；(c)女儿墙挑檐沟外排水

2)内排水、雨水经雨水口流入室内雨水管，再由地下管道将雨水排至室外排水系统的排水方式，其雨水管置于室内，如图 6-10 所示。一般应用于大面积多跨屋面、高层建筑以及有特殊需要时和严寒地区，是常见的一种排水方式。

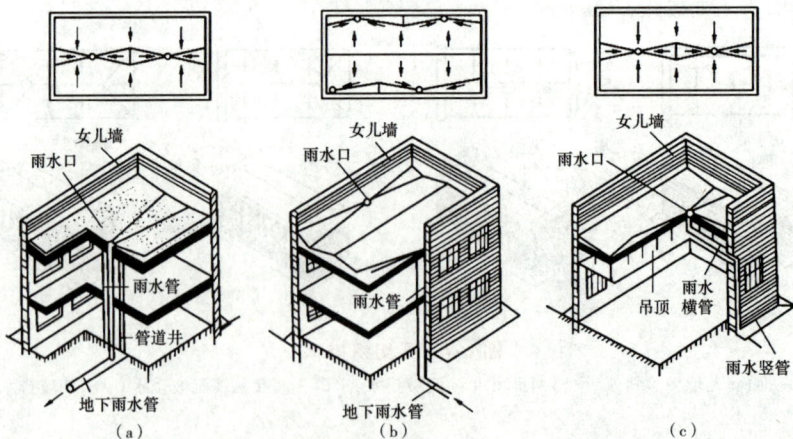

图 6-10　有组织内排水
(a)中间内天沟内排水；(b)外墙内天沟内排水；(c)内天沟内外排水

中间内天沟内排水、当房屋宽度较大时，可在房屋中间设一纵向天沟形成内排水，这种方案特别适用于内廊式多层或高层建筑。雨水管可布置在走廊内，不影响走廊两旁的房间。

高低跨内排水、在两跨交界处也常常需要设置内天沟来汇集低跨屋面的雨水，高低跨可共用一根雨水管。

2. 排水方式的选择

屋面排水方式的选择，应根据建筑物屋面形式、气候条件、使用功能、质量等级等因素加以综合考虑，一般可遵循下述原则进行选择：

(1)高度较低的简单建筑，为了控制造价，宜优先选用无组织排水；

(2)积灰多的屋面应采用无组织排水；

(3)在降雨量大的地区或房屋高度较高的情况下，应采用有组织排水；

(4)临街建筑雨水排向人行道时宜采用有组织排水；

(5)严寒地区为防止雨水管冰冻堵塞，宜采用内排水；

(6)湿陷黄土地区一般采用外排水方式。

3. 平屋顶排水组织设计

屋顶排水组织设计首先应根据屋面形式、气候条件、使用功能等因素，选择合理的屋面排水方式及排水坡度，明确是采用有组织排水还是无组织排水。如果采用有组织排水设计，屋顶排水组织设计的主要任务是将屋面划分成若干排水区，分别将各区的雨水引向雨水管，做到排水线路简洁、雨水管负荷均匀、排水流畅；避免屋面积水而引起渗漏。为此，屋面应有适当的排水坡度，设置必要的天沟、雨水管，并合理地确定这些排水装置的规格、数量和位置，最后将其标绘在屋顶平面图上，这一过程就是屋顶排水组织设计，一般按下列步骤进行。

(1)划分排水区。划分排水区的目的在于合理地布置雨水管。排水区域的划分应尽可能规整，面积大小应相当，以保证每个雨水管的排水面积负荷均匀。在划分排水区域时，每块区域的面积宜小于200 m²，以保证屋顶排水通畅，防止屋顶雨水积聚。雨水口的位置设置要注意尽量避开门窗洞口和入口的垂直上方位置，一般设置在窗间墙部位。

(2)确定排水坡面的数目(分坡)。进深较小的房屋或临街建筑常采用单坡排水，一般情况下，建筑平屋顶屋面宽度小于12 m时，可采用单坡排水；进深较大或其宽度大于12 m时，为了不使水流路线太长，宜采用双坡排水。建筑屋顶应结合建筑造型要求选择单坡、双坡或四坡排水。

(3)确定天沟参数。天沟即屋面上的排水沟，位于檐口部位时又称檐沟。天沟的作用是将屋面汇集的雨水有组织地迅速排除，因此，天沟的断面应大小恰当。天沟底沿长度方向应设纵向排水坡，简称天沟纵坡，天沟纵坡的坡度不应小于1%。平屋顶的天沟一般用钢筋混凝土制作，当采用女儿墙外排水方案时，可利用倾斜的屋面与垂直的墙面构成三角形天沟，如图6-11所示。

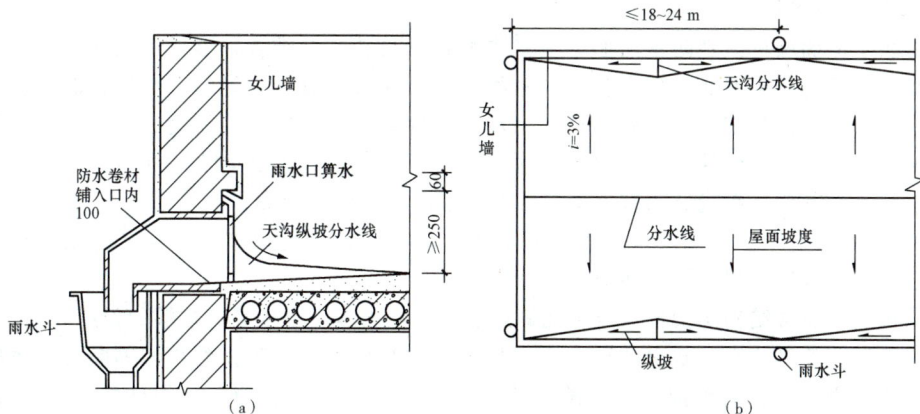

图 6-11 平屋顶女儿墙外排水三角形天沟

(a)女儿墙断面图；(b)屋顶平面图

当采用檐沟外排水方案时，通常做成现浇式钢筋混凝土矩形天沟。为使天沟汇集并能迅速排除屋面雨水，其断面尺寸应依据建筑物所在地降雨量和汇水面积的大小来确定。一般天沟净宽应不小于 200 mm，天沟上口至纵坡分水线的距离不小于 120 mm，同时天沟应沿长度方向设纵向排水坡，坡度一般为 0.5%～1%，如图 6-12 所示。

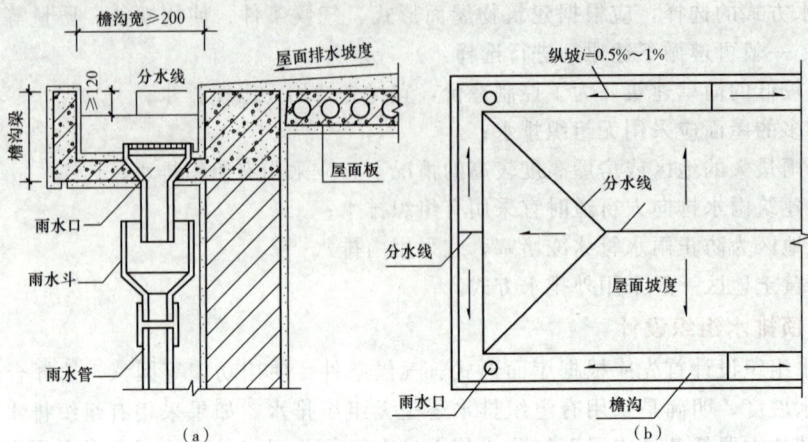

图 6-12　平屋顶檐沟外排水矩形天沟
(a)挑檐沟断面；(b)屋顶平面图

(4)确定雨水管规格及间距。雨水管目前多采用 PVC 管，其直径有 50 mm、75 mm、100 mm、125 mm、150 mm、200 mm 等规格，民用建筑最常用的雨水管直径一般为 100 mm，面积小于 25 m² 的露台或阳台可采用直径为 50 mm 或 75 mm 的雨水管。雨水管的位置应在实墙面处，距离墙面不应小于 20 mm，其间距一般在 20 m 以内，最大间距不宜超过 24 m，因为间距越大，则沟底纵坡面越长，会使沟内的垫坡材料增厚，减少天沟的容水量，造成雨水溢向屋面引起渗漏或从檐沟外侧涌出。雨水管排水口距离散水坡的高度不应大于 200 mm。雨水管应用管箍与墙面固定，管箍最大间距不得超过 1.2 m，接头的承插长度不应小于 40 mm。

6.2.4　平屋面的防水构造

屋顶防水是用防水材料以"堵"为主，使屋顶在整个排水的过程中不发生渗漏，起到防水作用。根据防水材料的不同，防水屋面分为卷材防水屋面、刚性防水屋面、涂膜防水屋面等多种做法。

1. 卷材防水屋面

卷材防水屋面又称柔性防水屋面，是将防水卷材与胶粘剂结合，形成连线致密的构造层来进行防水的。卷材防水屋面所用卷材有沥青类卷材、合成高分子类卷材、高聚物改性沥青类卷材等。卷材防水屋面具有一定的延伸性和适应变形的能力，较能适应温度、振动、不均匀沉降等因素的变化作用，整体性好，适用于防水等级为Ⅰ～Ⅳ级的屋面防水。卷材防水屋面由多层材料叠合而成，其构造组成分为基本构造层次和辅助构造层次两类。

(1)基本构造层次。卷材防水屋面的基本构造层次(自下而上)按其作用分为结构层、找平层、结合层、防水层及保护层，如图 6-13 所示。

1)结构层。通常结构层为预制或现浇钢筋混凝土屋面板，要求具有足够的强度和刚度。

2)找平层。卷材防水层要求铺贴在坚固且平整的基层上，以防止卷材凹陷断裂，故在松散材料或预制屋面上铺设卷材前，须先做找平层。找平层一般采用 1∶3 水泥砂浆或 1∶8 沥青砂浆，整体混凝土结构可以做较薄的找平层(15～20 mm)，表面平整度较差的装配式结构或在散料上宜做较厚的找平层(20～30 mm)。为防止找平层变形开裂而使卷材防水层破坏，在找平层中应留设分格缝。分格缝的宽度一般为 20 mm，纵横间距不大于 6 m，屋顶板为预制板时，分格缝应设在预制板的端缝处。分格缝上面应覆盖一层 200～300 mm 宽的附加卷材，用胶粘剂单边点贴，使分格缝处的卷材有一定的伸缩余地，避免开裂，如图 6-14 所示。

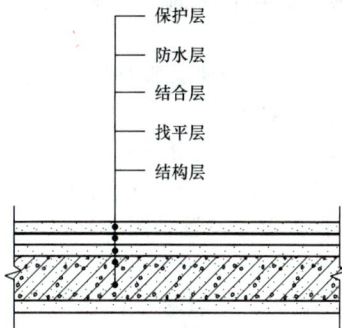

图 6-13　卷材防水屋面的基本构造层次

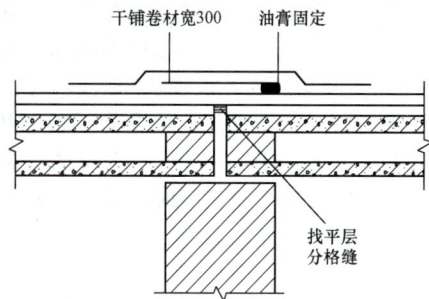

图 6-14　找平层分格缝构造示意

3）结合层。结合层的作用是使卷材防水层与基层黏结牢固。结合层所用材料应根据卷材防水层材料的不同来选择，如果为油毡卷材、聚氯乙烯卷材及自粘型彩色三元乙丙复合卷材，则用冷底子油在水泥砂浆找平层上喷涂 1～2 道；如果为三元乙丙橡胶卷材，则采用聚氨酯底胶；如果为氯化聚乙烯橡胶卷材，则需用氯丁胶乳等。

4）防水层。防水层是由胶结材料与卷材黏合而成，卷材连续搭接，形成屋面防水的主要部分。在防水卷材类型的选择上，需要考虑以下几个方面的内容：根据当地历年最高气温、最低气温、屋面坡度和使用条件等因素，选择耐热度、低温柔性相适应的卷材；根据地基变形程度、结构形式、当地年温差、日温差和振动等因素，选择拉伸性能相适应的卷材；根据屋面卷材的暴露程度，选择耐紫外线、耐老化、耐霉烂相适应的卷材；种植隔热屋面的防水层，应选择耐根穿刺防水卷材。

卷材的粘贴方法可分为满粘法、点粘法和条粘法。满粘法使卷材与基层黏结密实，但当基层或保温层不干燥、存有水汽时，如果受到太阳辐射，就会形成水蒸气蒸发，使卷材形成鼓泡，鼓泡的折皱和破裂将会形成漏水隐患。用点粘法、条粘法等，使卷材与基层之间有能使蒸汽扩散的场所和减小基层变形对防水卷材影响的空间，可以尽量避免防水卷材破裂而产生渗漏。

当屋面坡度不大于 3％时，卷材宜平行于屋脊铺设，且从檐口至屋脊逐层向上铺设；当屋面坡度为 3％～5％时，卷材可平行或垂直屋脊铺设；当坡度大于 15％或屋面受震动时，卷材应垂直屋脊铺设。

防水卷材的接缝处均应采用搭接缝，根据卷材类型和铺贴方式，应有 50～100 mm 的搭接宽度，上下搭接不小于 70 mm，左右搭接不小于 100 mm。而且搭接缝的设置应尽量相互错开，避免接缝重叠，消除渗漏隐患。卷材搭接缝用与卷材配套的专用胶粘剂粘接，接缝处用密封材料封严，如图 6-15 所示。

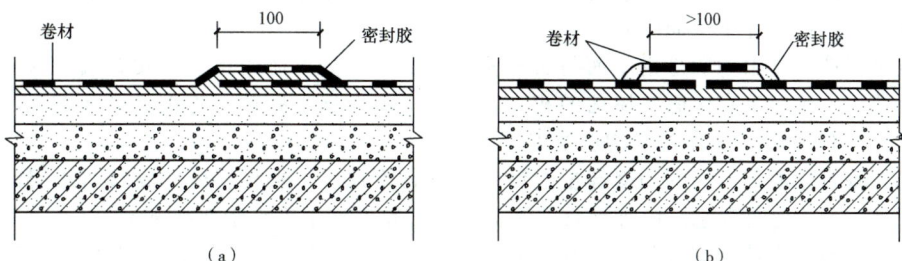

（a）　　　　　　　　　　　　　　　　　（b）

图 6-15　卷材接缝构造

（a）卷材左右搭接；（b）卷材上下搭接

5)保护层。设置保护层的目的是保护卷材防水层，使卷材不因太阳直射及外界作用而迅速老化和损坏，从而延长防水层的使用年限。保护层的构造做法视屋面的利用情况而定。

不上人时，高聚物改性沥青卷材防水屋面一般在防水层上撒粒径为 1.5～2 mm 的石粒或砂粒作为保护层；高分子卷材(如三元乙丙橡胶)防水屋面等，通常是在卷材面上涂刷水溶型或溶剂型浅色保护着色剂，如氯丁银粉胶等，如图 6-16(a)所示。

上人屋面的保护层也是屋面的面层，故要求保护层平整耐磨。其做法通常是在防水层上先铺设 10 mm 厚低强度等级砂浆隔离层，其上再现浇 40 mm 厚 C20 细石混凝土或用 20 mm 厚聚合物砂浆铺贴缸砖、大阶砖、混凝土板等块材。块材或整体保护层均宜设分格缝，其纵横缝间距不宜大于 6 m，且应尽量与找平层的分格缝错开，分格缝宽度宜为 20 mm，缝内用密封材料填嵌。上人屋面做屋顶花园时，水池、花台等构造均应在屋面保护层上设置。图 6-16(b)所示为上人屋面保护层的做法。

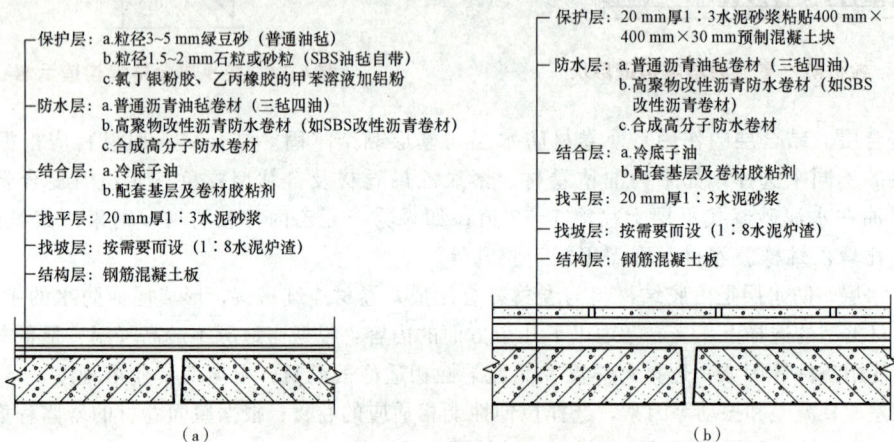

图 6-16 卷材防水屋面的构造层次
(a)不上人屋面；(b)上人屋面

(2)辅助构造层次。辅助构造层次是为了满足房屋的使用要求或提高屋面的性能而补充设置的构造层，如保温层、隔热层、隔汽层、找坡层、隔离层等。找坡层是材料找坡屋面为形成所需排水坡度而设的。

保温层是为防止冬季建筑室内过冷而设置的；隔热层是为防止夏季室内过热而设置的；隔汽层则是为防止潮气侵入屋面保温层，使其保温功能失效而设置的。

(3)卷材防水屋面的细部构造。卷材防水层是一个封闭的整体，但屋面上不可避免地要开设孔洞，且有管道等构件凸出屋面。如屋面的檐口、檐沟和天沟、雨水口、变形缝等部位，都是屋面工程中最容易出现渗漏的薄弱环节。据调查表明，屋面渗漏中 70% 是由于细部构造的防水处理不当引起的。因此，仅做好卷材防水构造层次，并不能完全确保屋顶不渗不漏，还需要正确地处理细部构造来完善屋面的防水。

1)泛水构造。泛水构造是指屋面与所有垂直墙面相交处的防水构造。女儿墙、烟囱、变形缝、检修孔、立管等垂直壁面与屋面的相交部位，均需做泛水处理，防止交接缝出现漏水。泛水构造如图 6-17 所示，其做法及构造要点如下：

①先在垂直壁面与屋面的相交部位增设一层卷材附加层，再将屋面的卷材防水层继续铺至垂直墙面上，形成卷材泛水。附加卷材的平面和立面宽度均不应小于 250 mm。

②在屋面与垂直墙面交接处，卷材下的砂浆找平层应按卷材类型抹成半径为 20～50 mm 的圆弧形，且整齐平顺，其上刷卷材胶粘剂，使卷材铺贴牢固，以免卷材架空或折断。

③做好泛水上口的卷材收头固定，防止卷材在垂直墙面上下滑。一般做法：低女儿墙的卷

材收头直接铺至压顶下，用金属压条钉压固定并用密封材料封闭严密，压顶应做防水处理，如图 6-17(a)所示。高女儿墙的卷材收头可以在墙中凿出通长凹槽，将卷材压入凹槽，用防水压条钉压后，再用密封材料嵌填封严，外抹水泥砂浆保护。凹槽上部的墙体也做防水处理，如图 6-17(b)所示。当墙体为混凝土墙时，卷材收头可采用金属压条钉压，并用密封材料封固。如图 6-17(c)所示。

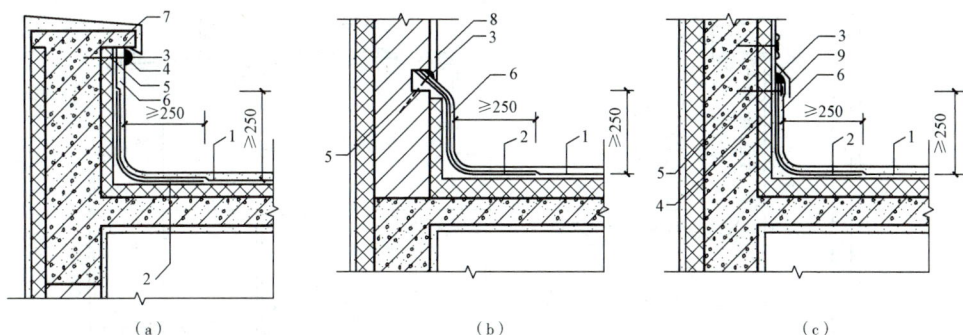

图 6-17　卷材防水屋面泛水构造

(a)低女儿墙；(b)高女儿墙；(c)混凝土墙

1—防水层；2—附加层；3—密封材料；4—金属压条；5—水泥钉；
6—保护层；7—压顶；8—防水处理；9—金属盖板

2)挑檐口构造。挑檐口的做法分为无组织排水和有组织排水两种。其防水构造要点是做好卷材的收头，使屋顶的四周卷材封闭，避免雨水渗入。

①无组织排水挑檐口。不宜直接采用屋面板外挑，因其温度变形大，易使檐口抹灰砂浆开裂，引起"爬水"和"尿墙"现象。比较理想的是采用与圈梁整浇的混凝土挑板。挑檐口的做法及构造要点：在屋面檐口 800 mm 范围内的卷材应满粘，卷材收头应采用金属压条钉压，并应用密封材料封严。檐口下端应做鹰嘴和滴水槽，如图 6-18 所示。

②有组织排水挑檐口。常常将檐沟布置在出挑部位，现浇钢筋混凝土檐沟板可与圈梁连成整体，如图 6-19 所示。预制檐沟板则须搁置在钢筋混凝土屋架挑牛腿上。挑檐沟的做法及构造要点如下：

a. 檐沟的防水层下应增设附加层，附加层伸入屋面的宽度不应小于 250 mm；

b. 檐沟防水层和附加层应由沟底翻上至外侧顶部，卷材收头应用金属压条钉压，并应用密封材料封严；

c. 檐沟内转角部位的找平层应抹成圆弧形，以防卷材断裂；

d. 檐沟外侧下端应做鹰嘴和滴水槽；

e. 檐沟外侧高于屋面结构板时，应设置溢水口。

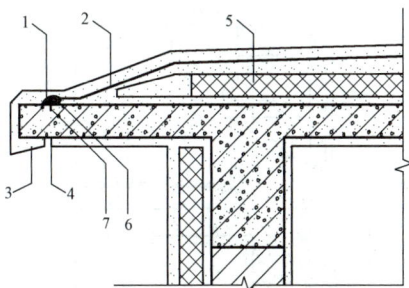

图 6-18　无组织排水挑檐口防水构造

1—密封材料；2—防水层；3—鹰嘴；
4—滴水槽；5—保温层；
6—金属压条；7—水泥钉

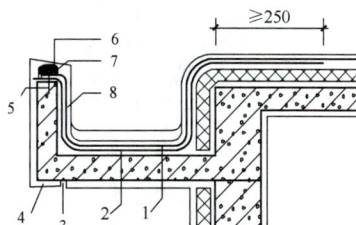

图 6-19　有组织排水挑檐口防水构造

1—防水层；2—附加层；3—滴水槽；
4—鹰嘴；5—水泥钉；6—密封材料；
7—金属压条；8—保护层

3)天沟构造。在跨度不大的平屋面中，当采用女儿墙外排水时，常利用倾斜的屋面板与女儿墙间的夹角做成三角形断面天沟，其泛水做法与前述做法相同，如图6-20(a)所示。沿天沟长向需用轻质材料垫成0.5%～1%的纵坡，使天沟内的雨水迅速排入雨水口。图6-20(b)所示为三角形天沟排水平面示意。

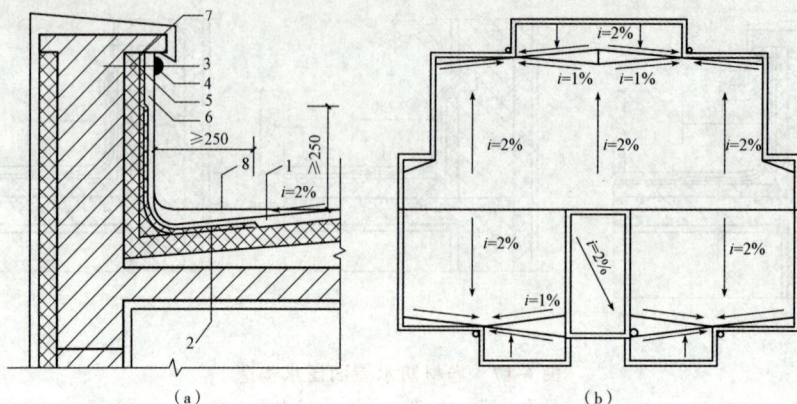

图 6-20　女儿墙外排水的三角形天沟

(a)三角形天沟构造；(b)三角形天沟排水平面

1—防水层；2—附加层；3—密封材料；4—金属压条；

5—水泥钉；6—保护层；7—压顶；8—天沟纵坡分水线

4)雨水口构造。雨水口是用来将屋面雨水排至雨水管而在檐口处或檐沟内开设的洞口。构造上要求排水通畅，不易堵塞和渗漏。有组织外排水最常用的有檐沟雨水口及女儿墙雨水口两种形式。有组织内排水的雨水口则设在天沟上，其构造与外排水檐沟式的相同。雨水口通常为定型产品，分为直式和横式两类；直式雨水口适用于中间天沟、挑檐沟和女儿墙内排水天沟；横式雨水口适用于女儿墙外排水天沟。

①直式雨水口有多种型号，根据降雨量和汇水面积加以选择，如图6-21所示。常用的65型铸铁雨水口主要由短管、环形筒、导流槽和顶盖组成。短管呈漏斗形，安装在天沟底板或屋面板，上雨水口周围半径250 mm范围内坡度不应小于5%，防水层下应增设涂膜附加层；防水层和附加层伸入雨水口杯内不应小于50 mm，并应黏结牢固。环形筒与导流槽的接缝需由密封材料嵌封。顶盖底座有放射状格片，用以加速水流和遮挡杂物。

②横式雨水口呈90°弯曲状，由弯曲套管和铸铁箅两部分组成。弯曲套管置于女儿墙预留孔洞中，屋面防水层及泛水的卷材应铺贴到套管内壁四周，铺入深度不少于50 mm，套管口用铸铁箅遮盖，以防污物堵塞雨水口，如图6-22所示。

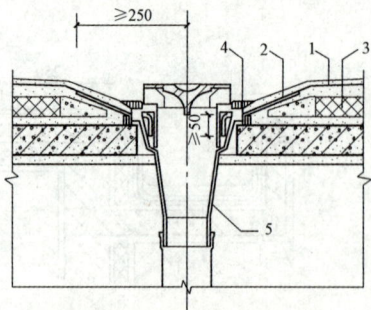

图 6-21　直式雨水口构造

1—防水层；2—附加层；3—保温层；

4—密封材料；5—雨水斗

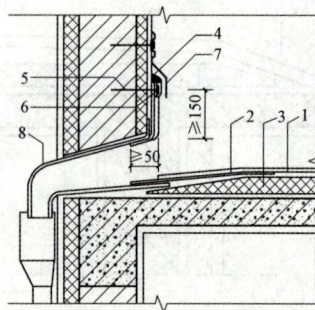

图 6-22　横式雨水口构造

1—防水层；2—附加层；3—保温层；4—密封材料；

5—水泥钉；6—金属压条；7—金属盖板；8—雨水斗

5）屋面变形缝构造。屋面变形缝的构造处理原则是既不能影响屋面的变形，又要防止雨水经由变形缝处渗入室内。屋面变形缝按建筑设计可设于同层等高屋面上，也可设于高低屋面的交接处。

等高屋面变形缝的做法：在变形缝两边的屋面板上砌筑或现浇矮墙，在防水层下增设附加层，附加层在平面和立面的宽度不应小于250 mm，且铺贴至泛水墙的顶部；变形缝内应预填不燃保温材料，上部应采用防水卷材封盖，并放置衬垫材料，再在其上干铺一层卷材。变形缝顶部宜加扣镀锌薄钢板盖板，或采用混凝土盖板压顶。等高屋面变形缝构造如图6-23所示。

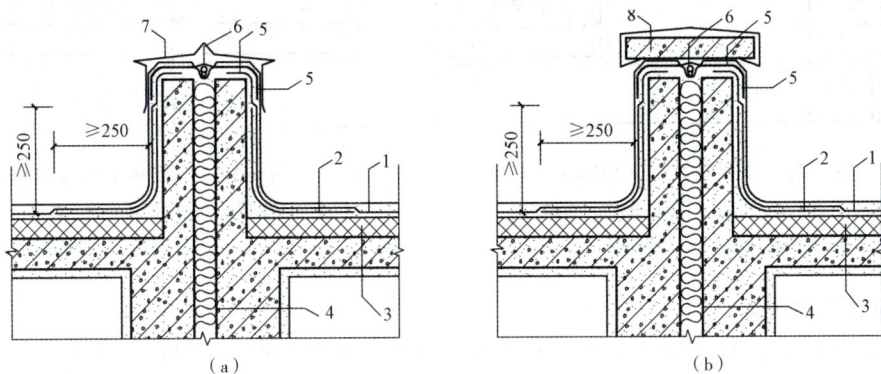

图6-23 等高屋面变形缝构造

(a)变形缝顶部加扣金属盖板；(b)变形缝顶部采用混凝土盖板压顶

1—防水层；2—附加层；3—保温层；4—保温材料；

5—卷材盖缝；6—衬垫材料；7—金属盖板；8—混凝土盖板

高低屋面变形缝的做法：在低侧屋面板上砌筑或现浇矮墙。当变形缝宽度较小时，可用镀锌薄钢板盖缝并固定在高侧墙上，做法同泛水构造；也可以从高侧墙上悬挑钢筋混凝土板盖缝。高低屋面变形缝构造如图6-24所示。

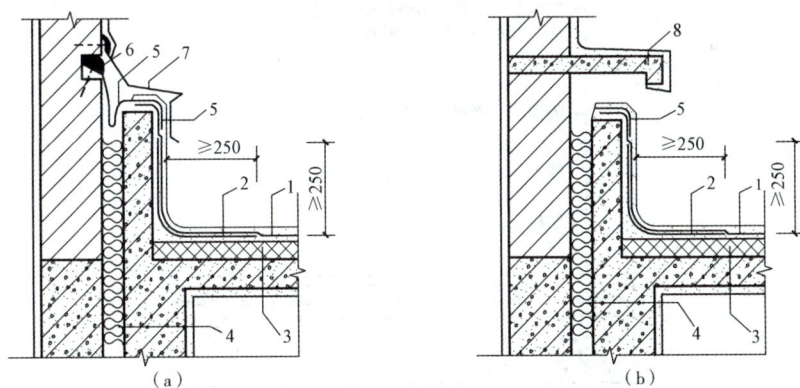

图6-24 高低屋面变形缝构造

(a)镀锌薄钢板盖缝并固定在高侧墙；(b)高侧墙悬挑钢筋混凝土板盖缝

1—防水层；2—附加层；3—保温层；4—保温材料；

5—卷材盖缝；6—密封材料；7—金属盖板；8—混凝土盖板

6）屋面出入口构造。不上人屋面应设屋面垂直出入口，又称检修孔。垂直出入口四周的孔壁可用砖立砌，也可在现浇屋面板时将混凝土上翻制成，在防水层下增设附加层，附加层在平面和立面的宽度不应小于250 mm，防水层收头应在混凝土压顶圈下，如图6-25所示。出屋面楼梯间一般须设屋面水平出入口，如果不能保证顶部楼梯间的室内地坪高出室外，就要在出入口设挡水的门槛。水平出入口泛水处应增设附加层护墙，附加层在平面上的宽度不应小于250 mm，且收头应压在混凝土踏步下，如图6-26所示。

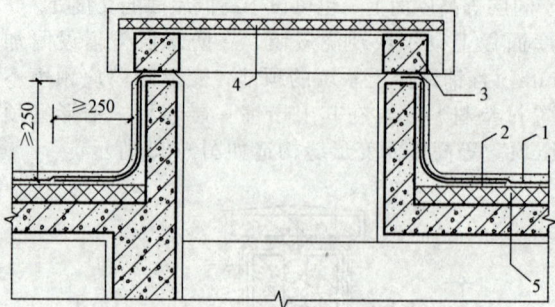

图 6-25　屋面垂直出入口构造
1—防水层；2—附加层；3—混凝土压顶圈；
4—上人孔盖；5—保温层

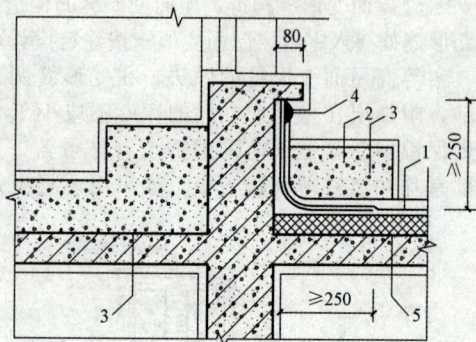

图 6-26　屋面水平出入口构造
1—防水层；2—附加层；3—混凝土踏步；
4—密封材料；5—保温层

2. 刚性防水屋面

刚性防水屋面是指以刚性材料作为防水层的屋面，如防水砂浆、细石混凝土、配筋细石混凝土防水屋面等。这种屋面具有构造简单、施工方便、造价低的优点，但对温度变化和结构变形较敏感，对屋顶基层变形的适应性较差，施工技术要求较高，较易产生裂缝，需要采取防止渗漏的构造措施。刚性防水多用于日温差较小的南方地区、防水等级为Ⅲ级的屋面防水，也可用作防水等级为Ⅰ、Ⅱ级的屋面多道设防中的一道防水层，一般不适用于保温、高温、有振动、基础有较大不均匀沉降的建筑。

(1)刚性防水屋面的构造层次及做法。刚性防水屋面的坡度宜为2%~3%，并应采用结构找坡，一般(自上而下)由结构层、找平层、隔离层及防水层组成。其构造做法如图6-27所示。

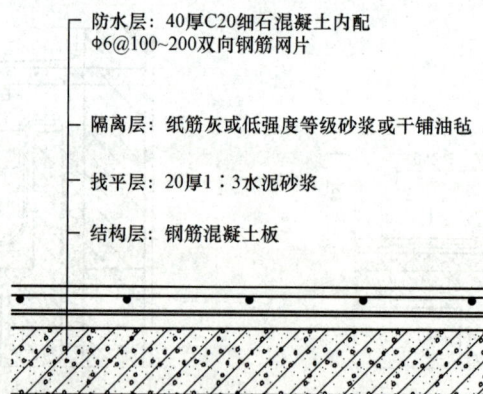

防水层：40厚C20细石混凝土内配
Φ6@100~200双向钢筋网片

隔离层：纸筋灰或低强度等级砂浆或干铺油毡

找平层：20厚1∶3水泥砂浆

结构层：钢筋混凝土板

图 6-27　刚性防水屋面构造做法

1)结构层。刚性防水屋面的结构层要求具有足够的强度和刚度，一般应采用现浇或预制装配的钢筋混凝土屋面板，并在结构层现浇或铺板时形成屋面的排水坡度。

2)找平层。为保证防水层薄厚均匀，通常应在结构层上用20 mm厚1∶3水泥砂浆找平。若采用现浇钢筋混凝土屋面板或加有纸筋灰等材料，也可不设找平层。

3)隔离层。为减少结构层变形及温度变化对防水层的不利影响，宜在防水层下设置隔离层。隔离层可采用纸筋灰、低强度等级砂浆或薄砂层上干铺一层油毡等。当防水层中加有膨胀剂类材料时，其抗裂性有所改善，也可不做隔离层。

4)防水层。常用配筋的细石混凝土防水屋面的混凝土强度等级应不低于 C20,其厚度宜不小于 40 mm,双向配置 φ4~φ6.5 钢筋、间距为 100~200 mm 的双向钢筋网片。为提高防水层的抗渗性能,可在细石混凝土内掺入适量外加剂(如膨胀剂、减水剂、防水剂等),以提高其密实性能。

(2)刚性防水屋面细部构造。刚性防水屋面的细部构造包括屋面防水层的分格缝、泛水、檐口、雨水口等部位的构造处理。

1)屋面分格缝构造。屋面分格缝是在屋面防水层上设置的变形缝,也称分仓缝。其目的:防止温度变形引起防水层开裂;防止结构变形将防水层拉坏;将大面积整体浇筑混凝土防水层分割成可以独立变形的单元;防止刚性防水层热胀冷缩而产生裂缝;防止屋面板发生挠曲变形引起防水层开裂。

一般情况下,分格缝的服务面积宜控制为 15~25 m²,间距不宜大于 6 m,刚性防水屋面的结构层宜为整体现浇混凝土板,在预制屋面板上,分格缝设置在板的支座等处较为有利,当建筑物进深在 10 m 以下时可在屋脊设纵向缝,进深大于 10 m 时最好在坡中某板缝处再设一道纵向分格缝,因此屋面分格缝的位置应设置在温度变形允许的范围内和结构变形敏感的部位。结构变形敏感的部位主要是指装配式屋面板的支承端、屋面转折处、现浇屋面板与预制屋面板的交接处、泛水与立墙交接处等部位。分格缝的宽度宜为 20~40 mm,防水层内的钢筋在分格缝处应断开;为有利于伸缩,缝内一般多用油膏嵌缝,厚度为 20~30 mm,缝内应用弹性材料如泡沫塑料或沥青麻丝填缝,如图 6-28(a)所示。横向支座的分格缝为了避免积水,常将细石混凝土面层抹成凸出表面 30~40 mm 高的梯形或弧形分水线,如图 6-28(b)所示。

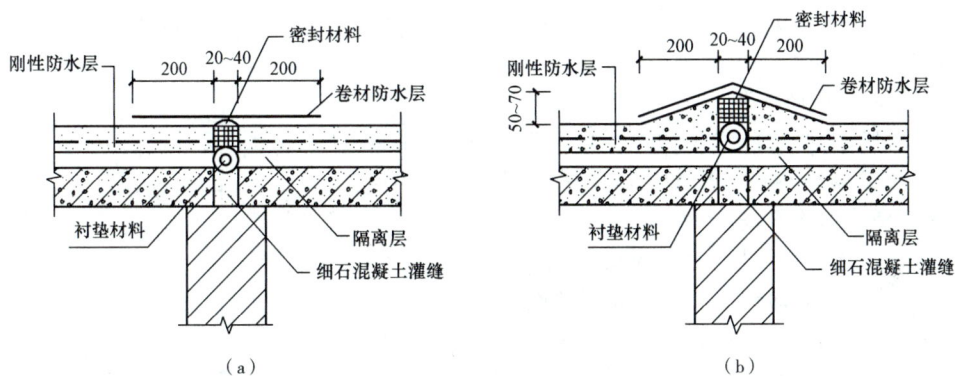

图 6-28 分格缝构造
(a)沥青嵌缝;(b)梯形或弧形分水线

2)泛水构造。刚性防水屋面的泛水构造要点与卷材防水屋面基本相同。不同之处:刚性防水层与屋面凸出物(如女儿墙、烟囱等)间应留分格缝,另铺贴附加卷材盖缝形成泛水。

3)檐口构造。刚性防水屋面檐口的形式一般有自由落水挑檐口、挑檐沟外排水檐口和女儿墙外排水檐口、坡檐口等。

①自由落水挑檐口。根据挑檐挑出的长度,有直接利用混凝土防水层悬挑和在增设的现浇或预制钢筋混凝土挑檐板上做防水层等做法。无论采用哪种做法,都应注意做好滴水处理。

②挑檐沟外排水檐口。檐沟构件一般采用现浇或预制的钢筋混凝土槽形天沟板,在沟底用低强度等级的混凝土或水泥炉渣等材料垫置成纵向排水坡度,铺好隔离层后再浇筑防水层,防水层应挑出屋面并做好滴水处理。

4)雨水口构造。刚性防水屋面的雨水口有直式和横式两种做法。直式雨水口一般用于挑檐沟外排水的雨水口;横式雨水口用于女儿墙外排水的雨水口。

①直式雨水口。为防止雨水从雨水口套管与沟底接缝处渗漏，应在雨水口周边加铺柔性防水层并铺至套管内壁，檐口处浇筑的混凝土防水层应覆盖在附加的柔性防水层之上，并在防水层与雨水口之间用油膏嵌实。

②横式雨水口。横式雨水口一般用铸铁做成弯头。安装雨水口时，在雨水口处的屋面应加铺附加卷材与弯头搭接，其搭接长度不小于 100 mm，然后浇筑混凝土防水层，防水层与弯头交接处需用油膏嵌缝。

3. 涂膜防水屋面

涂膜防水屋面是将防水材料刷在屋面基层上，利用涂料干燥或固化以后的不透水性来达到防水的目的。涂膜防水屋面具有防水、抗渗、黏结力强、耐腐蚀、耐老化、延伸率大、弹性好、不延燃、施工方便等诸多优点，已广泛用于建筑各部位的防水工程中。涂膜防水主要适用于防水等级为Ⅱ级的屋面防水，也可用作Ⅰ级屋面多道防水设防中的一道防水。

(1)涂膜防水屋面材料。涂膜防水层主要由各种防水涂料和胎体增强材料组成。

1)防水涂料。防水涂料的种类很多，按其溶剂或稀释剂的类型不同，可分为溶剂型、水乳型等；按施工时涂料液化方法不同，可分为热熔型、常温型等；按成膜的方式不同，可分为反应固化型、挥发固化型等；按主要成膜物质不同，可分为高聚物改性沥青防水涂料、合成高分子防水涂料、聚合物水泥防水涂料等。

2)胎体增强材料。某些防水涂料(如氯丁橡胶沥青涂料)需要与胎体增强材料(所谓的布)配合，以增强涂层的贴附覆盖能力和抗变形能力，延长防水层的使用年限。目前常用的胎体增强材料有 0.1 mm×6 mm×4 mm 或 0.1 mm×7 mm×7 mm 的聚酯无纺布、化纤无纺布、玻纤网格布等。

(2)涂膜防水屋面构造。

1)构造组成。涂膜防水屋面的基本构造层次(自下而上)按其作用分为结构层、找平层、基层处理剂、涂膜防水层及保护层，如图 6-29 所示。

①结构层。结构层可以是常见的钢筋混凝土屋面板，也可以是各种构件式的轻型屋面，如钢丝网水泥瓦、预应力Ⅴ形折板等。当采用预制钢筋混凝土板时，板缝应用嵌缝材料嵌严，嵌缝油膏深度应大于 20 mm，下部用 C20 细石混凝土灌实。

②找平层。与卷材防水屋面相同，涂膜防水层的基层宜设找平层，且找平层上也宜留分格缝。找平层的厚度和技术要求及分格缝的构造处理也与卷材防水屋面相同。

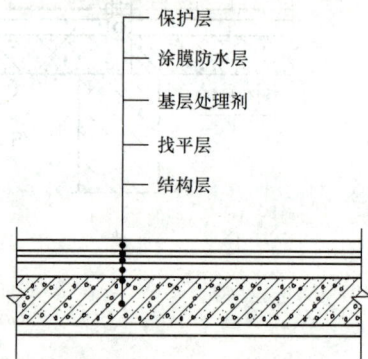

图 6-29 涂膜防水屋面的基本构造层次

保护层
涂膜防水层
基层处理剂
找平层
结构层

与卷材防水层相比，涂膜防水层对找平层的平整度要求更为严格，否则涂膜防水层的厚度得不到保证，容易降低涂膜防水层的防水可靠性和耐久性。同时，由于涂膜防水层是满粘于找平层，找平层开裂或强度不足也容易引起防水层的开裂，因此，涂膜防水层的找平层还应有足够的强度并尽可能避免裂缝。涂膜防水层的找平层宜采用掺膨胀剂的细石混凝土，强度等级不低于 C20，厚度不少于 30 mm，宜为 40 mm。

③基层处理剂。基层处理剂是指在涂膜防水层施工前，预先涂刷在基层上的涂料。涂刷基层处理剂的目的：堵塞基层毛细孔，使基层的潮湿水蒸气不易向上渗透至防水层，减少防水层起鼓；增强基层与防水层的黏结力；将基层表面的尘土清洗干净，以便黏结。

④涂膜防水层。防水涂料的类型很多，在选择上同样需考虑到温度、变形、暴露程度等因素。涂膜防水层施工前，应先对雨水口、天沟、檐沟、泛水、伸出屋面管道根部等节点部位进

行增强处理，一般涂刷加铺胎体增强材料的涂料进行增强处理。

⑤保护层。在涂膜防水层上应设置保护层，以避免太阳直射导致的防水膜过早老化；同时还可以提高涂膜防水层的耐穿刺、耐外力损伤的能力，从而提高涂膜防水层的耐久性。

不上人屋面的保护层可以采用同类的防水涂料为基料，加入适量的颜色或银粉作为着色保护涂料；也可以在防水涂料涂布完未干之前均匀撒上细黄沙或石英砂或云母粉之类的材料作为保护层。上人屋面的保护层应按地面来设计，根据具体使用功能，保护层可采用水泥砂浆、细石混凝土或块材等刚性保护层。需要注意的是，在涂膜防水层与刚性保护层之间应设置隔离层，且保护层与女儿墙之间应预留空隙，并嵌填密封材料，以防保护层因伸缩变形将涂膜防水层破坏而造成渗漏。

2)细部构造。与卷材防水屋面一样，涂膜防水屋面也需处理好泛水、天沟、檐沟、檐口、雨水口等细部构造。

涂膜防水屋面的细部构造要求及做法基本类同于卷材防水屋面。有所不同的是，涂膜防水屋面檐口、泛水等细部构造的涂膜收头，应采用防水涂料多遍涂刷，且细部节点部位的附加层通常采用带有胎体增强材料的附加涂膜防水层。

6.2.5 坡屋面的防水构造

坡屋面屋盖系统的构成比较复杂，可采用的材料和构件形式也非常多，但传统的坡屋面基本采用的是构造防水的方法，即靠屋面瓦片的构造形式及挂瓦的构造工艺来实现防水，而现代建筑的坡屋面防水朝着材料防水和构造防水相结合以及多种工艺并进的方向发展。

1. 传统坡屋面的防水构造

传统坡屋面防水的关键构件是屋面瓦。屋面瓦大多由土坯烧制而成，其表面可以上釉或不上釉。瓦片的形状主要分为曲面和平面两种。在我国，常用的曲面瓦有小青瓦、筒瓦等。民间最常用的小青瓦经过分行正、反叠铺，就可以自然形成排水沟，如图 6-30 所示。而平瓦大多并不平整，往往正面带有浅沟，叠放后可以排水，反面则带有挂钩，可以挂在屋面挂瓦条上，防止下滑，在中间还有穿有小孔的凸出物，风大地区可以用铁丝扎在挂瓦条上。

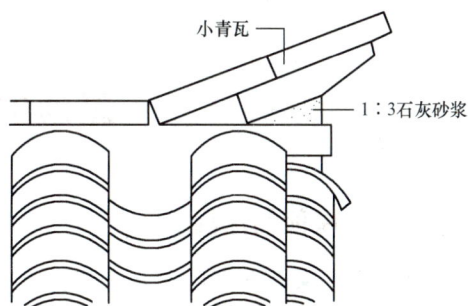

图 6-30 坡屋面小青瓦

像这样的瓦片形式，世界各地大同小异，只是近年来，也有用混凝土代替黏土来制瓦的。尽管原材料发生变化，但还是依靠瓦片本身良好的设计，虽然在屋面上铺放搭接后并不密封，只要屋面坡度符合所用瓦片的需要，即使屋盖系统不做基层屋面板，仍然能够达到防水的基本要求。

设置屋面板基层，对于加强屋面刚度以及隔热、保温和取得内部较好的视觉效果，都是有好处的。因此，铺瓦片的屋面通常会选择先铺一层屋面板，再在上面铺一层防水卷材，用顺屋面坡度方向的薄板条（又叫顺水条）加以钉固，然后在顺水条上按平行于檐口的方向钉挂瓦条，最后自下而上铺设屋面瓦。这样，即使在因风雨较大雨水被压入瓦片之间时，进去的雨水也能够在防水卷材之上顺着屋面坡度流出去，相当于用防水材料增加了一道防线，其间的防水卷材可平行屋脊方向铺设，从檐口铺到屋脊，搭接长度不小于 80 mm。顺水条的间距不宜大于500 mm。

我国现在常用的屋面平瓦又叫机平瓦，如图 6-31 所示，其长度为 380～420 mm，宽度为

240 mm 左右，厚度为 50 mm（净厚 20 mm）。在铺瓦时可以根据屋面的实际长度调节上下皮瓦片之间的搭接距离，从而预先确定挂瓦条的间距。

图 6-31　平瓦坡屋面

2. 现代建筑物坡屋面的防水构造

在现代采用坡屋顶的建筑物中，如果主体结构是混合结构或钢筋混凝土结构，屋盖多数采用现浇钢筋混凝土的屋面板，其防水构造可以结合屋面瓦的形式，并综合现浇钢筋混凝土平屋面的材料防水及传统坡屋面的构造防水来做。一般来说，钢筋混凝土屋面板上可以盖普通的黏土瓦，也可以选用成品的钢板瓦。这些成熟的产品具有构造自防水的功能，除了装饰效果外，还可以作为屋面的一道防水层次，而且经由顺水条、挂瓦条等构件架空后，对改善屋面的热工性能也能起到积极的作用。

为了进一步改善屋面的防水性能，在瓦片下面通常还会加做一道卷材或涂膜的防水层，并可视其上面的顺水条的设置情况，在防水材料上做一层配筋的细石混凝土作为持钉层。应当注意的是，在坡屋面上做各种构造层次，必须牢固，防止材料下滑，因此尽量不要在钢筋混凝土坡屋面上粘贴装饰瓦，因为这种装饰瓦实际上是一种面砖，不能作为防水层。如果在屋面基层上用水泥砂浆找平后粘贴装饰砖，由于水泥砂浆是刚性材料，在温度作用下热胀冷缩容易开裂，从而造成饰面材料下滑，是不安全的。在实际工程中已经有过不少失败的例子。此外，由于烧结瓦或水泥瓦屋面的各道防水层次具有较大的自重，因此，应采取必要的构造措施来防止材料在使用过程中向下滑动。

6.3　屋顶的保温与隔热构造

6.3.1　屋顶的保温

屋顶常用的保温方法是增设保温层，而保温层由导热系数较小的材料构成。

视频：屋顶的保温与隔热构造

1. 平屋顶的保温

（1）保温层位于结构层与防水层之间（正置屋面）（图 6-32）。这种做法符合热工学原理，保温层位于低温一侧，也符合保温层搁置在结构层上的力学要求，同时上面的防水层避免了雨水向保温层渗透，有利于维持保温层的保温效果，构造简单、施工方便。所以，在工程中应用最为广泛。

（2）保温层位于防水层之上（倒置屋面）（图 6-33）。将保温层铺设在屋面防水层之上，防水层可以不受到阳光的直射，而且温度变化幅度较小，对防水层有很好的保护作用，只有具有自防水功能的保温材料才可以使用这种构造方法。这种做法与传统保温层的铺设顺序相反，因此又称为倒铺保温层。倒铺保温层时，保温材料须选择不吸水、耐候性强的材料，如聚氨酯或聚苯乙烯泡沫塑料保温板等有机保温材料。有机保温材料质量轻，直接铺在屋顶最上部时，容易受雨水冲刷，被风吹起，因此，有机保温材料上部应用混凝土、卵石、砖等较重的覆盖层压住。倒铺保温层屋顶的防水层不受外界影响，保证了防水层的耐久性，但保温材料受限制。

保护层：石粒或砂粒

防水层：卷材或涂膜防水

结合层：配套基层及卷材胶粘剂

找平层：20厚1：3水泥砂浆

保温层：玻璃棉板或岩棉板

隔汽层：防水卷材或涂料

结合层：配套基层及卷材胶粘剂

找平层：20厚1：3水泥砂浆

找坡层：按需要而设（如水泥炉渣）

结构层：钢筋混凝土屋面板

保护层：预制混凝土屋面板

找平层：20厚1：3水泥砂浆

保温层：聚苯乙烯泡沫板或挤塑板

防水层：卷材或涂膜防水

结合层：配套基层及卷材胶粘剂

找平层：20厚1：3水泥砂浆

找坡层：按需要而设（如水泥炉渣）

结构层：钢筋混凝土屋面板

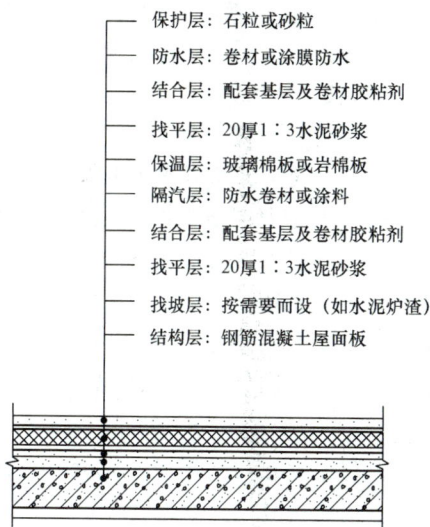

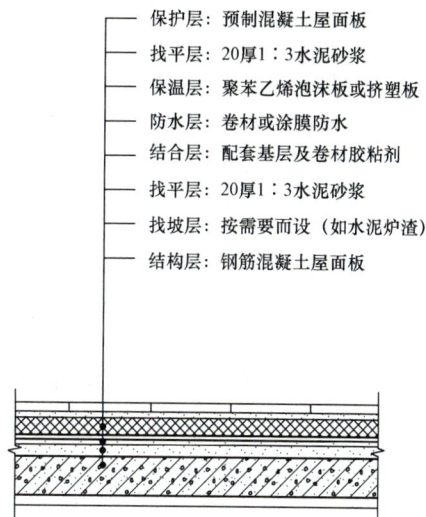

图 6-32　保温层位于结构层与防水层之间　　**图 6-33　保温层位于防水层之上**

（3）保温层与结构层结合。保温层与结构层结合的做法有三种：第一种是保温层设在槽形板的下面，这种做法室内的水汽会进入保温层中降低保温效果；第二种是保温层放在槽形板朝上的槽口内；第三种是将保温层与结构层融为一体，如配筋的加气混凝土屋面板，这种构件既能承重，又有保温效果，简化了屋顶构造层次，施工方便，但屋面板的强度低、耐久性差。

2. 坡屋顶的保温

（1）坡屋顶外保温构造设计。把保温系统固定在围护结构的外表面称为外保温构造，如图 6-34 所示。外保温构造依据保温材料位于防水层位置不同可分为正铺法和倒铺法两种方法。在冬冷夏热地区建筑则要兼顾冬季保温和节能，保温常用的技术措施是在屋顶防水层下设置导热系数小的轻质材料用作保温，如膨胀珍珠岩、玻璃棉等，此为正铺法；也可在屋面防水层以上设置聚苯乙烯泡沫，此为倒铺法。

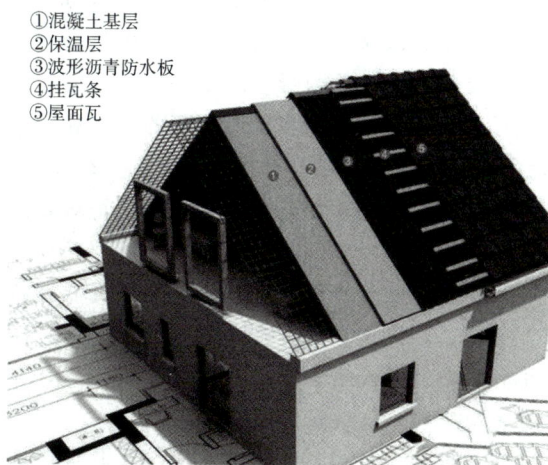

①混凝土基层
②保温层
③波形沥青防水板
④挂瓦条
⑤屋面瓦

图 6-34　坡屋面防水保温

目前，坡屋面的基层以现浇钢筋混凝土为主（厚度为 $100\sim120$ mm），也有少量采用压型钢板组合的轻钢结构。整体式现浇钢筋混凝土坡屋顶中保温层的设置应随瓦材与屋面的连接方式而异。瓦材与屋面的连接方式，目前有钉挂型和泥背粘铺型（包括钉粘结合）两种。前者在屋面上设顺水条和挂瓦条，瓦材以钉挂方式固定在挂瓦条（以木质为主）上；后者瓦材直接采用在屋面保温层的找平层上设置泥背（水泥砂浆）的方式粘铺，或边找平边粘铺。

1）瓦材钉挂型坡屋面构造。

①对于瓦材钉挂型坡屋面，保温材料设置在顺水条下面。为了保留顺水条的顺水作用，应在顺水条下面设置横格木（与挂瓦条平行，间距为 500 mm），保温材料放在横格木之间。对这种形式的坡屋顶，保温层厚度受横格木高度制约而有所局限。但瓦材下面挂瓦条和顺水条所构成的空气间层也具有一定的绝热作用，而且还可在保温材料上表面做锡箔层以进一步提高屋面的保温隔热性能，因此，空气间层或单面锡箔层也可视为保温层的一部分。为防止保温材料着水受潮，对于无锡箔材料的保温层，可在保温材料上设置防水层，这也是坡屋面的第二道防水层，对于有锡箔材料的保温层，防水层放在保温层下侧。

②瓦材钉挂型坡屋面的保温层设置也可不用横格木，保温层直接采用屋面保温隔热板——发泡聚苯板与特种水泥砂浆面层的复合制品，木质顺水条用建筑胶粘剂粘贴在屋面保温隔热板的水泥砂浆层上，但要求该板铺砌平整，并在该板表面用水泥砂浆找平后粘贴顺水条。

2）泥背粘铺型坡屋面构造。对于瓦材泥背粘铺型坡屋面，保温层上面应有水泥砂浆找平层。该找平层也可作为瓦材粘铺的泥背，在施工时应一次完成（找平＋泥背粘铺层共 30 mm 厚，为防止找平层开裂，应在内部放置钢丝网加强）。对于坡度较小的坡屋面，对于坡度较小的坡屋面，可采用适当的黏结剂或机械固定方式加强保温层与结构层的连接，以保证平整度以及与结构层的黏结牢固性，防止保温层在坡度较小的屋面上产生滑移；若屋面坡度大于 30°时，檐口处应有防止保温层下滑的构造措施。

3）倒 T 形屋面板保温构造做法。采用预应力混凝土倒 T 形板做坡屋面结构层，可利用倒 T 形板的肋高形成一个自然的保温隔热空间，在肋中填充聚苯乙烯板、树脂憎水膨胀珍珠岩板、硬质发泡聚氨酯等保温材料，这样保温隔热性能更好，而室内顶面做一般的嵌缝和涂料粉刷，就既能满足美观要求，也能为住户留出较大的、内顶面平整的阁楼空间。

4）硬质发泡聚氨酯保温构造。硬质发泡聚氨酯是一种集防水与保温隔热等多种功能于一身的新型材料。硬质发泡聚氨酯防水、保温材料可用于防水等级为 I～IV 级的工业与民用建筑的平屋面、斜屋面、墙体及大跨度的网架结构与异形屋面的防水保温，还适用于旧建筑的维修或改造。该材料适用于混凝土结构、金属结构、木质结构等的屋面和墙体的保温隔热，其保温隔热效果满足《严寒和寒冷地区居住建筑节能设计标准》（JGJ 26—2018）的要求。坡屋面的构造做法主要是在基层混凝土上设置找平层、防水层，再在上面喷发泡聚氨酯，最后在其上挂瓦，其屋面防水、保温、隔热效果很不错。

5）XPS 挤塑板保温板。XPS 挤塑板保温板的出现，使屋面保温材料得到了一个飞跃。其由于优越且长久、稳定的保温性能，同时具有较高的抗压强度，吸水率仅为 0.7％，可以被直接外露使用，覆盖在防水层表面，可以有效降低防水层表面温度的变化，提高防水层乃至整个屋面的使用寿命，同时能减少屋面施工层，有效降低屋面荷载。

6）外保温节点构造。对于坡屋面外保温构造，特别是天沟与坡屋面相交处，属于保温的薄弱环节，容易出现热桥现象，在挑檐板距墙身 300 mm 宽度范围内上下做保温饰面，此构造可减弱热桥效应，屋面保温层需采用强度较高的 ZL 聚苯颗粒保温浆料加抗裂层硬壳的构造。

（2）坡屋顶内保温构造设计。对于夏季使用空调来改善室内热环境，内保温较外保温能更快地使室内温度降低，既能节省能耗，同时内保温还具有造价低、安装方便等优点，使该技术也得到了广泛的应用，但应考虑的是如何解决坡屋顶内保温可能带来的热桥、结露问题。

1）内保温构造做法。对于坡屋顶内保温构造方式，可用发泡聚苯板（EPS板）、挤塑聚苯乙烯泡沫塑料板（XPS板）等高效保温板做坡屋顶内保温材料。这种保温构造在室内施工，施工做法比较方便，同时保温材料受外界影响较小，但要注意此做法防结露的处理。此种内保温的基本做法是先采用点状间隔分部的胶粘剂把高效保温板同混凝土屋面板黏结牢固，再在聚苯板表面抹上 3～5 mm 厚的饰面石膏浆，以此形成硬质饰面层，或贴纸面石膏板。

2）挂瓦轻钢坡屋顶构造。坡屋面基层为轻钢结构时，可用玻璃棉或矿棉毡、板或聚苯板做保温层材料并可将保温材料置于压型钢板构架内，基层底面封以硬质面板（如纸面石膏板等）。如保温层置于轻钢结构层上面，则也应采用有一定强度的板状制品。现场组合双层钢板面可采用玻璃棉，也可用岩棉或矿棉，其主要特点是上层板单独受力，底层板起装饰作用。特别是将底层板放在结构檩条下，底层板即可起吊顶的作用，檩条隐蔽在钢板内，使建筑内部更加美观。单层做法的保温材料一般采用玻璃棉，为防止屋面结露，通常玻璃棉下加上铝箔，以隔断空气中的水分。

3）压型彩板轻钢坡屋顶构造。彩色夹芯板是由内外两种材料黏合或压制而成的，外层用高强度材料（如 0.6 mm 厚镀锌彩色钢板、铝合金板等），内层用轻质隔热材料（如岩棉、聚苯乙烯、聚氨酯等），然后用高强度结构胶将两者黏合。

6.3.2 屋顶的隔热

1. 平屋顶的隔热

平屋顶隔热的构造做法主要有通风隔热、蓄水隔热、植被隔热、反射降温等。

（1）通风隔热。通风隔热是在屋顶设置通风间层，利用空气的流动带走大部分的热量，从而达到隔热降温的目的。通风隔热屋面有两种做法：一种是在结构层与悬吊顶棚之间设置通风间层，在外墙上设进气口与排气口，如图 6-35（a）所示；另一种是设架空屋面，如图 6-35（b）所示。

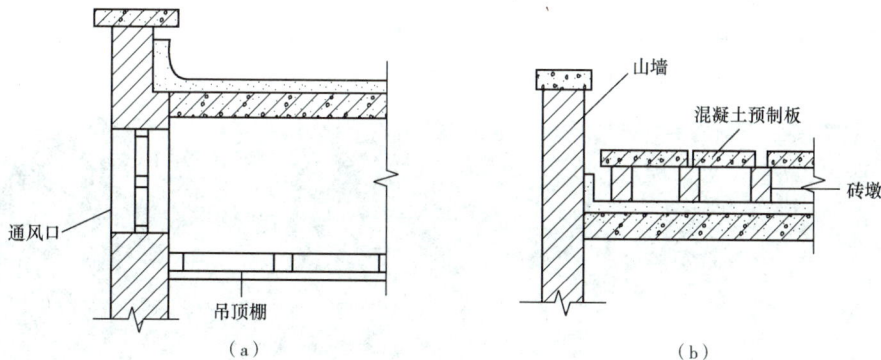

图 6-35　屋顶通风隔热
(a)设通风间层；(b)设架空屋面

（2）蓄水隔热。蓄水隔热就是在平屋顶上面设置蓄水池，利用水的蒸发带走大量的热量，从而达到降温隔热的目的。蓄水隔热屋面的构造与刚性防水屋面基本相同，只是增设了分仓壁、泄水孔、过水孔和溢水孔。这种屋面有一定的隔热效果，但在使用中维护费用高，如图 6-36 所示。

图 6-36　屋顶蓄水隔热

（3）植被隔热。植被隔热是在平屋顶上种植植物，利用植物光合作用时吸收热量和植物对阳光的遮挡功能来达到隔热的目的，如图 6-37 所示。这种屋面在满足隔热要求时，还能够提高绿化面积，对于净化空气、改善城市整体空间景观都非常有意义，所以在现在的中高层以下建筑中应用越来越多。

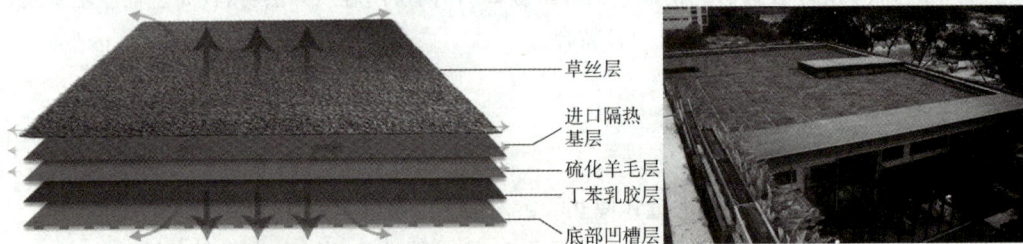

图 6-37　屋顶植被隔热

（4）反射降温。反射降温是屋面铺浅色的砾石或刷浅色涂料等，利用浅色材料的颜色和光滑度对热辐射的反射作用，将屋面的太阳辐射热反射出去，从而达到降温隔热的作用，如图 6-38 所示。现在，卷材防水屋面采用的新型防水卷材，如高聚物改性沥青防水卷材和合成高分子防水卷材的正面覆盖的铝箔，就是利用反射降温的原理，来保护防水卷材的。

图 6-38　反射降温

2. 坡屋顶的隔热

（1）屋面通风。在屋顶檐口设进风口，屋脊设出风口，利用空气流动带走间层的热量，以降低屋顶的温度，如图 6-39 所示。

图 6-39　坡屋顶的通风隔热

（2）吊顶棚通风。利用吊顶棚与坡屋面之间的空间作为通风层，在坡屋顶的歇山、山墙或屋面等位置设进风口。其隔热效果显著，是坡屋顶常用的隔热形式，如图 6-40 所示。

图 6-40　吊顶棚通风

拓展阅读

屋顶农业

　　城市农业定义为，以满足城市消费者需求为主要目的，采用集约的方式，利用自然资源和城市废弃物（垃圾和污水），将分散于城市或郊区各个角落的土地上和水体里的各种重要农产品（作物、花卉、草坪、药材、木材和燃料等），进行加工和销售的产业。城市生态农业，这个词来自城市农业，即采用可持续发展的方式，利用城市废弃资源，加工并销售绿色农业产品的综合性产业。

　　我国的耕地本身资源非常短缺，用全球 7% 的耕地供养了 22% 的人口，这在当年已经创造了一个令世界震惊的奇迹。近年来，随着我国经济的快速发展，我国的耕地总面积也在不断地减少，我国的农业生产正在承受着越来越沉重的压力。

面临如此严峻的形势，走城市生态农业路线，应该说是一个可行的路线。目前，城市生态农业的相关生产模式和技术尚不完善，但是雏形大致形成。城市给我们的普遍印象就是高楼大厦、柏油马路等，大部分土壤被水泥钢筋掩盖在地下，没有植物生长的空间。新的农业模式也随之诞生，其中包括屋顶农业、庭院农业等，并随着农业技术的不断开发创新，高新的农业栽培技术也随之产生，如水耕法、气耕法等。

屋顶农业，顾名思义，就是利用屋顶的空间种植花卉、瓜果、蔬菜、粮、油等作物，并且因为屋顶种植农作物可大大降低太阳辐射，调节气温，从而使房间冬暖夏凉，夏季高温时室内气温通常可以降低5～6 ℃，严寒的冬季要比没有屋顶花园的室内温度高2～3 ℃。一亩绿色植物一年能产氧气14.4 t，吸收二氧化碳21.6 t。造地土壤一般的主要原料为腐熟垃圾、锯木屑、蒿秆、沼气池渣、菜籽饼等，这些东西都是生活垃圾，经过废物利用，改变成土壤，通过植物吸收进行了净化，这也是处理生活垃圾的一种方式。

这样不仅可以增加城市的绿色覆盖面积，达到美化和净化环境的作用，而且可以带来一定的收益，提高自身的生活质量。

屋顶农业已经得到社会各界的重视，将在未来的发展中成为城市的一个新的景观。虽然目前技术还处在初级阶段，还没有被人们普遍接受，但是它给我们带来的是一种新的生活方式、一种新的生活观念和环保意识。

项目小结

1. 屋顶主要有三方面的作用：一是承受建筑物顶部的荷载并将这些荷载传给下部的承重构件；同时还起着对房屋上部的水平支撑作用。因此，屋顶应有足够的刚度和强度，以保证屋顶的结构安全，并防止由于结构层发生过大的变形引起防水层开裂而产生漏水。二是抵御自然界的风霜雪雨、太阳辐射、气候变化和其他外界的不利因素，使屋顶覆盖下的空间有一个良好的使用环境。因此，屋顶应采取保温隔热措施，使屋顶能有良好的热工性能，以便给建筑物内部提供舒适的室内环境。三是影响建筑外观立面造型，具有美观作用。

2. 屋顶的主要类型有平屋顶、坡屋顶以及其他形式的屋顶（如中国传统屋顶）。

3. 常用的屋顶坡度表示方法有斜率法、百分比法和角度法三种，斜率法用屋顶高度与坡面的水平方向投影长度之比表示；百分比法用屋顶高度与坡面的水平方向投影长度之比的百分比表示；角度法以坡面与水平面所构成的夹角表示。

4. 影响屋面坡度的因素：

(1) 防水材料的性能和尺寸的影响：性能越好，尺寸越大，坡度越小。对于尺寸小的屋顶防水材料，屋顶接缝越多，漏水的可能性就越大，因此其坡度应大一些，以便迅速排除雨水，减少漏水的机会。

(2) 当地气候条件的影响：降雨量越大，排水坡度越大。降雨量大的地区，漏水的可能性大，为防止因雨水积水过深、水压力增大而引起渗漏的现象，屋顶坡度应适当增大；降雨量小的地区，屋顶坡度可适当小些。我国南方地区年降雨量一般为1 000 mm左右，北方地区较小，年降雨量一般为500 mm左右，因此即使采用同样的屋顶防水材料，南方地区的屋顶坡度一般要大于北方地区。

(3) 其他因素的影响：建筑造型、屋顶结构形式、使用功能、经济条件等。

5. 屋面的排水方式有无组织排水和有组织排水，其中有组织排水又分为内排水和外排水。

6. 屋顶常用的保温方法是增设保温层，而保温层由导热系数较小的材料构成。

7. 屋顶隔热的方式有通风隔热、蓄水隔热、植被隔热、反射降温、屋面通风、吊顶棚通风。

习 题

一、填空题

1. 屋顶的外形有_____、_____和其他类型。

2. 屋顶的排水方式分为_____和_____。

3. 屋顶坡度的形成方法有_____和_____。

4. 瓦屋面的构造一般包括_____、_____和_____三个组成部分。

5. 平屋顶的排水找坡可由_____与_____两种方法形成。

二、选择题

1. 下列哪种建筑的屋面应采用有组织排水方式？（　　）

    A. 高度较低的简单建筑　　　　　　　　B. 积灰多的屋面

    C. 有腐蚀介质的屋面　　　　　　　　　D. 降雨量较大地区的屋面

2. 下列不属于不保温屋面构造层次的是（　　）。

    A. 结构层　　　　　　B. 找平层　　　　　　C. 隔汽层　　　　　　D. 保护层

3. 平屋顶卷材防水屋面油毡铺贴正确的是（　　）。

    A. 油毡平行于屋脊时，从檐口到屋脊方向铺设

    B. 油毡平行于屋脊时，从屋脊到檐口方向铺设

    C. 油毡铺设时，应顺常年主导风向铺设

    D. 油毡接头处，短边搭接应不小于 70 mm

4. 屋面防水中泛水高度最小值为（　　）mm。

    A. 150　　　　　　　　B. 200　　　　　　　　C. 250　　　　　　　　D. 300

三、简答题

1. 影响屋顶坡度的因素有哪些？

2. 屋面排水的方式有哪几种？

3. 坡屋顶的保温和隔热分别有哪些构造处理方法？

项目7

门　窗

项目导读

　　本项目介绍门和窗的功能、类型、组成、构造方法以及不用门窗的样式、特点与功能，同时介绍建筑遮阳的基础知识。

思维导图

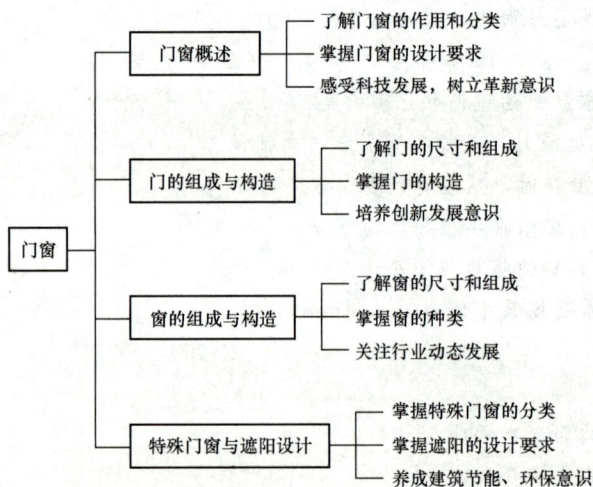

门窗
- 门窗概述
  - 了解门窗的作用和分类
  - 掌握门窗的设计要求
  - 感受科技发展，树立革新意识
- 门的组成与构造
  - 了解门的尺寸和组成
  - 掌握门的构造
  - 培养创新发展意识
- 窗的组成与构造
  - 了解窗的尺寸和组成
  - 掌握窗的种类
  - 关注行业动态发展
- 特殊门窗与遮阳设计
  - 掌握特殊门窗的分类
  - 掌握遮阳的设计要求
  - 养成建筑节能、环保意识

案例导入

　　某装饰装修工程公司承揽某商场的装修工程施工任务。

　　(1)在门窗制作安装过程中采用了如下施工方法：

　　1)铝合金门窗的安装采用了边安装边砌口的施工方法；

　　2)建筑外门窗直接用射钉固定在砌体上；

　　3)塑料门固定片与窗框连接采用锤击钉入的方法；

　　4)在安装中空玻璃时，镀膜层朝向室外。

　　(2)在对门窗制作、安装与室内装饰工程质量控制中采取了如下措施：

　　1)门窗与墙体固定采用先固定边框，后固定上框的方法；

　　2)铝合金门窗推拉窗扇开关力应不小于 100 N；

3）对埋入砌体或混凝土中的木砖应进行防膨胀处理；

4）室内工程装修时所使用的壁纸，游离甲醛释放量控制为 $0.15\ mg/m^2$；

5）室内工程装修完毕后，第5天进行室内环境质量验收，并抽检有代表性的房间2间进行室内环境污染浓度检测，合格后交付使用。

回答下列问题：

（1）在门窗制作、安装与施工过程中哪些方法是不妥当的？并改正。

（2）在对门窗制作、安装与室内装饰工程质量控制中采取哪些措施是不妥当的？请逐一改正，并指出正确的措施或说明理由。

7.1　门窗概述

7.1.1　门窗的作用

建筑物的门窗是建造在建筑物墙体上可启闭的建筑构件，在抗风压、阻止冷风渗透、防止雨水渗透、保温、隔热、隔声和采光等方面都有相应的要求。门的主要作用是交通联系、分隔建筑空间，并兼有采光、通风的作用。

视频：门窗的分类

窗的主要功能是采光、通风及观望。门窗均属于建筑的围护构件，除了满足基本使用要求外，还应具有保温、隔热、隔声、防护及防火等功能。门窗的比例尺度、形状、数量、组合方式、线型分格和造型及排列组合是影响建筑视觉效果的重要因素，如图7-1所示。

（a）

（b）

图 7-1　古今门窗的实例

(a)古代建筑的门窗；(b)现代建筑的门窗

7.1.2　门窗的设计要求

1. 门的要求

门的主要作用是通行与疏散，联系室内外和各房间之间的空间。门还能起到围护作用，外门还具有保温、防雨作用。门开启可使外界声音传入，关闭能起到一定的隔声作用。此外，门还起到防风沙的作用。

门作为建筑内外墙的重要组成部分，其造型、质地、色彩、构造方式对建筑的立面及室内装修效果影响很大。外门和入户门应有防盗功能，配备防盗锁后，应能实现防撬、防砸、防盗等功能。对消防有特殊要求的空间，安装的门应有防火的功能，如电梯间和楼梯间之间的门应使用常闭防火门，高层建筑的入户门也必须具有防火功能。

2. 窗的要求

（1）采光通风作用。各类不同的房间都必须满足一定的照度要求。在一般情况下，窗口采光面积是否恰当是以窗口面积与房间地面净面积之比来确定的，各类建筑物的使用要求不同，采光标准也不相同。为确保室内外空气流通，在确定窗的位置、面积大小及开启方式时，应尽量考虑窗的通风功能。

（2）保温、隔热作用。窗户是围护结构的一部分，其直接沟通室内外空间对保温、隔热的要求很高，优质的窗户能够起到良好的保温、隔热作用。采用断桥铝合金和中空玻璃制造的窗户比传统窗户具有更好的热工性能。

（3）其他作用。现代窗户有隔声、防火、防盗的要求，另外还有气密性、水密性、抗风压等要求。断桥隔热型材不易受酸碱腐蚀，不会发黄变色，脏污时可用水加清洗剂擦洗，简便快捷。铝合金表面采用静电喷涂、阳极氧化、电泳涂漆、氟碳喷涂等着色技术工艺，绚丽的色彩可匹配任何个性化设计的建筑。

拓展阅读

苏州博物馆

1. 简介

苏州博物馆（图 7-2）是我国重要的古代文化遗产保护单位之一，它位于江苏省苏州市以及其周围地区。这座博物馆建立于 1961 年，是我国历史上第一个以文物考古研究为主体的博物馆，也是我国最大的文物收藏机构。它一直被认为是中国最古老的博物馆，具有悠久的历史和传统。苏州博物馆由三个部分组成，分别是古代博物馆、现代博物馆和文物收藏馆。

图 7-2　苏州博物馆

2. 苏州博物馆漏窗的设计特点

著名建筑师贝聿铭曾说过，"在西方，窗户就是窗户，它放进光线和新鲜的空气。但对中国人来说，它是一个画框，花园永远在它外头。"贝聿铭设计的苏州博物馆，以"中而新，苏而新""不高、不大、不突出"为建筑最大特点。博物馆新馆的设计借鉴了大量传统建筑符号，但并没有照搬旧有的建筑手法，而是将西方现代科技融入东方古代文明。把博物馆置于拙政园、忠王府与狮子林之间，使建筑物与其周围环境协调。贝聿铭吸取了苏州传统园林和建筑设计手法，融合了自己特有的建筑设计手法和经验，在传统与现代之间找到了一个平衡点。苏州传统建筑"移步换景"的手法在苏州博物馆的廊窗设计中也有体现。根据景观视线的要求，博物馆大多采用的是更加简练的正六边形窗户，冰裂纹图案窗为辅。正六边形窗户把庭院内的美景限定在窗框之内，形成了一幅幅优美的风景画。同时出于保温的需要，加装了玻璃，但"移步换景"的作用丝毫未减弱。窗洞口的黑色勾边与白色高墙相结合，展现了浓浓的江南韵味，窗套与建筑其他建筑构件的统一使用，使建筑从整体到细节都具有高度的协调性。廊窗外的一个个庭院，由窗取景，若隐若现。

7.1.3 门窗的分类

1. 门的分类

(1)根据组成材料，门可以分为木制门、塑料门、塑钢门、铝合金门、铸铁门等多种形式。

(2)根据构造，门可以分为镶板门、夹板门、百叶门、拼板门等。

(3)根据使用要求，门可以分为保温门、隔声门、防火门等。

(4)根据开启方式，门可以分为平开门、弹簧门、推拉门、折叠门、转门、上翻门、升降门、卷帘门等，如图7-3所示。

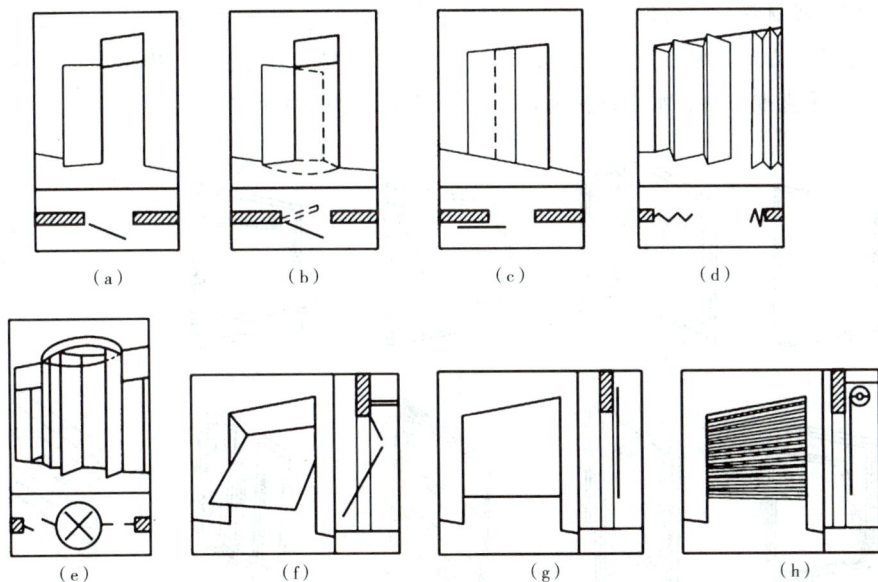

图7-3　不同开启方式的门

(a)平开门；(b)弹簧门；(c)推拉门；(d)折叠门；(e)转门；(f)上翻门；(g)升降门；(h)卷帘门

1)平开门[图7-3(a)]。平开门是建筑物中最常见的一种门，铰链装于一侧与门框相连，水平开启，门扇围绕铰链轴转动。平开门有内开和外开、单扇和双扇之分。其构造简单，开启灵活，密封性能好，制作和安装较方便，但开启时占用空间较大。

2)弹簧门[图7-3(b)]。弹簧门开启方式与普通平开门相同，但采用了弹簧铰链或地弹簧代替普通铰链，借助弹簧的力量能使门扇自动关闭，可单向或内外双向弹动且开启后自动关闭，多用于人流多的出入口。弹簧门使用方便，但密封性能较差。

3）推拉门[图7-3(c)]。推拉门是沿设置在门上部或下部的轨道左右滑移的门，分单扇和双扇两种，能左右推拉且不占空间，但密封性能较差，可手动和自动。自动推拉门多用于办公、商业等公共建筑，采光较好，占用空间较少。

4）折叠门[图7-3(d)]。折叠门的门扇可以拼合、折叠并推移到洞口的一侧或两侧，多用于尺寸较大的洞口，开启后门扇相互折叠，占用空间较少。一般可作为公共空间中的活动隔断，如餐厅包间、酒店客房等。

5）转门[图7-3(e)]。转门是由3～4扇门相互垂直组成十字形，绕中竖轴旋转的门，其密封性能好，保温、隔热好，卫生，方便，多用于宾馆、饭店、公寓等大型公共建筑。转门外观时尚，密闭性能良好，但交通能力小，不能作为安全疏散门，因此需要在两旁设置平开门、弹簧门等组合使用。

6）自动门。利用红外感应设备使人靠近时能够自动开启的门。

7）卷帘门[图7-3(g)]。卷帘门在门洞上部设置卷轴，利用卷轴将门帘上卷或放下来开关门洞口。卷帘门有手动和自动、正卷和反卷之分。开启时不占用空间且防盗防火，主要适用于商场、车库、车间等需要大门洞尺寸的场合。

2. 窗的分类

（1）根据组成材料，窗可以分为木窗、钢窗、铝合金窗、塑钢窗、玻璃钢窗等几种形式。

（2）根据开启方式，窗可以分为固定窗、平开窗、翻转窗（上悬窗、中悬窗、下悬窗、立转窗）、推拉窗（垂直推拉窗、水平推拉窗）、百叶窗等，如图7-4所示。

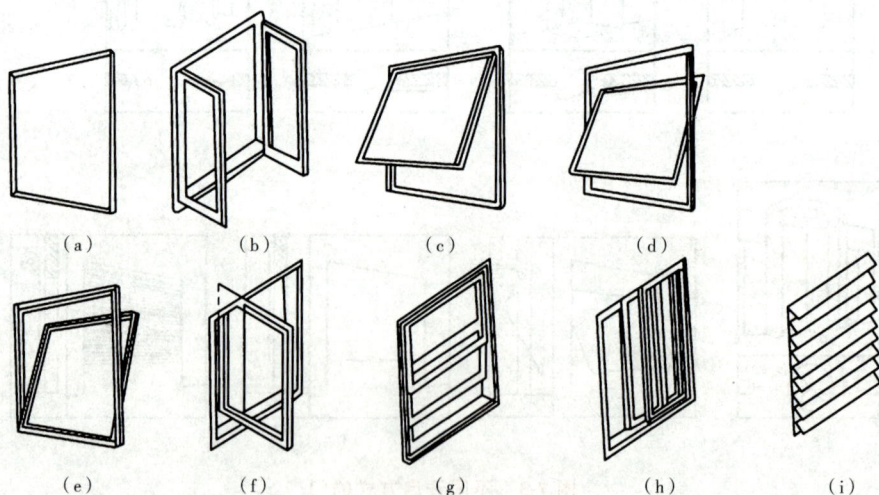

图7-4 不同开启方式的窗

(a)固定窗；(b)平开窗；(c)上悬窗；(d)中悬窗；(e)下悬窗；
(f)立转窗；(g)垂直推拉窗；(h)水平推拉窗；(i)百叶窗

1）固定窗[图7-4(a)]。固定窗是指不能开启的窗，窗的玻璃直接嵌固在窗框上，仅供采光和眺望使用。

图 7-7　木门的构造

（2）木门常用的材料。

1）实木门。制作木门的材料取自森林的天然原木或实木集成材，经加工后的成品门具有不变形、耐腐蚀、无裂纹及隔热、保温等特点，经过烘干、下料、刨光、开榫、打眼、高速铣形、组装、打磨、上油漆等工序科学加工而成。所选用的多是名贵木材，如胡桃木、柚木、红橡、水曲柳等，如图 7-8 所示。

优点：外观华丽、雕刻精美、款式多样、隔热保温、吸声性好。

缺点：容易变形、开裂，并且价格较高，木材利用率低。

图 7-8　实木门

2）实木复合门。实木复合门是指以木材、胶合材等为主要材料复合制成的实型体或接近实型体，面层为木质单板贴面或其他覆面材料的门，如图 7-9 所示。

实木复合门的门芯多以松木、杉木或进口填充材料等黏合而成，外贴密度板和实木木皮，经高温热压后制成，并用实木线条封边。一般高级的实木复合门，其门芯多为优质白松，表面则为实木单板。由于白松密度小、质量轻，且较容易控制含水率，因而成品门的质量都较轻，也不易变形、开裂。另外，实木复合门还具有保温、耐冲击、阻燃等特性，而且隔声效果与实木门基本相同。

优点：不易变形和开裂，尺寸稳定性较好，木材利用率较高，价格低，是原木门的替代者。材料使用广泛，合理地利用了有限的木材资源。

缺点：耐久性及实木质感不如原木门。

图 7-9　实木复合门

2. 塑料门

塑料门是以高分子合成材料为主，以增强材料为辅的一类新型材质的门。目前，世界上已有三种材质的塑料门，即聚氯乙烯（PVC）塑料门、玻璃纤维增强不饱和聚酯树脂（GUP）门和聚氨基甲酸酯（PUR）硬质泡沫塑料门。一般情况下，塑料门指的是聚氯乙烯塑料门。又因为在其内腔需要装配钢衬，又被人们称为塑钢门，如图 7-10 所示。

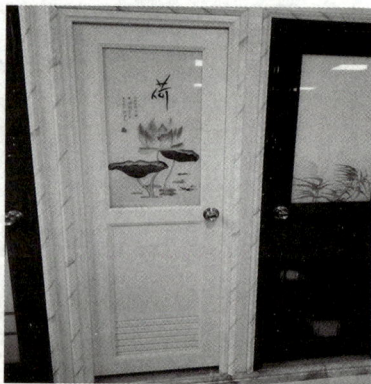

图 7-10　塑料门

（1）塑料门的性能和特点。

1）导热系数低。塑料型材属于热的不良导体，具有良好的保温、隔热性能，再加上型材断面是由多个空腔构成的，充分利用了空气优异的隔热性能，使其热传导率进一步降低。

2）各部结构配合后的密封性好。塑料门窗框扇边沿设置的凹槽内都镶嵌着密封胶条或毛条；框扇之间采用的是嵌入（推拉窗）与搭接（平开窗）相结合的形式；框扇与玻璃之间的装配是通过装有（或共挤）弹性密封胶条的型材搭接而成的，防雨水渗透性强；框扇的上部和下部设置有气压平衡孔与排水孔，使其气密性和水密性能大幅度提高。

3）隔声性能好。塑料门窗密封性能好，隔声性能也很好。具有关部门测定，单玻窗隔声达25～30 dB，双玻窗隔声达35～45 dB，而钢、铝门窗只能隔声 15 dB。

4）具有良好的耐潮湿和耐酸碱腐蚀性。尤其适用于卫生间、厨房等场所和多雨、潮湿的沿海地区使用（但须注意五金件的防腐）。

5）具有优异的装饰性。由于其材质细腻、表面粗糙度低、色泽多种多样、浓淡相宜、无须油漆、易于擦洗等，故能满足人们的多种装饰需求。

6）具有宽泛的耐候性。可长时间适用于较大温差（−40～＋70 ℃）的环境。烈日暴晒和潮湿都不会使其出现变质、老化、脆化等现象。最早的塑料门窗已使用了50年，目前其材质仍然完好如初。

(2)推广、应用塑料门的好处。

1)环保、节能：塑料门主要采用聚氯乙烯（PVC）为原料制成，这种材料具有优异的环保性能。PVC是一种热塑性合成树脂，其生产过程成本低且更加环保。此外，塑料门的保温性能良好，能够有效地节约能源，从而降低建筑能耗。

2)结构强度与耐用性：塑料门内部通常会嵌入增强型钢，这种结构设计能够增强门窗的结构强度，提高门窗的使用寿命。同时，塑料门具有防腐蚀、耐酸、耐碱的特性，在潮湿的环境中不易腐蚀、霉烂，防虫蛀，形状和尺寸稳定，不松散、不变形。

3)有利于木材资源的保护：塑料门作为一种替代木材的建筑材料，其推广、使用有助于减少对木材资源的依赖，从而保护森林资源和生态环境。

4)推动国家经济发展：随着住宅产业现代化和建筑节能事业的发展，对塑料门产品以及材料技术性能提出了更高的要求。这为PVC塑料门组装设备提供了广阔的市场空间，推动了相关产业的发展，有利于国民经济的良好发展。

5)提高人民生活水平：塑料门的推广使用不仅满足了人们对美好生活的追求，同时也为城乡建设和工程建设提供了更多的选择。随着国家政府和相关产业政策的支持，PVC塑料组装门窗在产业化的道路上发展越来越快、越来越健康，推动着"中国梦"的建设，是中国人民生活水平不断提高的体现。

总体来说，我国推广、应用塑料具有多方面的好处和意义，既有利于环保节能和木材资源的保护，又有利于推动国家经济的发展和提高人民生活水平。

3. 金属门

(1)铝合金门。铝合金门是指将表面处理过的铝合金型材，经下料、打孔、铣槽、攻螺纹、制作等加工工艺制作成门框构件，再用连接件、密封材料和开闭五金配件一起组合装配而成的一种门。

铝合金门的型材和玻璃款式有南、北方之分。北方以铝材厚、款式沉稳为主要特色，最具代表性的就是格条款式，而格条中最具特色的是唐格；南方以铝材造型多样、款式活泼为主要特色，最具代表性的就是花玻款式，比较有特色的款式有花格、冰雕、浅雕、晶贝等，如图7-11所示。

图7-11 铝合金门

1)铝合金门的分类。

①按门开启方式分：推拉式铝合金门、平开式铝合金门、折叠式铝合金门。

②按外门框种类分：普单外框铝门、单面包墙铝门、全框封墙铝门。

③按铝材宽度分：46系、50系、65系、70系、80系、85系、90系、93系、99系等铝合金门。

图7-12 彩板门

2)铝合金门的特性。材质较轻，铝合金门用料省，自重轻，每平方米质量只有钢门的50%左右，而且还有密封性好、色泽美观、加工方便等特点。

(2)彩板门。彩板门又称彩色涂层钢板门，是指以冷轧镀锌板为基板，涂敷耐候型、高抗蚀面层的彩色金属门，其特点是质量轻、强度高、密闭性能好、保温性能好、耐候性能好、装饰效果多样、安装方便，如图7-12所示。

7.3　窗的组成与构造

7.3.1　窗的尺寸

窗的尺寸主要取决于房间的采光、通风、构造做法和建筑造型等要求，并要符合《建筑模数协调标准》(GB/T 50002—2013)的规定，窗的高度与宽度尺寸通常采用扩大模数 3M 数列作为洞口的标志尺寸。

1. 窗高

在一般住宅建筑中，窗的高度为 1.5 m，加上窗台高 0.9 m，则窗顶距楼面 2.4 m，还留有 0.4 m 的结构高度。在公共建筑中，窗台高度为 1.0~1.8 m；开向公共走道的窗扇，其底面高度不应低于 2.0 m。窗的高度则根据采光、通风、空间形象等要求来决定，但要注意过高窗户的刚度问题，必要时要加设横梁或"拼樘"。此外，窗台高度低于 0.8 m 时，应采取防护措施。

现代玻璃幕墙中，整块玻璃的高度有的已超过 7.2 m，但已不属于一般窗户的范围了。

2. 窗宽

窗宽一般由 0.6 m 开始，宽到构成"带窗"，但要注意采用通宽的带窗时，左右隔壁房间的隔声问题以及推拉窗扇的滑动范围问题，也要注意全开间的窗宽会造成横墙面上的眩光，用于教室、展览室都是不合适的。

7.3.2　窗的组成

窗一般由窗框、窗扇和五金零件组成。窗框是窗与墙体的连接部分，由上框、下框、边框、中横框和中竖框组成。窗扇是窗的主体部分，分为活动扇和固定扇两种，一般由上、下冒头、边梃和窗芯（又叫窗棂）组成骨架，中间固定玻璃、窗纱或百叶。五金零件包括铰链、插销、风钩等，如图 7-13 所示。

当建筑的室内装修标准较高时，窗洞口周围可增设贴脸、筒子板、压条、窗台板及窗帘盒等附件。

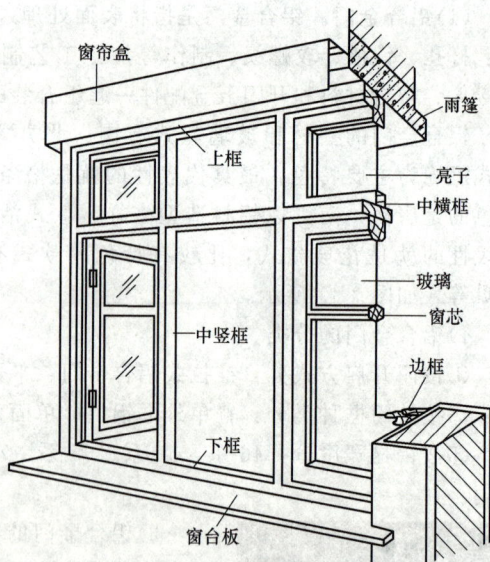

图 7-13　窗的组成

7.3.3　窗的种类

1. 木窗

木窗是常见窗的形式。它具有自重轻、制作简单、维修方便、密闭性好等优点，但是木材会因气候的变化而胀缩，有时开关不便，并耗用木材；同时，木材易被虫蛀、易腐朽，不如钢窗经久耐用。

（1）窗扇。窗扇的厚度为 35~42 mm，上、下冒头和边梃的宽度为 50~60 mm，下冒头若加披水板，应比上冒头宽 10~25 mm。窗芯宽度一般为 27~40 mm。为镶嵌玻璃，在窗扇外侧要做裁口，其深度为 8~12 mm，但不应超过窗扇厚度的 1/3。

窗料的内侧常做装饰性线脚，既可少挡光，又有利于美观。两窗扇之间的接缝处，常做高低缝的盖口，也可以在一面或两面加钉盖缝条，以提高防风、挡雨能力。

（2）窗框与窗扇的连接。窗框与窗扇之间既要开启方便，又要关闭紧密。通常，在窗框上做裁口（也称为铲口），深度为 10～12 mm。也可以钉小木条形成裁口，以节约木料，如图 7-14 所示。

在窗框接触面处窗扇一侧做斜面，可以保证扇、框外表面接口处缝隙最小，为了提高防风、挡雨能力，可以在裁口处设回风槽，以减小风压和渗透量，或在裁口处贴密封条。

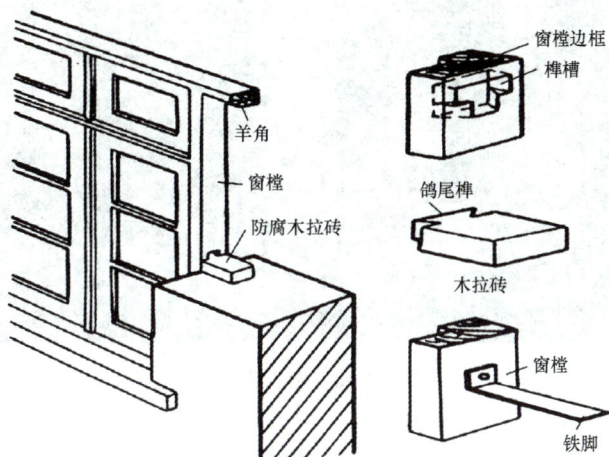

图 7-14　木窗框立梃安装工艺示意

2. 钢窗

钢窗分空腹和实腹两类。钢窗的特点与钢门相同，与木窗相比，钢窗坚固耐用、防火耐潮、断面小。钢窗的透光率较大，约为木窗的 160%，如图 7-15 所示。

图 7-15　钢窗

3. 塑钢窗

塑钢窗是以聚氯乙烯为主原料，加入一定量的稳定剂、抗冲击改性剂、着色剂、填充剂、抗紫外线等助剂，经高温挤出成型材，再通过切割、焊接的方式制成门框、门扇、窗框、窗扇，再配上橡塑密封条、毛条、五金配件等附件而制成窗。为增加窗的强度与刚度，超过一定长度的型材空腔内需加入衬钢，如图7-16所示。

图 7-16　塑钢窗

塑钢窗的特点如下：

(1)节能、隔声、隔热、保温性能好。塑料型材为多腔式结构，具有良好的隔热性能，导热系数小。其生产能耗仅为钢材的1/5、铝材的1/8。隔热性、气密性、水密性、隔声效果极佳。

(2)产品强度高、抗冲击和抗风压性能好。

(3)电绝缘性、防火性好。PVC型材为优良的电绝缘体，不导电，安全系数高，不自燃、不助燃。

(4)耐化学腐蚀性好。塑钢窗不锈、不朽、无须刷漆，保养容易，其耐酸碱、海水及其他化学介质腐蚀性能力强。

(5)产品性能稳定。成品尺寸精度高，性能稳定，不变形，耐磨蚀、耐老化。

4. 铝合金窗

铝合金窗除具有钢窗的优点外，还具有密闭性好、不易生锈、耐腐蚀、无须刷油漆、美观漂亮、装饰性好等优点，但造价较高，一般用于标准较高的建筑。铝合金窗最容易被攻击的一个弱点就是隔热性能，因为金属是热的良导体，外界与室内的温度会随着窗的框架传递，如图7-17所示。

家装中，铝合金门窗常用于封装阳台。铝合金窗分为普通铝合金窗和断桥铝合金窗（图7-18）。

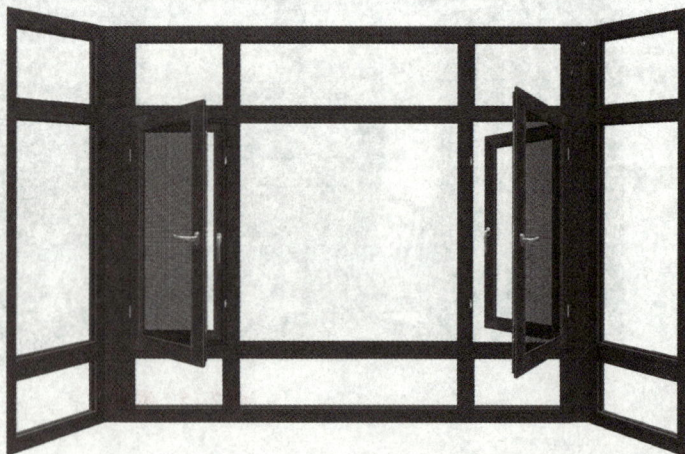

图 7-17　铝合金窗

图 7-18　断桥铝合金窗

断桥铝又叫隔热断桥铝型材、隔热铝合金型材、断桥铝合金、断冷桥型材、断桥式铝塑复型材。它比普通的铝合金型材有着更优异的性能。

隔热断桥铝合金窗的优越性如下：

(1)断桥铝合金窗是最高级的铝合金窗，它的表面可以涂装成各种各样的颜色。

(2)断桥彩色铝合金窗是结合了木窗的环保，铁窗、钢窗的牢固、安全，塑钢窗保温节能的共性，并由两个不同断面通过节能隔热条组合而成的，节能隔热条又叫尼龙条，主要实现热传递中间断开而防止冷热迅速传递或缓热传递的功能。其结构比普通铝窗复杂，成本较高，普通彩铝没有隔热条，不保温、不节能，只是在表面做粘贴处理。

7.4　特殊门窗与遮阳设计

7.4.1　特殊门

1. 防火门

防火门是指具有一定耐火极限，且在火灾发生时能自动关闭的门。防火门能够阻隔烟、火，对防止烟、火的扩散和蔓延，减少火灾损失起重要作用。

防火门是防火分隔设施的一种，建筑中其他的防火分隔设施还有防火墙、防火窗、防火卷帘等。总体来说，在防火墙或防火隔墙上，应安装防火门。需安装防火门的建筑主要有以下几类：

第一类：锅炉房、变压器室、柴油发电机房、地下室、可燃物品库房。

第二类：除住宅外，其他建筑内的厨房、通向室外楼梯的门。

第三类：消防控制室、固定灭火系统的设备室、消防水泵房、通风空气调节机房。

第四类：竖向管道井井壁上的检查门。

第五类：封闭楼梯间、防烟楼梯间及其前室、消防电梯前室、与中庭相通的门和通道。

第六类：高层住宅。

防火门可以按照以下三种方式进行分类：

(1)按使用材料分类：

1)木质防火门；

2)钢质防火门；

3)复合材料防火门。

(2)防火门按耐火极限分为三级(规范)：

1)甲级防火门：耐火极限不低于1.20 h(防火墙上、消防控制室、水泵房等)。

2)乙级防火门：耐火极限不低于0.90 h(疏散楼梯间、前室等)。

3)丙级防火门：耐火极限不低于0.60 h(竖井检查门)。

(3)按门扇结构分类(检测)：单扇、多扇；带亮窗、不带亮窗、全玻门。

2. 保温门

保温门要求门扇具有一定的热阻值和进行门缝密闭处理，故常在门扇两层面板间填以轻质、疏松的材料(如玻璃棉、矿棉等)。

3. 隔声门

隔声门主要用在高隔声要求场所起隔声作用，门扇成型主要是用新型镀锌钢板，内部采用专业隔声材料、阻尼隔声板、隔声棉等作为隔声填充物；同时，隔声门还要进行密封性处理，采用磁控密封能确保良好的密封隔声效果。

隔声门具有如下特点：采用多层复合材料，特殊隔声结构，并可承受高温及气动负荷。隔声门分单开门和双开门，其中单开门隔声效果明显比双开门隔声效果好。隔声门可带观察窗，密封可靠、开启灵活。专业隔声门制作基本不会采取推拉结构，推拉式不利于密封性的处理，会大大影响隔声的整体效果。专业隔声门，主要用于各种试验室、影视城、演播厅、录音棚等场所。

7.4.2　特殊窗

1. 防火窗

防火窗是指由钢窗框、钢窗扇、防火玻璃组成的，能起隔离和阻止火势蔓延作用的窗。一般设置在防火间距不足的建筑外墙上的开口部位或天窗，建筑内的防火墙或防火隔墙上需要观察等部位以及需要防火火灾竖向蔓延的外墙开口部位。

防火窗分为固定式防火窗和活动式防火窗，甲级窗耐火极限不低于1.5 h。

2. 保温窗

保温窗在建筑节能设计中一般是指具有一定阻热能力的建筑透明外围护结构。

保温窗所采用的玻璃主要有热反射玻璃、Low-E玻璃、中空/真空玻璃。窗框主要是木框，传热系数可降至2.0 W/(m²·K)以下；铝合金窗框的阻热性能不好，在节能设计中已很少使用，断桥铝合金阻热性能较好，成本较高；PVC塑料窗框即塑钢窗，其阻热性能好，成本低，耐腐蚀，有良好的气密性和隔声性，在建筑节能设计中被广泛使用。

3. 隔声窗

隔声窗由双层或三层玻璃与窗框组成，玻璃厚度不同，使用经特别加工的隔声层，隔声层使用的是隔声阻尼胶(膜)经高温、高压牢固黏合而成的隔声玻璃，有效地控制了"吻合效应"和形成隔声低谷；另外，在窗架内填充吸声材料，有效地吸收了透明玻璃的声波，使各频段噪声有效地得到隔离。玻璃可以选用普通平板玻璃、有机玻璃、钢化玻璃和汽车用安全玻璃。

门窗节能降耗的现状和意义

1. 中国门窗节能改造的现状

(1)政策推动：政府出台了一系列政策推动节能改造，如《推动大规模设备更新和消费品以旧换新行动方案》等，明确提出以外墙保温、门窗、供热装置等为重点，推进存量建筑节能改造。这些政策为门窗节能改造提供了有力的支持。

(2)市场规模与增长率：《中国节能门窗行业发展趋势研究与未来投资分析报告(2024—2031年)》指出，中国节能门窗市场需求持续增长，尤其是在存量房装修及二手房装修市场。系统门窗作为节能门窗的重要分支，2021年的市场空间已达到71.31亿元，同比增长50.89%。预计2025年将达到132.75亿元，2020—2025年的复合年增长率(CAGR)为22.94%。

(3)节能标准与认证：随着政府对绿色建筑和节能减排的推动，节能门窗的认证和标准化工作也在不断加强。越来越多的门窗企业开始参与节能认证，如"中国节能产品认证"等，以提升产品的市场竞争力。

(4)定制化需求：根据《2023年住宅设计趋势报告》，超过50%的房屋所有者在选择门窗产品时更倾向于个性化定制服务。这不仅体现了消费者对美学和实用性的追求，也推动了门窗行业向定制化、多元化方向发展。

(5)节能性能提升：通过引入新材料、新技术和新工艺，中国的门窗在节能性能上得到了显著提升。例如，中空玻璃、断桥铝门窗等节能材料和技术得到了广泛应用，有效降低了建筑能耗。

(6)智能化转型：随着智能化技术的不断发展，越来越多的门窗产品开始融入智能化元素。智能控制、安全防护、节能环保等功能的门窗产品逐渐成为市场新宠。这不仅提升了门窗产品的附加值，也满足了消费者对智能化生活的追求。

中国门窗在节能改造方面具有广阔前景。然而，也需要注意到市场竞争的加剧和消费者需求的多样化对门窗企业提出了更高的要求。因此，门窗企业需要不断加强技术创新、提升产品质量和服务水平，以应对市场挑战并抓住发展机遇。

2. 选用节能门窗的意义

对于整栋建筑来说，一般门窗的面积占建筑总面积的15%以上，建筑门窗的能耗占整栋建筑物能耗的比例相当可观。据调查，我国北方地区的一些建筑，由于采用普通钢门窗，造成的能量损失占整个建筑的能量损失的50%以上。因此，降低建筑门窗的能耗，提高建筑门窗的保温性、隔热性和气密性是建筑节能需要解决的问题。

影响建筑门窗保温性、隔热性和气密性的因素有多种，可以从以下几个主要方面来降低其能耗。

(1)选择适宜的窗框型材。目前，根据选用的型材不同，建筑门窗品种分为木窗、铝合金窗、PVC塑料窗、玻璃钢窗、彩色钢板窗和不锈钢窗，以及钢塑、木塑、铝塑和铝木等复合窗。

其中，木窗、PVC塑料窗、玻璃钢窗都拥有较好的保温性；彩色钢板窗和不锈钢窗美观、耐久性、密封性和保温性较好；铝合金窗装饰效果好，但导热系数较大，需用非金属材料进行断热处理后，保温性才能得到提高；钢塑、木塑、铝塑和铝木等复合窗，保温性和装饰效果俱佳，但价格较高。

(2)合理的选用玻璃。一般，玻璃面积在建筑外窗面积中所占比例为70%左右，玻璃的保温性对窗的传热量影响十分可观。因此，在外窗设计中选用保温性好的玻璃，是改善外窗保温性的一个重要途径。

1）选用中空或真空加中空玻璃，提高外窗的保温性；

2）选用低辐射镀膜玻璃，显著提高玻璃保温性；

3）选用性能良好的中空玻璃隔条，减少能量消耗，避免在严寒的冬季出现结露、结霜。

（3）确保五金配件和密封材料的质量。五金配件及密封条等密封材料的质量直接影响门窗的气密性，是门窗节能中不可忽视的重要部分。

（4）合理的窗型设计。节能窗窗型宜采用大固定、小开启的方式。固定扇节约型材，不需使用合页、拉手、密封条等配件。大固定、小开启的平开窗具有成本低、空气渗透量少、采光面积大等特点。

（5）门窗的安装质量至关重要。门窗的质量再好，如果安装质量不到位，也会影响门窗的气密性，无法满足节能的要求。门窗安装时，门窗框与墙体之间的缝隙需要使用良好的保温材料填实，并在其外面使用密封胶进行封闭，以防裂缝渗水。

（6）采用性能优良的遮阳产品。合理利用遮阳设施可提高外窗的隔热性能，也可减少太阳辐射所产生的室内升温，从而避免空调电耗大幅增加，节能效果显著。

根据粗略计算，如果我国现有建筑物上的门窗均更换为保温隔热性能、空气渗透性能优良的断热铝合金中空玻璃窗（或塑料中空玻璃窗）等产品，可以减少门窗能耗损失50%以上，相当于减少建筑总能耗25%以上。若按我国建筑总能耗为5.6亿吨标准煤计算，建筑使用中空玻璃的节能效果可以达到1.4亿吨标准煤，相当于减少温室气体3.7亿吨。

7.4.3　遮阳设计

遮阳通过阻挡阳光直射辐射和漫辐射的热，控制热量进入室内，降低室温、改善室内热环境，使空调高峰负荷大大削减。合理控制太阳光线进入室内，适量的阳光又能使人感到舒适，有利于人体视觉功效的高效发挥和生理机能的正常运行，给人愉悦的心理感受。

1. 固定窗口外遮阳

固定窗口外遮阳有水平遮阳、垂直遮阳和挡板遮阳三种基本形式，如图7-19所示。

（1）水平遮阳。能够遮挡从窗口上方射来的阳光，适用于南向外窗。

（2）垂直遮阳。能够遮挡从窗口两侧射来的阳光，适用于北向外窗。

（3）挡板遮阳。能够遮挡平射到窗口的阳光，适用于接近东西向的外窗。

（4）其他。实际中可以单独选用或者进行组合，常见的还有综合遮阳、固定百叶遮阳、花格遮阳等。

（a）　　　　　　　　　　　　　　　（b）

图7-19　固定窗口外遮阳的形式

（a）水平式；（b）垂直式

(c)   (d)

图 7-19   固定窗口外遮阳的形式(续)

(c)挡板式；(d)综合式

2. 活动窗口外遮阳

活动窗口外遮阳的基本形式有遮阳卷帘、活动百叶遮阳、遮阳篷、遮阳纱幕等，如图 7-20 所示。

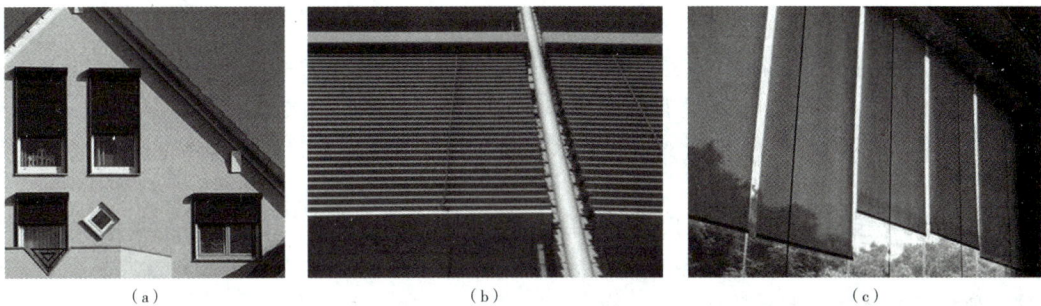

(a)   (b)   (c)

图 7-20   活动窗口外遮阳的形式

(a)遮阳卷帘；(b)活动百叶；(c)遮阳纱幕

3. 窗口中置式遮阳

窗口中置式遮阳的遮阳设施通常位于双层玻璃的中间，与窗框及玻璃组合成为整扇窗户，有着较强的整体性，一般是由工厂一体生产成型的。

4. 窗口内遮阳

窗口内遮阳的形式有百叶窗帘、垂直窗帘、卷帘等。材料则多种多样，有布料、塑料（PVC）、金属、竹、木等，如图 7-21、图 7-22 所示。

图 7-21   中置百叶窗   图 7-22   卷帘

项目小结

1. 建筑物的门窗是建造在墙体上可启闭的建筑构件，在抗风压、阻止冷风渗透、防止雨水渗透、保温、隔热、隔声和采光等方面都有相应的要求。门的主要作用是交通联系、分隔建筑空间，并兼有采光、通风的作用。窗的主要功能是采光、通风及观望。门窗均属于建筑的围护构件，除了满足基本使用要求外，还应具有保温、隔热、隔声、防护及其防火等功能。

2. 门最重要的作用是通行与疏散，联系室内外和各房间之间的空间，如果有事故发生，可以供紧急疏散使用。门还能起到围护作用，外门还具有保温、防雨作用。门要经常开启，是外界声音的传入途径，关闭后应能起到一定的隔声作用。此外，门还起到防风沙的作用。

3. 门的尺寸应根据人员交通疏散、家具设备搬运、通风、采光、防火规范要求以及建筑造型设计要求等综合考虑。在人员密集的场所，出入口应分散布置。

4. 窗的分类：根据组成材料，窗可以分为木窗、钢窗、铝合金窗、塑钢窗、玻璃钢窗等几种形式；根据开启方式，窗可以分为固定窗、平开窗、翻转窗、推拉窗、百叶窗。

5. 窗的尺寸主要取决于房间的采光、通风、构造做法和建筑造型等要求，并要符合《建筑模数协调标准》(GB/T 50002—2013)的规定，窗的高度与宽度尺寸通常采用扩大模数 3M 数列作为洞口的标志尺寸。

6. 窗一般由窗框、窗扇和五金零件组成。窗框是窗与墙体的连接部分，由上框、下框、边框、中横框和中竖框组成。窗扇是窗的主体部分，分为活动扇和固定扇两种，一般由上、下冒头、边梃和窗芯(又叫窗棂)组成骨架，中间固定玻璃、窗纱或百叶。五金零件包括铰链、插销、风钩等。

7. 特殊门包括防火门、保温门、隔声门等；特殊窗包括防火窗、保温窗、隔声窗等。

8. 遮阳通过阻挡阳光直射辐射和漫辐射的热，控制热量进入室内，降低室温、改善室内热环境，使空调高峰负荷大大削减。

习 题

一、填空题

1. 门的主要作用是_____，同时起着_____和_____的作用；窗的主要作用是_____、_____、_____，同时还起着_____作用。

2. 门按开启方式分为_____、_____、_____、_____、_____；窗的开启方式有_____、_____、_____、_____、_____。

3. 为了使木门窗框与门窗扇关闭紧密，通常在门窗框的内侧设_____、平开木窗扇之间的接缝处应做成_____，以关闭紧密。

4. 木窗的窗扇一般由_____、_____、_____等组成。

5. 遮阳板的基本形式有_____、_____、_____、_____四种。

二、选择题

1. (　　)开启时不占室内空间，但清洁、维修不方便；(　　)擦窗安全方便，但影响家具的布置和使用。

A. 外开窗　内开窗　　　　　　　　　B. 内开窗　外开窗

C. 固定窗　内开窗　　　　　　　　　D. 推拉窗　固定窗

2. 下列描述中正确的是（　　）。

    A. 推拉门是建筑中最常见、使用最广泛的门

    B. 转门可作为北方寒冷地区公共建筑的外门

    C. 折叠门开启时需要占用较大的空间

    D. 木门的名称是由门框决定的

3. 常用门的高度一般应大于（　　）mm；当门高超过（　　）mm 时，门头上方应设亮子。

    A. 1 500　2 000　　　　　　　　　　B. 1 800　2 100

    C. 2 000　2 200　　　　　　　　　　D. 2 000　2 400

4. 窗的尺寸一般以（　　）mm 为模数。

    A. 50　　　　　　　B. 200　　　　　　　C. 300　　　　　　　D. 600

5. 门窗框的安装位置（　　）。

    A. 内平齐　　　　　　B. 外平齐　　　　　　C. 居中　　　　　　D. 以上都可以

三、简答题

1. 推广应用塑料门的好处是什么？

2. 铝合金窗的特点有哪些？

3. 固定窗口外遮阳有哪几种形式？各形式的特点是什么？

中篇　建筑总体设计

项目 8

建筑平面设计

🎯 **项目导读**

　　本项目内容包括建筑平面设计的内容，包括主要使用房间的设计、辅助使用房间的设计、交通联系部分的设计、建筑平面的组合设计。以大量性民用建筑为主，论述了平面设计的一般原理和方法，在分析过程中，着重于建筑的共性，运用一般性的原理阐明民用建筑中平面设计的普遍性和规律性的问题。

⚙️ **思维导图**

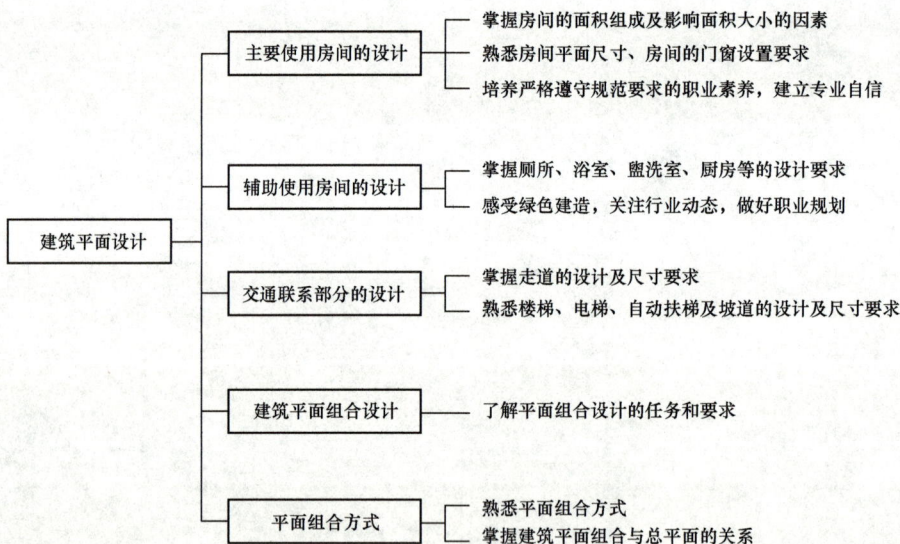

🎯 **案例导入**

　　按照以下要求，完成两层小型餐饮建筑总平面图、平面图的设计。

1. 设计内容

(1)餐厅：100 m²，50 个座位。副食部：10 m²。门厅：15 m²。

(2)客用厕所：15 m²(各设 2 个蹲位)。

(3)厨房部分：主食加工 30 m²，副食加工 40 m²。主食库：10 m²。副食库：15 m²。备餐：12 m²。消毒间：10 m²。

(4)办公部分：2间办公室，24 m²。更衣、休息：20 m²（男女各一）。

(5)内部用卫生间：15 m²（男女各一个蹲位、一个淋浴间）。

2. 要求

(1)在框架结构的基础上进行设计（双向柱距均为6 m），框架柱网不可挪动；

(2)总建筑面积约为400 m²，浮动不超过±10%；

(3)大餐厅净高不得小于3 m，小餐厅净高不得小于2.6 m，厨房净高不得小于3 m。

8.1 主要使用房间的设计

8.1.1 房间面积

房间的面积一般是指某个房间内部的面积，或者可以说是占地面积，可以通过计算其地面的面积来得出，即房间地面的长度乘以宽度。

1. 房间的面积组成

(1)家具和设备所占用的面积；

(2)人们使用家具设备及活动所需的面积；

(3)房间内部的交通面积。

2. 影响房间面积大小的因素

(1)容纳人数。在实际工作中，房间面积的确定主要依据我国有关部门及各地区制定的面积定额指标。应当指出，每人所需的面积除面积定额指标外，还需通过调查研究并结合建筑物的标准综合考虑。部分民用建筑房间面积定额参考指标见表8-1。

表 8-1 部分民用建筑房间面积定额参考指标

建筑类型＼项目	房间名称	面积定额/(m²·人)	备注
中小学	普通教室	1～1.2	小学取下限
办公楼	一般办公室	3.5	不包括走道
	会议室	0.5	有会议桌
		2.3	有会议桌
铁路旅客站	普通候车室	1.1～1.3	—
图书馆	普通阅览室	1.8～2.5	4～6座双面阅览桌

有些建筑的房间面积指标未做规定，使用人数也不固定，如展览室、营业厅等。这就要求设计人员根据设计任务书的要求，对同类型、规模相近的建筑物进行调查研究，通过分析比较得出合理的房间面积。

(2)家具设备及人们使用活动面积。图8-1所示为卧室和教室室内使用面积分析示意。

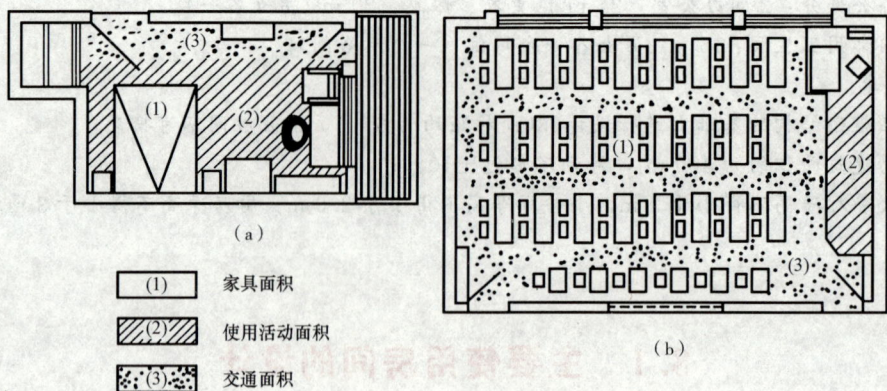

图例：
- (1) 家具面积
- (2) 使用活动面积
- (3) 交通面积

图 8-1　家具设备及人们使用活动面积
(a)卧室；(b)教室

8.1.2　房间形状

　　民用建筑常见的房间形状有矩形、方形、多边形、圆形、扇形等。绝大多数的民用建筑房间形状采用矩形。对于一些单层大空间(如观众厅、杂技场、体育馆等房间)，其形状首先应满足这类建筑的特殊功能及视听要求。图 8-2 所示为房间平面形状示意。

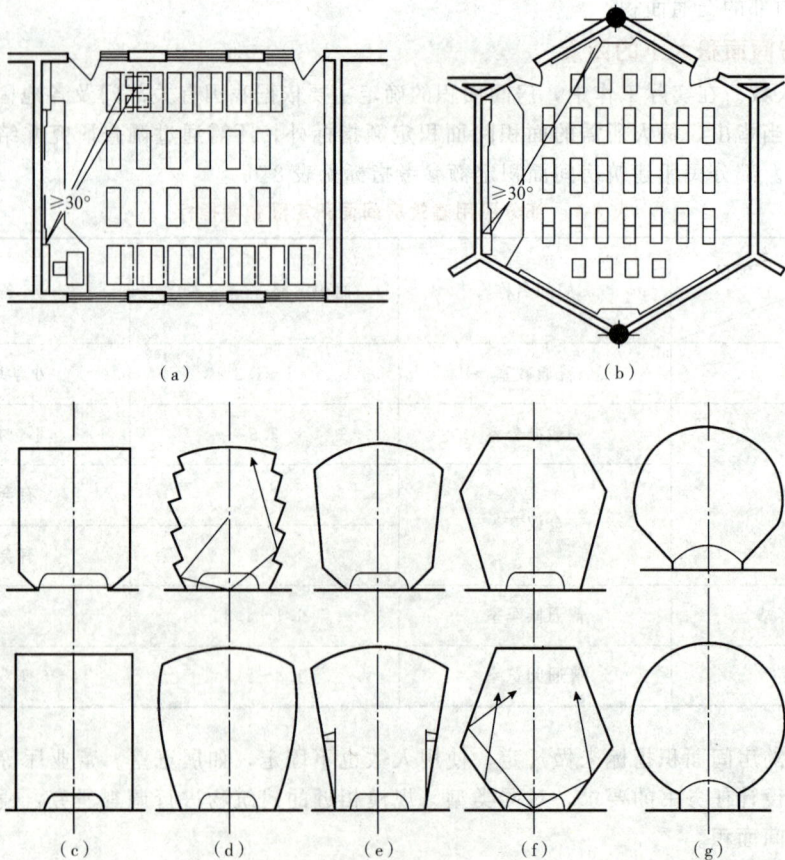

图 8-2　房间的平面形状
(a)矩形教室；(b)六角形教室；(c)矩形；(d)钟形；(e)扇形；(f)六角形；(g)圆形

8.1.3 房间平面尺寸

房间平面尺寸是指房间的面宽和进深，而面宽常常由一个或多个开间组成。在确定了房间面积和形状之后，确定合适的房间尺寸便是一个重要问题，一般从以下几方面进行综合考虑。

1. 满足家具设备布置及人们活动的要求

例如，主要卧室要求床能沿两个方向布置，因此开间尺寸常取 3.60 m，深度方向常取 3.90～4.50 m。小卧室开间尺寸常取 2.70～3.00 m。医院病房主要是满足病床的布置及医护活动的要求，3～4 人的病房开间尺寸常取 3.30～3.60 m，6～8 人的病房开间尺寸常取 5.70～6.00 m。图 8-3、图 8-4 所示为卧室与病房的开间和进深尺寸。

图 8-3　卧室开间和进深尺寸

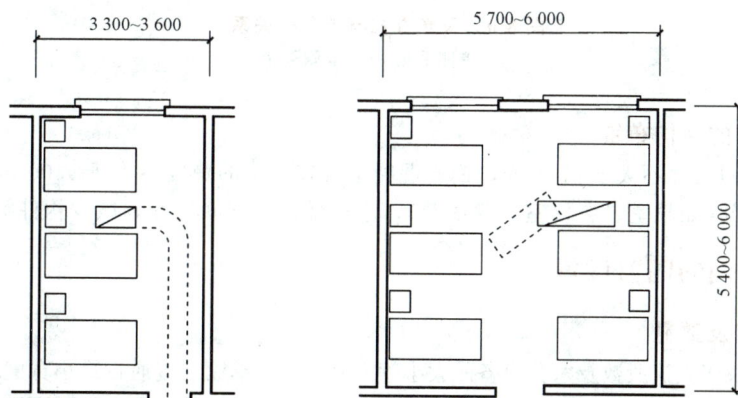

图 8-4　病房开间和进深尺寸

2. 满足视听要求

有的房间(如教室、会堂、观众厅等)的平面尺寸除应满足家具设备布置及人们活动要求外，还应保证有良好的视听条件。

从视听的功能考虑，教室的平面尺寸应满足以下要求：第一排座位距黑板的距离不小于2.00 m；后排距黑板的距离不宜大于8.50 m；为避免学生过于斜视，水平视角应不小于30°。中学教室平面尺寸常取6.00 m×9.00 m、6.60 m×9.00 m、6.90 m×9.00 m等。教室的视线要求与平面尺寸的关系，如图8-5所示。

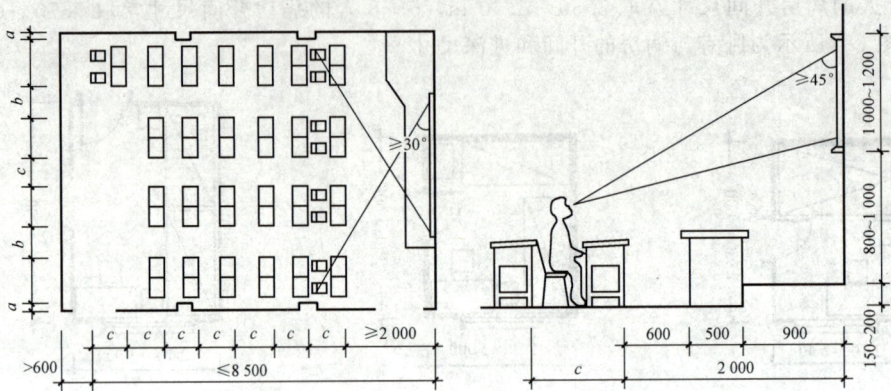

图8-5 教室的视线要求与平面尺寸的关系
a—离墙间距；b—每排间距；c—中间间距

3. 良好的天然采光

自然光对空间的美感营造、对人的好情绪促进有很大的益处，因而房屋光环境的好坏，也是衡量一套室内设计是否优秀的一个标准。采光对于建筑如此重要，而自然采光又是建筑采光中非常重要的部分。采光方式与进深的关系如图8-6所示。

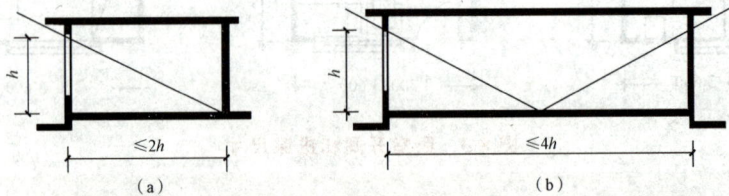

图8-6 采光方式与进深的关系
(a)单侧采光；(b)双侧采光

4. 经济合理的结构布置

较经济的开间尺寸不大于4.00 m，钢筋混凝土梁较经济的跨度不大于9.00 m。对于由多个开间组成的大房间(如教室、会议室、餐厅等)，应尽量统一开间尺寸，减少构件类型。

8.1.4 房间的门窗设置

1. 门的宽度及数量

门的宽度取决于人流股数及家具设备的大小等因素。一般单股人流通行最小宽度取550 mm，一个人侧身通行宽度需要300 mm，因此门的最小宽度一般为700 mm，常用于住宅中的厕所、浴室。住宅中卧室、厨房、阳台的门应考虑一人携带物品通行，卧室常取900 mm，厨房可取800 mm。普通教室、办公室等的门应考虑一人正面通行，另一人侧身通行，常采用1 000 mm。双扇门的宽度可为

1 200～1 800 mm，四扇门的宽度可取为 2 400～3 600 mm。

按照《建筑设计防火规范（2018 年版）》（GB 50016—2014）的要求，当房间使用人数超过 50 人，面积超过 60 m² 时，至少需设两个门。影剧院和礼堂的观众厅、体育馆的比赛大厅等，门的总宽度可按每 100 人 600 mm 宽（根据规范估计值）计算。影剧院、礼堂的观众厅按不大于 250 人/安全出口，人数超过 2 000 人时，超过部分按不大于 400 人/安全出口；体育馆的比赛大厅按 400～700 人/安全出口，规模小的取下限值。

2. 窗口的面积

窗口面积大小主要根据房间的使用要求、房间面积及当地光照情况等因素来考虑。根据不同房间的使用要求，建筑采光标准分为五级，每级规定相应的窗地面积比，即房间窗口总面积与地面积的比值。民用建筑采光等级见表 8-2。

表 8-2　民用建筑采光等级表

采光等级	视觉工作特征		房间名称	窗地面积比
	工作或活动要求精确程度	要求识别的尺寸/mm		
Ⅰ	极精密	0.2	绘图室、制图室、画廊、手术室	1/5～1/3
Ⅱ	精密	0.2～1	阅览室、医务室、健身房、专业实验室	1/6～1/4
Ⅲ	中精密	1～10	办公室、会议室、营业厅	1/8～1/6
Ⅳ	粗糙	>10	观众厅、居室、盥洗室、厕所	1/10～1/8
Ⅴ	极粗糙	不做规定	储藏室、走廊、楼梯间	

3. 门窗位置

(1)门窗位置应尽量使墙面完整，便于家具设备布置和充分利用室内有效面积；

(2)门窗位置应有利于采光、通风；

(3)门的位置应方便交通，利于疏散，图 8-7 所示为卧室、集体宿舍门位置的比较。

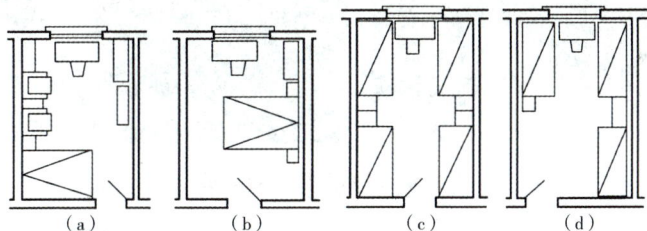

图 8-7　卧室、集体宿舍门位置的比较
(a)卧室合理；(b)卧室不合理；(c)集体宿舍合理；(d)集体宿舍不合理

4. 门的开启方向

门的开启方向不影响交通，便于安全疏散，防止紧靠在一起的门扇相互碰撞，图 8-8 所示为紧靠在一起的门的开启方向。

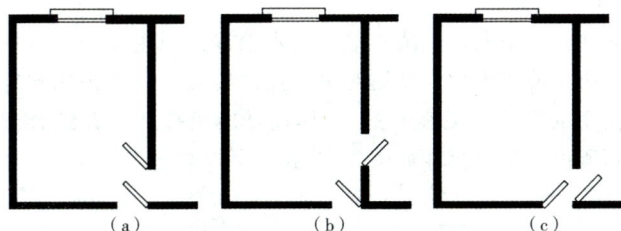

图 8-8　门的开启方向
(a)不好；(b)好；(c)较好

洛阳凯悦嘉轩酒店

1. 设计背景

洛阳凯悦嘉轩酒店位于洛阳最繁华的商业中心地段，地理位置优越，毗邻风景如画的王城公园，是我国北方地区首家凯悦嘉轩品牌的酒店，主要面向来自全球的年轻都市商旅人士(图 8-9)。

2. 设计灵感

以现代抽象的方式来提炼这个千年古都别具底蕴的城市印象。酒店的基调是厚重的深灰色和温暖的橙色。灰色是从洛阳经典的龙门石窟、层叠的塔檐屋瓦中汲取的意象，橙色则来自绚烂的唐三彩陶瓷艺术、十三朝帝都的君王气韵。在两种色彩基础上延伸出一系列属性，并以简约的方案运用于不同的材质和家具。石、木、金属、玻璃……它们生动地讲述自己的故事，沉静与活泼相映、力量与轻盈相依。

3. 设计说明

整体开放式的大堂空间与餐厅、休闲吧和会议前厅之间都是通透流动的。设计师希望通过严谨而有趣的设计，触发年轻一代乐观的生活想象，使这些忙碌的都市白领、空中飞人不论在此休闲会友还是商务会晤，都会感到耳目一新。

图 8-9　洛阳凯悦嘉轩酒店

8.2　辅助使用房间的设计

8.2.1　厕所

1. 厕所设备及数量

厕所卫生设备有大便器、小便器、洗手盆、污水池等。卫生设备的数量及小便槽的长度主要取决于使用人数、使用对象、使用特点。一般民用建筑每一个卫生器具可供使用的人数参见表 8-3，具体设计时可按此表并结合调查研究确定其数量，厕所设备组合尺寸如图 8-10 所示。

视频：辅助使用
房间的设计

表 8-3 部分民用建筑厕所设备数量参考指标   人/个

建筑类型	男小便器	男大便器	女大便器	洗手盆或龙头	男女比例	备注
旅馆	20	20	12	—	—	男女比例按设计要求
宿舍	20	20	15	15	—	男女比例按实际使用情况
中小学	40	40	25	100	1∶1	小学数量应稍多
火车站	80	80	50	150	2∶1	
办公楼	50	50	30	50～80	3∶1～5∶1	
影剧院	35	75	50	140	2∶1～3∶1	
门诊部	50	100	50	150	1∶1	总人数按全门诊人次计算
幼托	—	5～10	5～10	2～5	1∶1	

注：一个小便器折合为 0.6 m 长的小便槽

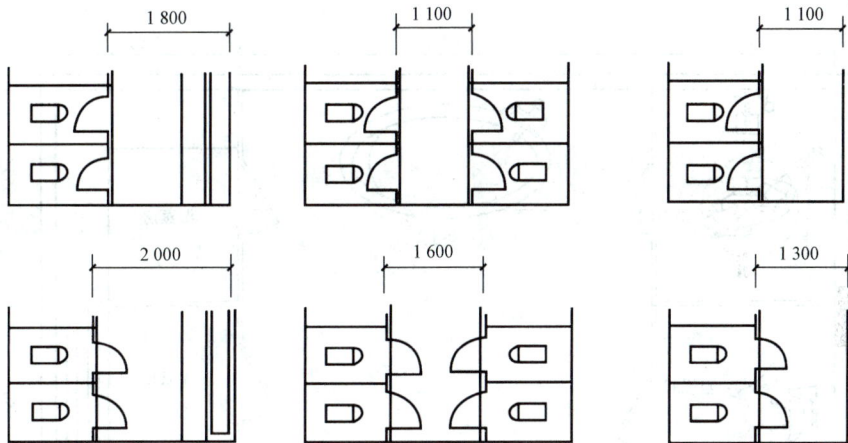

图 8-10 厕所设备组合尺寸

2. 厕所设计的一般要求

（1）厕所在建筑物中常处于人流交通线上，与走道及楼梯间相互联系，应设前室作为公共交通空间和厕所的缓冲地，并使厕所隐蔽一些。

（2）大量人群使用的厕所应具有良好的天然采光与通风条件。少数人使用的厕所允许间接采光，但必须有抽风设施。

（3）厕所位置应有利于节省管道，减少立管并靠近室外给水排水管道。同层平面中，男、女厕所最好并排布置，避免管道分散。多层建筑中，应尽可能把厕所布置在上下相对应的位置。

3. 厕所布置

应设前室，带前室的厕所有利于隐蔽，可以改善通往厕所的走道和过厅的卫生条件。前室的深度应不小于 1.5m。当厕所面积小、不能布置前室时，应注意门的开启方向，务必使厕所蹲位及小便器处于隐蔽位置，厕所布置形式如图 8-11 所示。

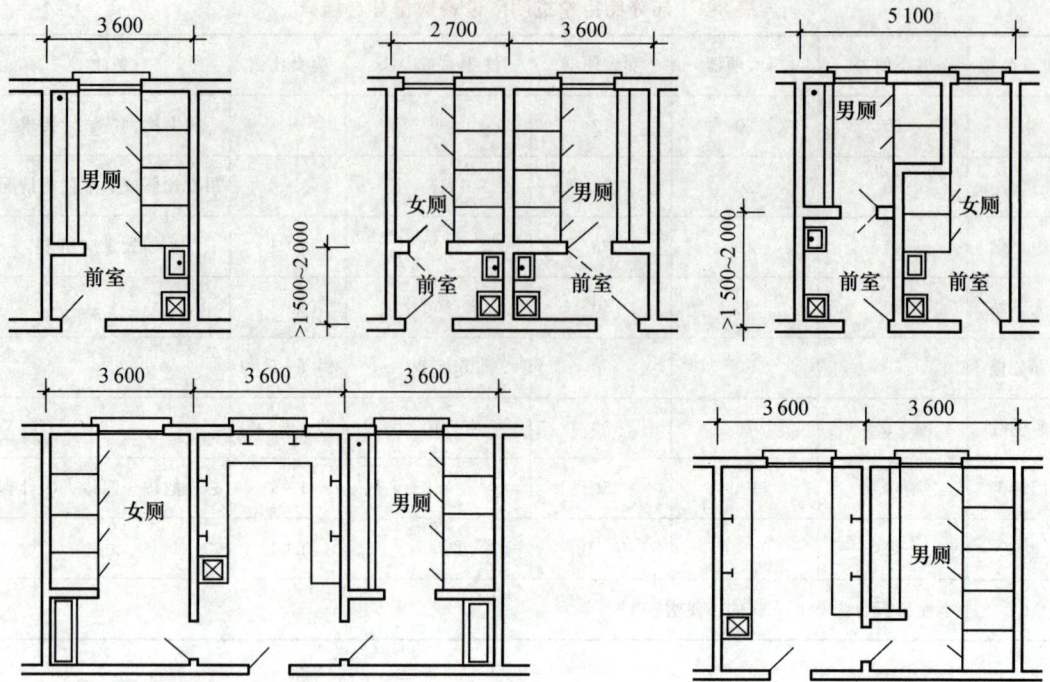

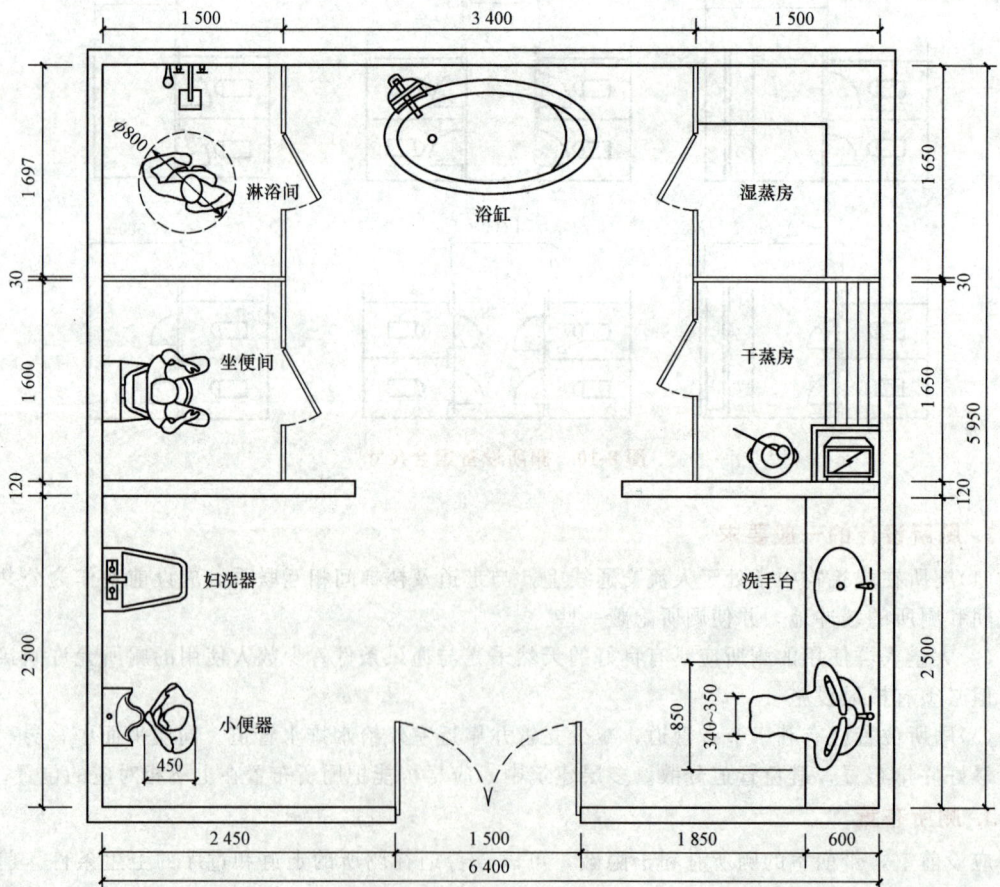

八件套卫生间尺寸（37.76 m²）

图 8-11　厕所平面布置

8.2.2 浴室、盥洗室

浴室和盥洗室的主要设备有洗脸盆、污水池、淋浴器，有的还设置浴盆等。除此以外，公共浴室还有更衣室，其中主要设备有挂衣钩、衣柜、更衣凳等。设计时可根据使用人数确定卫生器具的数量，同时结合设备尺寸及人体活动所需的空间尺寸进行布置。淋浴设备及组合尺寸如图8-12所示；面盆、浴盆设备及组合尺寸如图8-13所示。

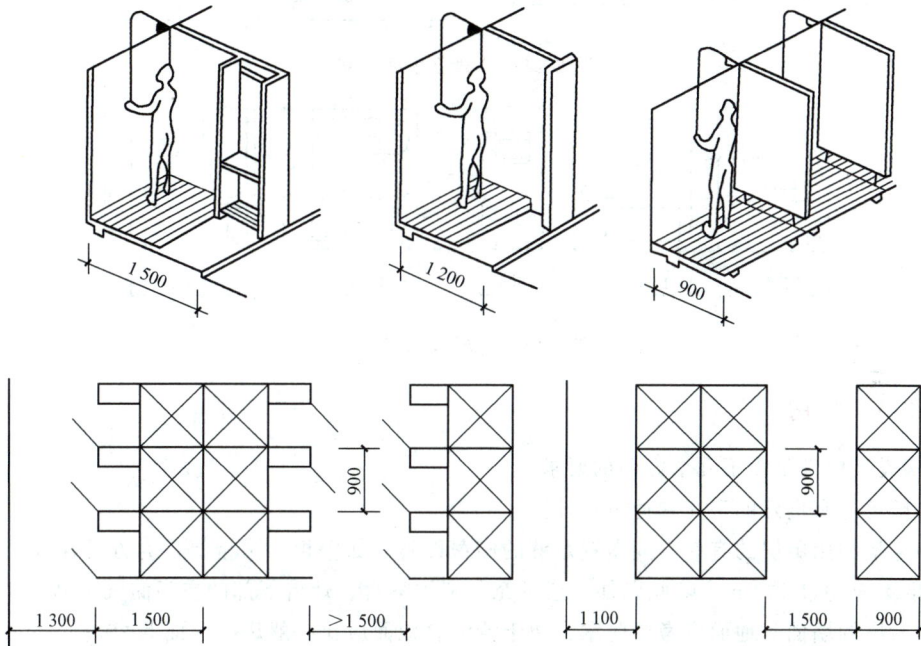

图 8-12　淋浴设备及组合尺寸

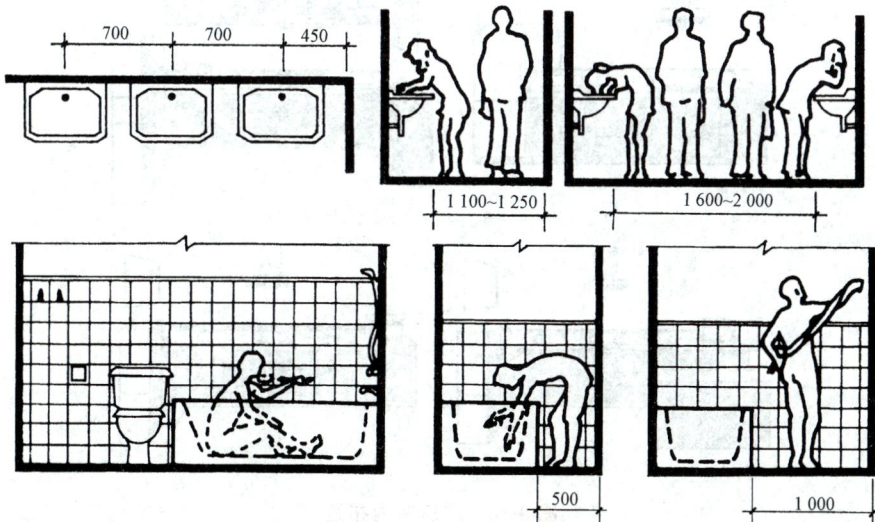

图 8-13　面盆、浴盆设备及组合尺寸

浴室、盥洗室常与厕所布置在一起，称为卫生间。按使用对象不同，卫生间又可分为专用卫生间和公共卫生间。公共卫生间布置如图 8-14 所示；专用卫生间布置如图 8-15 所示。

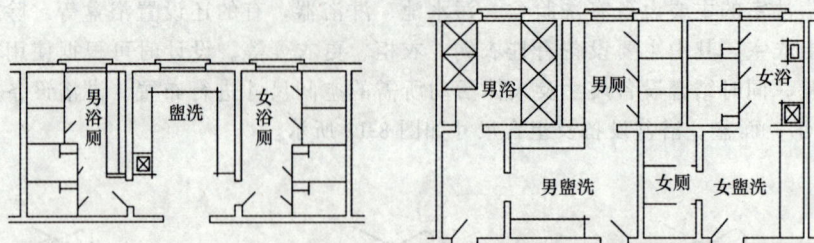

图 8-14　公共卫生间布置

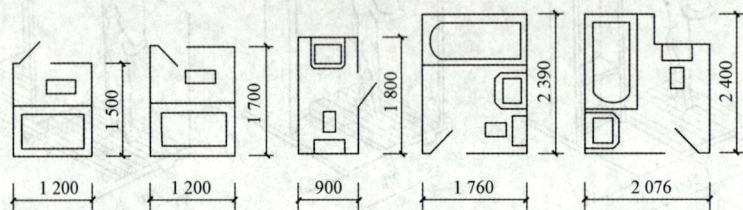

图 8-15　专用卫生间布置

8.2.3　厨房

厨房设计应满足以下几个方面的要求：

(1)厨房应有良好的采光和通风条件。

(2)尽量利用厨房的有效空间布置足够的储藏设施，如壁柜、吊柜等。为方便存取，吊柜底距地高度不应超过 1.7 m。除此以外，还可充分利用案台、灶台下部的空间储藏物品。

(3)厨房的墙面、地面应考虑防水，便于清洁。地面应比一般房间地面低 20～30 mm。

(4)厨房室内布置应符合操作流程，并保证必要的操作空间。厨房的布置形式有单排、双排、L 形、U 形、半岛形、岛形几种，如图 8-16 所示。

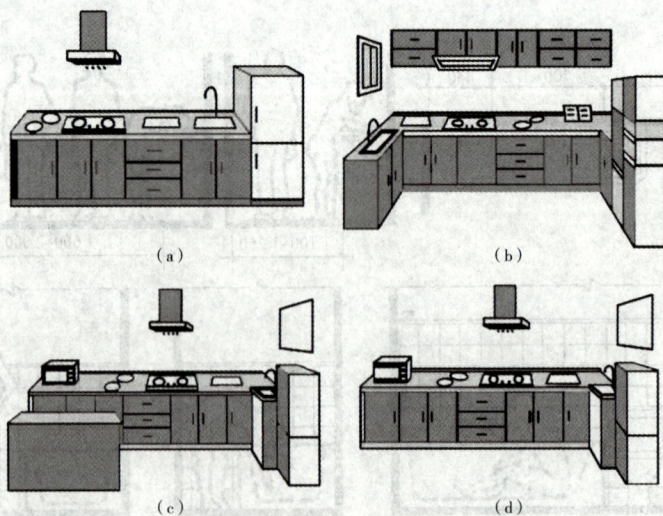

图 8-16　厨房室内布置

(a)单排型厨房；(b)U 形厨房；(c)双排型厨房；(d)L 形厨房

装配式整体卫生间——颠覆传统建造方式

1. 发展前景

随着现代工业技术的发展，建造房屋可以像机器生产那样，成批、成套地制造。只要把预制好的房屋构件，运到工地装配起来就可以了。装配式整体卫生间率先融合于装配式建筑，装配式整体卫生间是卫生间厂家整体设计/生产/销售/安装/售后一站式工程解决方案的住房部品。装配式整体卫生间：由防水底盘、墙体板、顶板构成整体框架，配置各种功能洁具，形成独立卫浴单元，具有标准化生产、快速安装、防渗漏等多种优点，可在最小的空间内达到整体效果，满足使用功能需求。

2. 政策背景

近年来，装配式建筑由于能有效节约资源、不太受环境制约且操作模式机械化、可缩短工期，以及可减少建筑垃圾和污染排放等，受到了国家政策的大力支持。2022年5月，中共中央、国务院出台的《关于推进以县城为重要载体的城镇化建设的意见》提出要大力发展绿色建筑，推广装配式建筑、节能门窗、绿色建材、绿色照明，全面推行绿色施工。

3. 发展历史

第一代：FRP材料卫生间

具有耐腐蚀、抗疲劳、不导电、轻于钢材且强度高等特点，在早期占据优势；但工艺手法复杂，机械化程度低，适合居住面积较小的普通家庭卫生间装修。

第二代：SMC材料卫生间

材料电气性能优良、耐腐蚀、抗老化程度高、防水防渗漏、模压成型，适合普通家庭卫生间装修，在蒸汽高温、潮湿环境也能使用；但外观塑料感，踩踏会有空洞感，不耐碱性（如洗衣液、洁厕精等）。

第三代：蜂窝复合材料卫生间

质量轻、强度高、刚性好、成本低、安装简易、防水防潮、隔声、可个性化定制，适合各类酒店、住宅、别墅等卫生间装修；但属于可燃材料，需做隔墙，踩踏会有空洞感。

第四代：GRC材料卫生间

2016年，金莎丽研制以GRC材料为主的、全球首款可整体吊装的精装卫生间，产品涵盖住宅、酒店、公寓、养老医疗等多个板块。装配式卫生间颠覆传统建造方式。GRC材质精装卫生间，A级不可燃，自重轻，易成型，耐久性能好，抗湿度能力强，与建筑同寿命，踩踏踏实，无空洞感，易清洗，墙板可做隔墙，节省资金、空间，材料绿色环保，无有害气体挥发，保温、隔声，外饰瓷砖，美观，可个性化定制，可满足高端用户需求。

4. 优势与特点

一体化设计，消除漏水隐患，施工便捷迅速，减少污染，干净、清爽，不积水、无异味。

8.3 交通联系部分的设计

交通联系部分包括水平交通空间（走道）、垂直交通空间（楼梯、电梯、自动扶梯、坡道）、交通枢纽空间（门厅、过厅）等。

8.3.1 走道

1. 走道的类型

走道又称为过道、走廊，有内廊和外廊。按使用性质不同，走道可以分为三种情况：第一种，完全为交通需要而设置的走道；第二种，主要作为交通联系，同时也兼有其他功能的走道；第三种，多种功能综合使用的走道，如展览馆的走道应满足边走边看的要求。

2. 走道的宽度和长度

走道的宽度和长度主要根据人流和家具通行、安全疏散、防火规范、走道性质、空间感受来综合考虑。为了满足人的行走和紧急情况下的疏散要求，《建筑设计防火规范（2018 年版）》（GB 50016—2014）规定，学校、商店、办公楼等建筑低层的疏散走道、楼梯、外门的各自总宽度不应低于表 8-4 所示指标。

表 8-4　楼梯、外门和走道的宽度指标　　　　　　　　　　　　m·百人⁻¹

层数	耐火等级		
	一、二级	三级	四级
一、二层	0.65	0.75	1.00
三层	0.75	1.00	
≥四层	1.00	1.25	

综上所述，一般民用建筑常用走道宽度如下：

教学楼：内廊 2.10～3.00 m，外廊 1.80～2.10 m；

门诊部：内廊 2.40～3.00 m，外廊 3.00 m（兼候诊）；

办公楼：内廊 2.10～2.40 m，外廊 1.50～1.80 m；

旅馆：内廊 1.50～2.10 m，外廊 1.50～1.80 m。

作为局部联系或住宅内部走道宽度不应小于 0.90 m。

走道的长度应根据建筑性质、耐火等级及防火规范来确定。按照《建筑设计防火规范（2018 年版）》（GB 50016—2014）的要求，最远房间出入口到楼梯间安全出入口的距离必须控制在一定的范围内，见表 8-5。

表 8-5　房间门至外部出口或封闭楼梯间的最大距离　　　　　　　　m

名称	位于两个外部出口或楼梯之间的房间			位于袋形走道两侧或尽端的房间		
	耐火等级			耐火等级		
	一、二级	三级	四级	一、二级	三级	四级
托儿所、幼儿园	25	20		20	15	
医院、疗养院	35	30		20	15	
学校	35	30	25	22	20	
其他民用建筑	40	35	25	22	20	15

3. 走道的采光和通风

走道的采光和通风主要依靠天然采光和自然通风。内走道一般是通过直接和间接采光(如过走道尽端开窗),通过在楼梯间、门厅或走道两侧房间设高窗来解决。

8.3.2 楼梯

1. 楼梯的形式

楼梯的形式主要有单跑梯、双跑梯(平行双跑、直双跑、L形、双分式、双合式、剪刀式)、三跑梯、弧形梯、螺旋楼梯等形式。

2. 楼梯的宽度和数量

楼梯的宽度和数量主要根据使用性质、使用人数和防火规范来确定。一般供单人通行的楼梯宽度应不小于850 mm,双人通行的楼梯宽度为1 100～1 200 mm。一般民用建筑楼梯的最小净宽应满足两股人流疏散要求,但住宅内部楼梯可减小到850～900 mm。

楼梯的数量应根据使用人数及防火规范要求来确定,必须满足走道内房间门至楼梯间的最大距离的限制。在通常情况下,每一幢公共建筑均应设两个楼梯。对于使用人数少或除幼儿园、托儿所、医院以外的二、三层建筑,当其符合表8-6的要求时,也可以只设一个疏散楼梯。

表8-6 设置一个疏散楼梯的条件

耐火等级	层数	每层最大建筑面积/m²	人数
一、二级	二、三层	400	第二层和第三层人数之和不超过100人
三级	二、三层	200	第二层和第三层人数之和不超过50人
四级	二层	200	第二层人数不超过30人

8.3.3 电梯

高层建筑的垂直交通以电梯为主,其他有特殊功能要求的多层建筑,如大型宾馆、百货公司、医院等,除设置楼梯外,还需设置电梯以解决垂直升降的问题。

电梯按其使用性质可分为乘客电梯、载货电梯、消防电梯、客货两用电梯、杂物梯等几类。确定电梯间的位置及布置方式时,应充分考虑以下几点要求:

(1)电梯间应布置在人流集中的地方(如门厅、出入口等),位置要明显,电梯前面应有足够的等候面积,以免造成拥挤和堵塞。

(2)按防火规范的要求,设计电梯时应配置辅助楼梯,供电梯发生故障时使用。布置时可将两者靠近,以便灵活使用,并有利于安全疏散。

(3)电梯井道采用天然采光,布置较为灵活,通常主要考虑人流交通方便、通畅。电梯等候厅由于人流集中,最好有天然采光及自然通风。

8.3.4 自动扶梯及坡道

自动扶梯是一种在一定方向上能大量、连续输送流动客流的装置。除了为乘客提供一种既方便又舒适的、可上下楼层的运输工具外,自动扶梯还可引导乘客走一些既定路线,以引导乘客和顾客游览、购物,并具有良好的装饰效果。在具有频繁而连续人流的大型公共建筑(如百货大楼、展览馆、游乐场、火车站、地铁站、航空港等建筑)中,自动扶梯作为主要垂直交通工具考虑。其布置方式有单向布置、转向布置、交叉布置。其梯段宽度较小,通常为600～1 000 mm。自动扶梯的布置形式如图8-17所示。

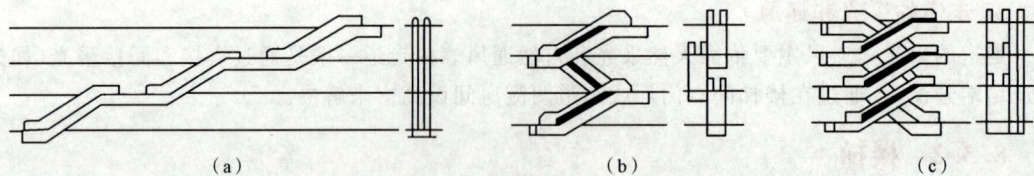

图 8-17　自动扶梯的布置形式
(a)单向布置；(b)转向布置；(c)交叉布置

8.3.5　门厅

门厅作为交通枢纽，其主要作用是接纳、分配人流，进行室内外空间过渡及各方面交通(过道、楼梯等)的衔接。同时，根据建筑物使用性质不同，门厅还兼有其他功能，如医院门厅常设挂号、收费、取药的房间，旅馆门厅兼有休息、会客、接待、登记、小卖部等功能。除此以外，门厅作为建筑物的主要出入口，其不同空间处理可体现出不同的意境和形象。因此，民用建筑中门厅是建筑设计重点处理的部分。

1. 门厅的大小

门厅的大小应根据各类建筑的使用性质、规模及质量标准等因素来确定，设计时可参考有关面积定额指标。部分民用建筑门厅面积参考指标见表 8-7。

表 8-7　部分民用建筑门厅面积参考指标

建筑名称	面积定额	备注
中小学校	0.06～0.08 m²/人	
食堂	0.08～0.18 m²/座	包括洗手间、小卖部
城市综合医院	11 m²/(日·百人次)	包括衣帽间和询问处
旅馆	0.2～0.5 m²/床	
电影院	0.13 m²/观众	

2. 门厅的布局

门厅的布局可分为对称式与非对称式两种。门厅设计应注意以下几个方面：
(1)门厅应处于总平面中明显而突出的位置；
(2)门厅内部设计要有明确的导向性，同时交通流线组织简明、醒目，减少相互干扰；
(3)重视门厅内的空间组合和建筑造型要求；
(4)门厅对外出口的宽度按防火规范的要求不得小于通向该门厅的走道、楼梯宽度的总和。

8.4　建筑平面组合设计

8.4.1　平面组合设计的任务

建筑平面组合设计就是将建筑平面中的使用部分、交通联系部分有机地联系起来，使其成为一个使用方便、结构合理、体型简洁、构图完整、造价经济及与环境协调的建筑物。

视频：建筑平面
组合设计要求

194

8.4.2 平面组合设计的要求

1. 使用功能

具体设计时，可根据建筑物不同的功能特征，从以下几个方面进行分析。

(1)主次关系。组成建筑物的各房间，按使用性质及重要性，必然存在着主次之分，如图 8-18 所示。在平面组合时，应分清主次、合理安排。在平面组合中，一般是将主要使用房间布置在朝向较好的位置，靠近主要出入口，并有良好的采光、通风条件；次要房间可布置在条件较差的位置。

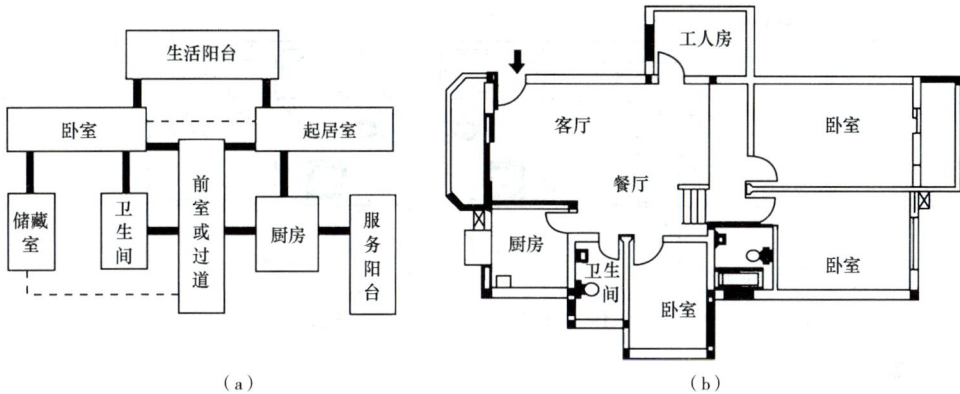

图 8-18 居住建筑房间的主次关系
(a)功能分析；(c)住宅平面图

(2)内外关系。各类建筑的组成房间中，有的对外联系密切，直接为公众服务；有的对内关系密切，供内部使用。一般是将对外联系密切的房间布置在交通枢纽附近，位置明显便于直接对外，而将对内关系密切的房间布置在较隐蔽的位置。由于餐厅是对外的，人流量大，应布置在交通方便、位置明显处，而对内关系密切的厨房等部分布置在后部，次要入口面向内院较隐蔽的地方。

(3)联系与分隔。在分析功能关系时，常根据房间的使用性质如"闹"与"静"、"清"与"污"等方面进行功能分区，使其既分隔而互不干扰，又有适当的联系。例如，教学楼中的多功能厅、普通教室和音乐教室，它们之间联系密切，但为防止声音干扰，必须适当隔开。教室与办公室之间要求方便联系，但为了避免学生影响教师的工作，需适当隔开。

(4)流线组织明确。流线分为人流及货流两类。所谓流线组织明确，即要使各种流线简洁、通畅，不迂回逆行，尽量避免相互交叉。

2. 结构类型

目前，民用建筑常用的结构类型有混合结构、框架结构、剪力墙结构、框-剪结构、空间结构。

(1)混合结构。混合结构多为砖混结构，这种结构形式的优点是构造简单、造价较低；其缺点是房间尺寸受钢筋混凝土梁板经济跨度的限制，室内空间小，开窗也受到限制，仅适用于房间开间和进深尺寸较小、层数不多的中小型民用建筑，如住宅、中小学校、医院及办公楼等。

(2)框架结构。它的主要特点是结构强度高，整体性好，刚度大，抗震性好，平面布局灵活性强，开窗较自由，但钢材、水泥用量大，造价较高，适用于开间、进深较大的商店、教学楼、图书馆之类的公共建筑以及多、高层住宅、旅馆等。

(3)剪力墙结构。它的主要特点是结构强度高，整体性好，刚度大，抗震性好；其缺点是房间尺寸受钢筋混凝土梁板经济跨度的限制，室内空间小，开窗也受到限制，适用于房间开间和进深尺寸较小、层数较多的中小型民用建筑。

(4)框-剪结构。它的主要特点是结合了框架结构和剪力墙结构的优点。

(5)空间结构。这类结构用材经济，受力合理，并为解决大跨度的公共建筑提供了有利条件，如薄壳、悬索、网架等。

3. 设备管线

民用建筑中的设备管线主要包括给水排水、空气调节以及电气照明等所需的设备管线，它们都占有一定的空间。在满足使用要求的同时，应尽量将设备管线集中布置、上下对齐，方便使用，有利于施工和节约管线，图 8-19 所示为旅馆卫生间管线集中布置。

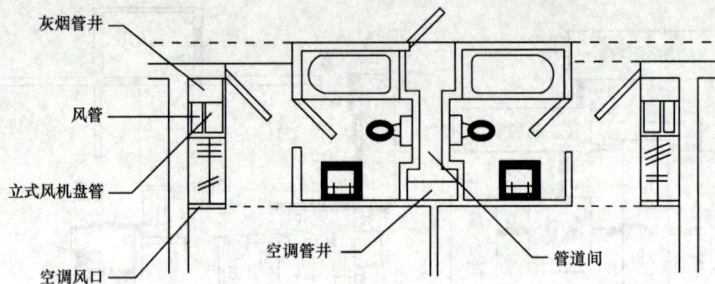

图 8-19　旅馆卫生间管线集中布置

4. 建筑造型

建筑造型也影响平面组合。当然，造型本身是离不开功能要求的，它一般是内部空间的直接反映，但是简洁、完美的造型要求以及不同建筑的外部性格特征，又会反过来影响平面布局及平面形状。

8.5　平面组合方式

8.5.1　平面组合方式的分类

平面组合就是根据使用功能特点及交通路线的组织，将不同房间组合起来。常见组合形式有以下几种。

1. 走道式组合

视频：平面组合方式

走道式组合的特点是使用房间与交通联系部分明确分开，各房间沿走道一侧或两侧并列布置，房间门直接开向走道，通过走道相互联系。各房间基本上不被交通穿越，能较好地保持相对独立性。各房间有直接的天然采光和通风，结构简单、施工方便等。这种形式广泛应用于一般民用建筑，特别适用于相同房间数量较多的建筑，如学校、宿舍、医院、旅馆等。

根据房间与走道布置关系不同，走道式又可分为外走道与内走道两种。

(1)外走道。可保证主要房间有好的朝向和良好的采光、通风条件，但这种布局造成走道过长，交通面积大。个别建筑由于特殊要求，也采用双侧外走道形式。

(2)内走道。各房间沿走道两侧布置，平面紧凑，外墙长度较短，对寒冷地区建筑热工有利。但这种布局难免出现一部分房间朝向较差，且走道采光、通风较差，房间之间相互干扰较大。

2. 套间式组合

套间式组合的特点是用穿套的方式按一定的序列组织空间。房间与房间之间相互穿套，不再通过走道联系。其平面布置紧凑，面积利用率高，房间之间联系方便，但各房间使用不灵活，

相互干扰大，适用于住宅、展览馆等。

3. 大厅式组合

大厅式组合是以公共活动的大厅为主穿插布置辅助房间。这种组合的特点是主体房间使用人数多、面积大、层高大，辅助房间与大厅相比，尺寸大小悬殊，常布置在大厅周围并与主体房间保持一定的联系，适用于影剧院、体育馆等。

4. 单元式组合

单元式组合是将关系密切的房间组合在一起形成一个相对独立的整体，称为单元。将一种或多种单元按地形和环境情况在水平或垂直方向重复组合起来形成一幢建筑，这种组合方式称为单元式组合。

单元式组合的优点：第一，能提高建筑标准化，节省设计工作量，简化施工；第二，功能分区明确，平面布置紧凑，单元与单元之间相对独立，互不干扰；第三，布局灵活，能适应不同的地形，满足朝向要求，形成多种不同组合形式。因此，广泛应用于大量性民用建筑，如住宅、学校、医院等。

5. 庭院式组合

建筑物围合成院落，用于学校、医院、图书室、旅馆等。

8.5.2　建筑平面组合与总平面的关系

1. 基地的大小、形状和道路布置

基地的大小和形状直接影响建筑平面布局、外轮廓形状和尺寸。基地内的道路布置及人流方向是确定出入口和门厅平面位置的主要因素，因此在平面组合设计中，应密切结合基地的大小、形状和道路布置等外在条件，使建筑平面布置的形式、外轮廓形状和尺寸以及出入口的位置等符合城市总体规划的要求。

图 8-20 所示为某大学附中教学楼的总平面图。该教学楼位于学校的主轴线上，建筑布局较好地控制了校园空间的划分与联系。

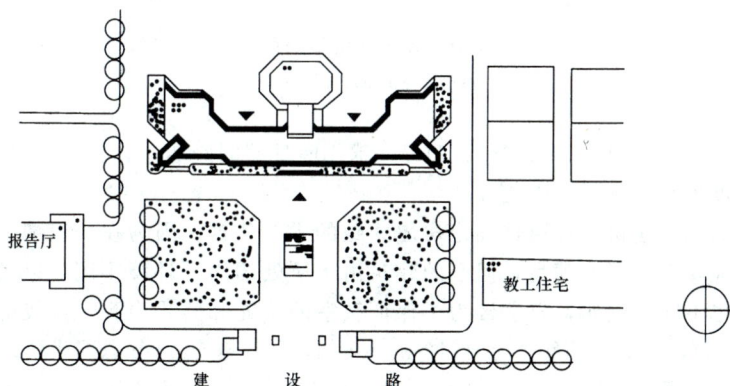

图 8-20　某大学附中教学楼的总平面图

2. 基地的地形条件

基地地形若为坡地，应将建筑平面组合与地面高差结合起来，以减少土方量，而且可以造就富于变化的内部空间和外部形式。坡地建筑的布置方式有以下两种：

（1）地面坡度在 25% 以上时，建筑物适宜平行于等高线布置；

（2）地面坡度在 25% 以下时，建筑物应结合朝向要求布置。

3. 建筑物的朝向和间距

（1）朝向。

1）日照。我国大部分地区处于夏季热、冬季冷的状况。为保证室内冬暖夏凉的效果，建筑物的朝向应为南向，南偏东或偏西少许角度（15°）。在严寒地区，由于冬季时间长、夏季不太热，应争取日照，建筑朝向以东、南、西为宜。

2）风。根据当地的气候特点及夏季或冬季的主导风向，适当调整建筑物的朝向，使夏季可获得良好的自然通风条件，而冬季又可避免寒风的侵袭。

3）基地环境。对于人流集中的公共建筑，房屋朝向主要考虑人流走向、道路位置和邻近建筑的关系，对于风景区建筑，则应以创造优美的景观作为考虑朝向的主要因素。

（2）间距。建筑物之间的距离，应主要根据日照、通风等条件与建筑防火安全要求来确定。除此以外，还应综合考虑防止声音和视线干扰，绿化、道路及室外工程所需要的间距以及地形利用、建筑空间处理等问题。图 8-21 所示为建筑物的日照间距示意。

日照间距的计算公式为

$$B=\frac{H}{\tan\alpha}$$

式中　　B——房屋水平间距；

　　　　H——南向前排房屋檐口至后排房屋底层窗台的垂直高度；

　　　　α——当房屋正南向时冬至日正午的太阳高度角。

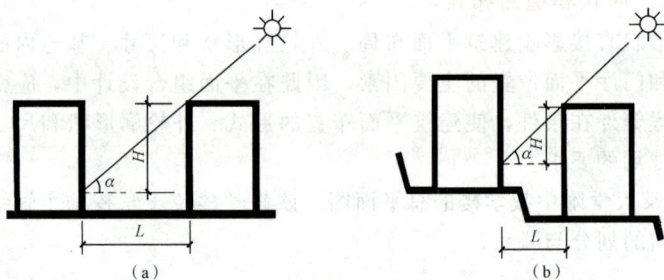

图 8-21　建筑物的日照间距
（a）平地；（b）向阳坡

我国大部分地区日照间距为 $(1.0\sim1.7)H$。越往南日照间距越小，越往北则日照间距越大，这是因为太阳高度角在南方要大于北方。

对于大多数的民用建筑，日照是确定房屋间距的主要依据。因为在一般情况下，只要满足了日照间距，其他要求也就能满足，但有的建筑由于所处的周围环境不同，以及使用功能要求不同，房屋间距也不同。例如，教学楼为了保证教室的采光和防止声音、视线的干扰，间距要求大于或等于 $2.5H$，而最小间距不小于 $12\,m$。又如，医院建筑为考虑卫生要求，间距应大于 $2.0H$，对于 1～2 层病房，间距不小于 $25\,m$；3～4 层病房，间距不小于 $30\,m$；对于传染病房与非传染病房的间距，应不小于 $40\,m$。为节省用地，实际设计采用的建筑物间距可能会略小于理论计算的日照间距。

项目小结

1. 本项目主要讲述建筑平面设计的内容和要求，包括主要使用房间、辅助使用房间和交通联系空间三大部分，以及建筑单体的平面组合设计。

2. 主要使用房间的设计，包括房间形状、面积、尺寸要求及门窗设置。

3. 辅助使用房间中需掌握卫生间的设计要点与常见布置形式。

4. 交通联系空间中需重点掌握走道和楼梯的设计，并熟悉其他部位的设计要求。

5. 平面组合设计中需掌握平面组合的影响因素、功能分析及组合基本形式，在实际工程中能运用所学知识进行一般民用建筑的平面设计。

习题

一、单选题

1. 交通联系部分包括(   )。

　A. 水平交通空间、垂直交通空间、交通转换空间

　B. 垂直交通空间、交通枢纽空间、坡道交通空间

　C. 交通枢纽空间、交通转换空间、坡道交通空间

　D. 水平交通空间、垂直交通空间、交通枢纽空间

2. 建筑物的使用部分是指(   )。

　A. 主要使用房间和交通联系部分　　　　B. 主要使用房间和辅助使用房间

　C. 使用房间和交通联系部分　　　　　　D. 房间和楼梯等

3. 影响房间面积大小的因素有(   )。

　A. 房间内部活动特点、结构布置形式、家具设备的数量、使用人数的多少

　B. 使用人数的多少、结构布置形式、家具设备的数量、家具的布置方式

　C. 家具设备的数量、房间内部活动特点、使用人数的多少、家具的布置方式

　D. 家具的布置方式、结构布置形式、房间内部活动特点、使用人数的多少

4. 厕所、浴室的门扇宽度一般为(   )mm。

　A. 500　　　　　　　B. 700　　　　　　　C. 900　　　　　　　D. 1 000

5. 建筑物的间距应考虑多种因素确定，对于大多数民用建筑来说，在一般的情况下，只要满足了(   )间距，其他要求也能满足。

　A. 防火　　　　　　B. 通风　　　　　　C. 日照　　　　　　D. 视线

二、多选题

1. (   )属于住宅组成中的辅助部分。

　A. 书房　　　　　　B. 浴室　　　　　　C. 卫生间　　　　　　D. 厨房

2. 厨房的布置方式有(   )。

　A. 单排型布置　　　B. 双排型布置　　　C. L形布置　　　　D. U形布置

3. 错层高差的解决方法有(   )。

　A. 踏步　　　　　　B. 楼梯　　　　　　C. 室外台阶　　　　　D. 女儿墙

4. 建筑平面的组合设计主要根据(   )进行考虑。

　A. 房间的主次关系　　　　　　　　　　B. 房间的内外关系

　C. 房间的交通流线分析　　　　　　　　D. 房间的联系与分隔

5. 房间的设计需要考虑(   )因素。

　A. 良好的天然采光　　　　　　　　　　B. 合理的结构布置方式

　C. 视听要求　　　　　　　　　　　　　D. 满足家具设备和人们的活动要求

三、简答题

1. 房间平面尺寸设置应考虑几个因素？这些因素分别是什么？

2. 平面组合有哪几种方式？各有什么特点？各适用于哪类建筑？

项目 9

建筑剖面设计

项目导读

　　本项目主要论述了建筑剖面设计的一般原理及方法，包括房间剖面形状的确定、房间层高及各部分标高的确定，以及建筑空间的竖向组合与利用。

思维导图

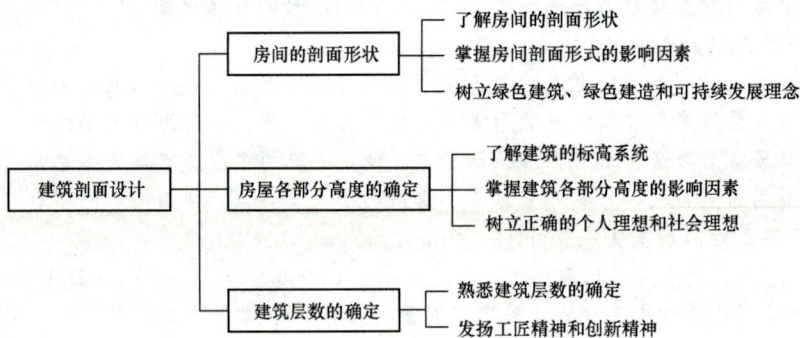

案例导入

　　建筑剖面设计是根据建筑的使用功能、环境要求、经济等已知约束条件来分析房屋的应有高度、剖面形状、层数等因素，并将这些因素合理优化组合。建筑剖面设计应反映建筑竖向空间的形式、尺寸、标高，以及主要构件的形式、尺寸、位置和相互关系。建筑剖面设计是确定建筑竖向内部空间的过程，其成果用建筑剖面图来表达。

　　剖面图的作用如下：

　　(1)反映建筑层数；

　　(2)反映建筑层高、净高；

　　(3)反映建筑的结构；

　　(4)反映建筑的主要构造；

　　(5)反映建筑的垂直交通构件。

　　图 9-1 所示为某综合办公楼的剖面设计图。

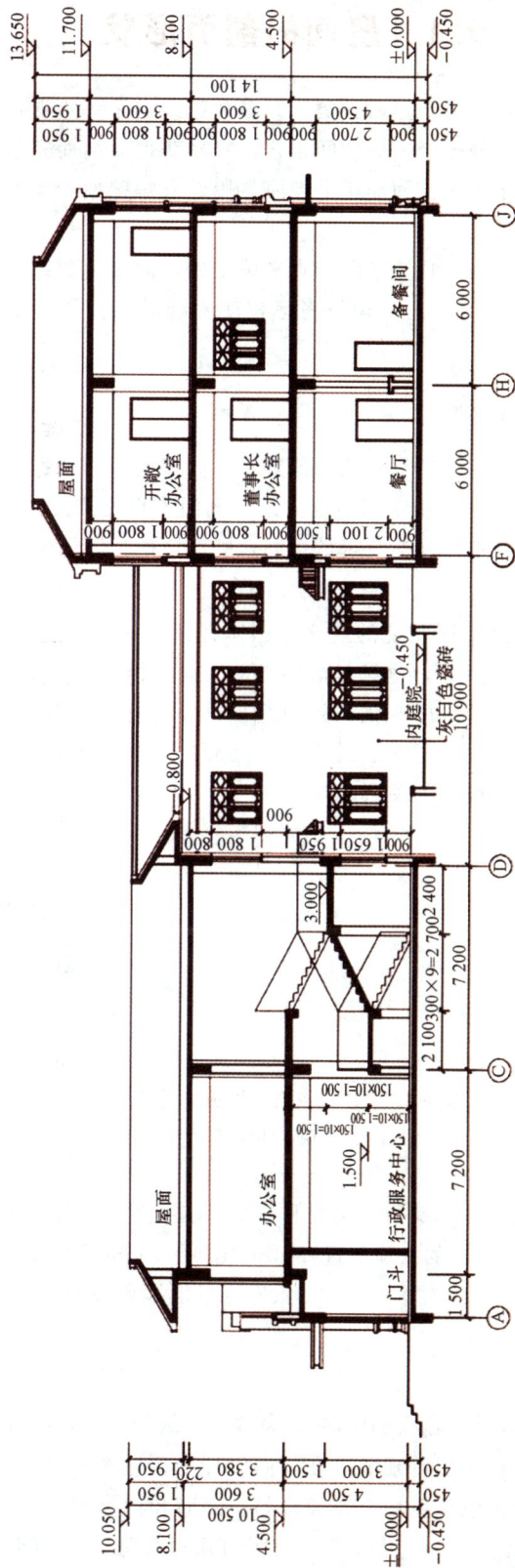

图 9-1 某综合办公楼的剖面设计图

9.1 房间的剖面形状

房间的剖面形状分为矩形和非矩形两大类。大多数建筑均采用矩形，这是因为矩形剖面简单、规整、便于竖向的空间组合，容易获得简洁而完整的体型，同时结构简单、有利于施工。而非矩形剖面常用于有特殊使用要求的建筑或采用特殊结构类型的建筑。

房间的剖面形状主要是根据使用要求和特点来确定的，同时也要结合具体的物质技术、经济条件及特定的艺术构思考虑，使之既满足使用要求又能达到一定的艺术效果。

9.1.1 使用要求的影响

在民用建筑中，绝大多数建筑符合一般功能要求，如住宅、学校、办公楼、旅馆等。

这类建筑房间的剖面形状多采用矩形，因为矩形剖面不仅能满足这类建筑的使用要求，而且具有上述优点。而对于某些特殊功能要求的房间，则应该根据使用要求选择适合的剖面形状。

1. 视线要求

有视线要求的房间主要是指影剧院的观众厅、体育馆的比赛大厅、教学楼的阶梯教室等。这类房间为了满足良好的视觉要求，也就是能够舒适、无遮挡地看清对象，房间的剖面会采用特殊的形式，室内地面按一定的坡度变化升起。地面的升起坡度主要与设计视点的位置及视线升高值有关。另外，第一排座位的位置、排距等对地面的升起坡度也有影响。图 9-2 所示为电影院和体育馆设计视点与地面坡度的关系。

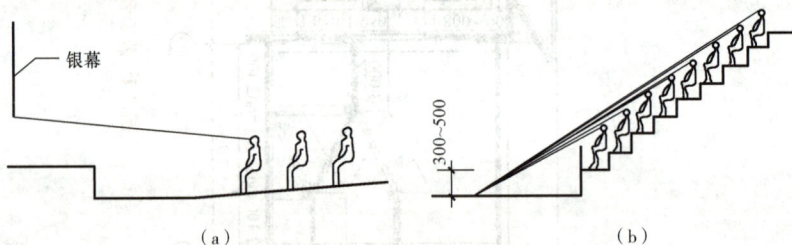

图 9-2 设计视点与地面坡度的关系
(a)电影院；(b)体育馆

视线升高值 C 的确定与人眼到头顶的高度和视觉标准有关，一般定为 120 mm。当错位排列（后排人的视线擦过前面隔一排人的头顶而过）时，C 值取 60 mm；当对位排列（后排人的视线擦过前排人的头顶而过）时，C 值取 120 mm。以上两种座位排列法均可保证视线无遮挡的要求。图 9-3 所示为某中学演示教室地面升高剖面。

2. 音质要求

对于有音质要求的房间，如剧院、电影院、会堂等建筑的大厅，为保证室内声能分布均匀，防止出现空白区、回声和声音聚焦等现象，在剖面设计中要注意顶棚、墙面和地面的处理。一般情况下，凸面可以使声音扩散，声场分布较均匀；凹面和拱顶都易产生声音聚焦，声场分布不均匀，设计时应尽量避免。图 9-4 所示为观众厅的几种常见的剖面形状示意。其中，图 9-4(a)所示为平顶棚，仅适用于容量小的观众厅；图 9-4(b)所示为台口降低，顶棚向舞台面倾斜，声场分布较均匀；图 9-4(c)所示为波浪式顶棚，反射声能均匀分布到观众厅的各个座位，适用于容量较大的观众厅。

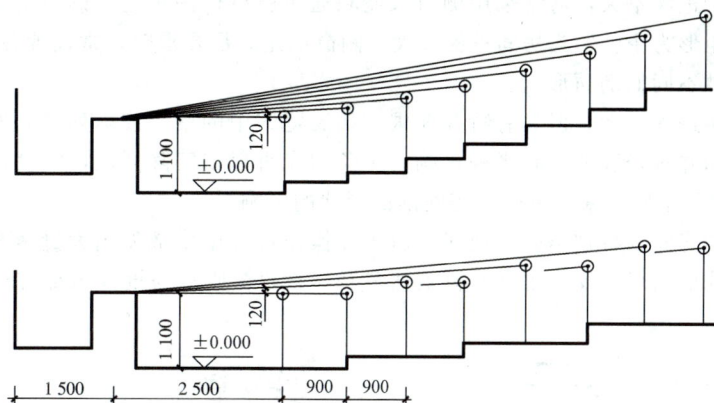

图 9-3　中学演示教室地面升高剖面

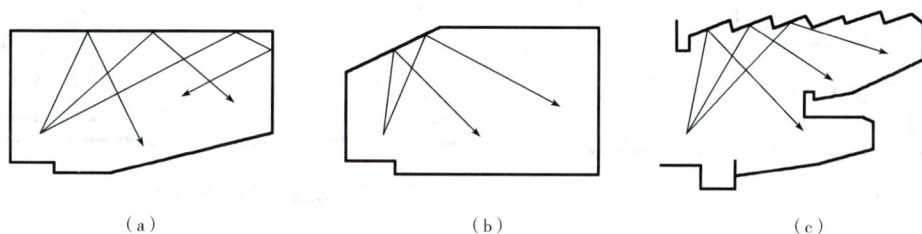

(a)　　　　　　　　(b)　　　　　　　　(c)

图 9-4　观众厅的几种剖面形状示意

(a)平顶棚；(b)台口降低；(c)波浪式顶棚

9.1.2　建筑结构、材料和施工的影响

房间的剖面形状除了应满足使用要求以外，还应考虑结构类型、材料和施工的影响。矩形有利于梁板式结构布置，同时施工也较简单。即使有特殊要求的房间，在能满足使用要求的前提下，也宜优先考虑采用矩形剖面，通过顶棚和地面装修来满足特殊要求。不同结构类型对房间的剖面形状有着一定的影响，大跨度建筑的房间剖面由于结构类型的不同而形成不同的内部空间特征，如某体育馆比赛大厅，如图 9-5 所示，采用跨度为 50 m 左右的三铰拱钢桁架，既满足使用要求，又具有独特的空间形状。

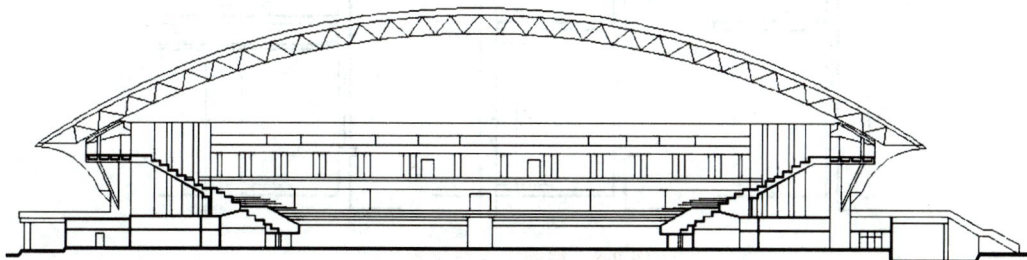

图 9-5　某体育馆比赛大厅

9.1.3 采光和通风的影响

一般房间由于进深不大，通常采用侧窗采光和通风就可以满足室内的卫生要求，剖面形式比较单一，多以矩形为主。但当房间进深较大、侧窗不能满足要求时，常设置各种形式的天窗，从而也就形成各种不同的剖面形状。

有的房间虽然进深不大，但具有特殊要求，如展览馆中的展厅或陈列室，为了使室内照度均匀、稳定、柔和并减轻和消除眩光的影响，避免阳光直射损害陈列品，常设置各种形式的采光窗。图9-6反映了不同的采光方式对房间剖面形状的影响。

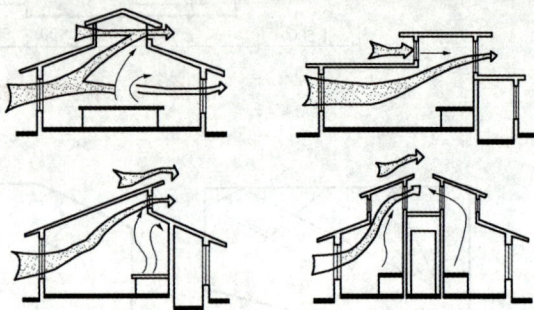

对于厨房一类房间，特别是公共厨房，由于在操作过程中常散发出大量蒸汽和油烟，可在顶部设置各种形式的通风天窗来加速排除有害气体。图9-7所示为设置顶部排气窗的厨房剖面形状。

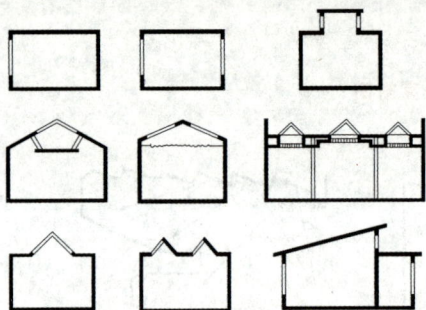

图9-6 不同采光方式对房间剖面形状的影响　　　　　**图9-7 设置顶部排气窗的厨房剖面形状**

9.2 房屋各部分高度的确定

房屋各部分高度主要指房间的净高与层高、窗台高度和室内外地面高差等。

9.2.1 房间的净高和层高

视频：房屋各部分
高度的确定

房间的净高是指楼地面到结构层（梁、板）底面或顶棚下表面之间的垂直距离。层高是指该层楼地面到上一层楼地面之间的垂直距离。两者之间的关系如图9-8所示，其中 H_1 表示房间的净高，H_2 表示层高。

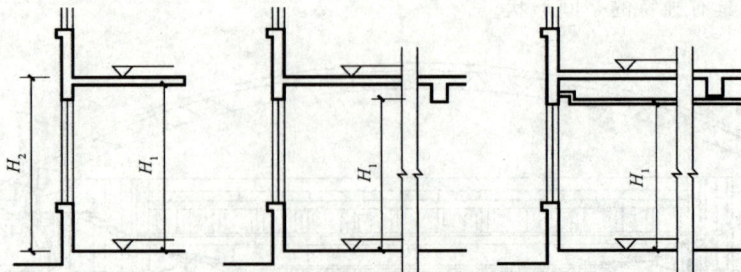

图9-8 房间净高与层高

在通常情况下，影响房间净高和层高的因素主要有以下几个方面：

1. 人体活动及家具设备的要求

房间的净高与人体活动尺度、室内使用性质、家具设备设置等有很大关系。首先，为保证人们的正常活动，一般情况下，室内最小净高应以使人举手不接触到顶棚为宜，因此，房间净高应不低于 2.20 m，如图 9-9 所示。

其次，不同类型的房间由于人数的不同以及人在其中活动特点的差异，也要求有不同的房间净高和层高。如住宅中的卧室和起居室，因使用人数较少，面积不大，净高要求在 2.80 m 左右，但不应小于 2.40 m；中学的普通教室，由于使用人数较多，面积较大，净高也相应加大，要求不应小于 3.40 m，层高为 3.60～3.90 m；而同样面积的中学舞蹈教室，由于人在其中活动的幅度较大，虽然使用人数较少，但净高要求不应小于 4.50 m，层高为 4.80～5.10 m。

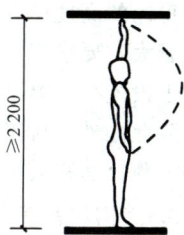

图 9-9 房间最小净高

此外，房间的家具设备以及人们使用家具设备所必要的空间，也直接影响房间的净高和层高。图 9-10 表示家具设备和使用活动要求对房间高度的影响。学生宿舍通常设有双人床，考虑床的尺寸及必要的使用空间，净高应比一般住宅适当提高，结合楼板层高度考虑，层高宜大于 3.20 m，如图 9-10（a）所示；演播室顶棚下装有若干灯具，要求距顶棚有足够的高度，同时为避免灯光直接投射到演讲人的视野范围内而引起严重眩光，灯光源距演讲人头顶至少有 2.00～2.50 m 的距离，那么演播室的净高不应小于 4.50 m，如图 9-10（b）所示；医院手术室净高应考虑手术台、无影灯以及手术操作所必要的空间，手术室的净高应大于 3.00 m，如图 9-10（c）所示；游泳馆比赛大厅，房间净高应考虑跳水台的高度、跳水台至顶棚的最小高度，如图 9-10（d）所示。

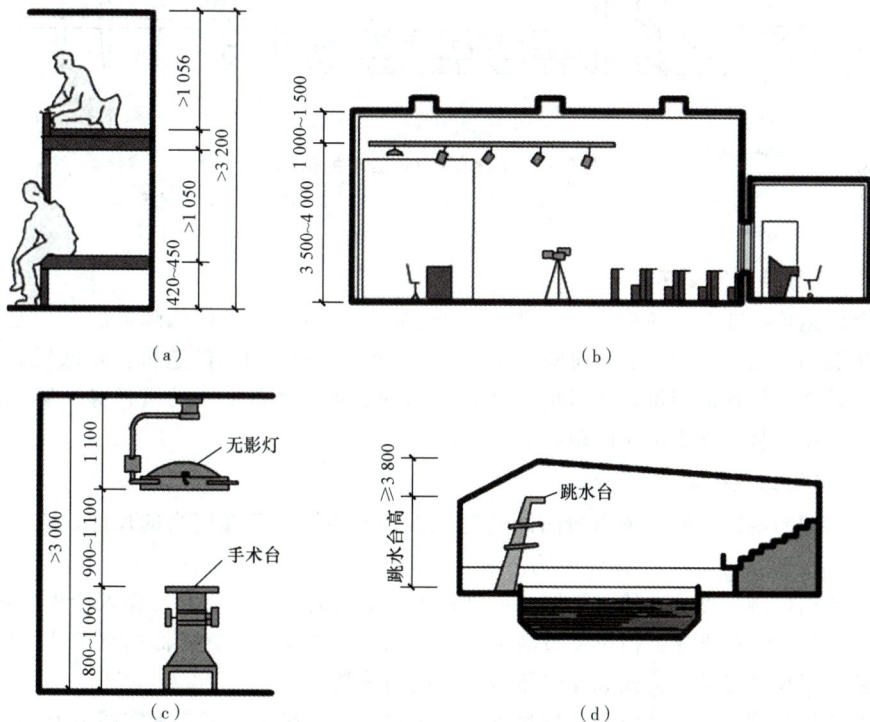

图 9-10 家具设备和使用活动对房间高度的影响
（a）宿舍；（b）中学演播室；（c）手术室；（d）游泳馆

2. 采光、通风的要求

房间的高度应有利于天然采光和自然通风，以保证房间必要的卫生条件。一般来说，房间进深越大，要求窗户上沿的位置越高，相应房间的净高也越高。当在房间内墙上开设高窗，或在门上设置亮子等来改善室内的通风条件时，房间的净高也相应要高一些。

除此之外，对于容纳人数较多的公共建筑，还应考虑房间必要的空气容量，要根据房间的容纳人数、面积大小及气容量标准，合理确定符合卫生要求房间净高。

3. 结构层高度和构造方式的影响

结构层高度主要包括楼板、屋面板、梁和各种屋架所占的高度。因为层高等于净高加上结构层的高度，所以在满足房间净高要求的前提下，其层高尺寸随结构层的高度变化而变化。结构层高度越大，层高越大；结构层高度越小，则层高相应也越小。一般开间、进深较小的房间，如住宅中的卧室、起居室等，多采用墙体承重，板直接搁置在墙上，结构层所占高度较小，如图 9-11(a)所示；而开间、进深较大的房间，如教室、餐厅、商店等，多采用梁板结构布置方式，板搁置在梁上，梁支承在墙上或柱上，结构层高度较大，如图 9-11(b)所示；一些大跨建筑，如体育馆等，多采用屋架、薄腹梁、空间网架以及其他空间结构形式，结构层高度则更大，如图 9-10(c)所示。

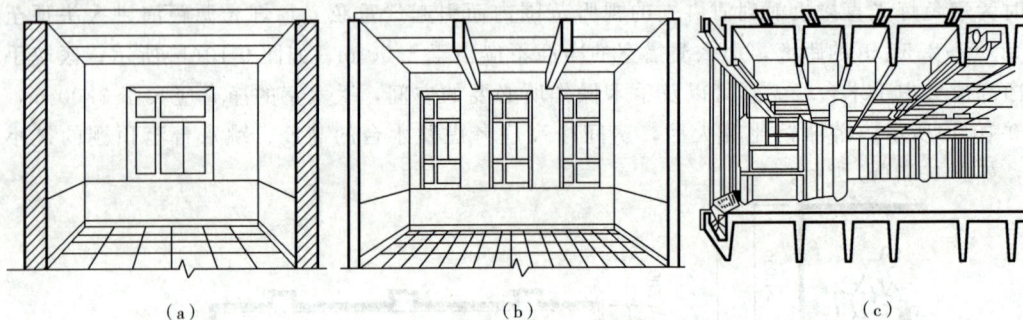

图 9-11　结构高度对层高的影响
(a)开间、进深小的空间；(b)开间、进深较大的房间；(c)大跨建筑

4. 建筑经济方面的要求

为了节约造价，在满足各项使用功能要求的前提下，应该尽可能地降低层高。通过实践表明，普通砖混结构的建筑物，层高每降低 100 mm，可以节省约 1% 的造价。降低层高，还可以减少墙体、管线等材料的用量，并且能够减轻房屋的自重、降低能源的消耗等。层高降低又可降低建筑总高度，从而缩小房屋间距，节约用地。

5. 室内空间比例的要求

在确定房间高度时，既要考虑房间的高宽比例，又要注意选择恰当的尺度，给人以正常的空间感。

房间不同的比例尺度往往给人不同的心理效果。通常高而窄的空间易使人产生兴奋、激昂、向上的情绪，且具有严肃感，但尺度过高又会使人感到不够亲切；宽而低的空间使人感到宁静、开阔、亲切，但尺度过低又会使人产生压抑、沉闷的感觉。

建筑的使用性质不同，对空间比例尺度的要求也不同。住宅建筑要求空间具有小巧、亲切、安静的气氛；纪念性建筑则要求有高大的空间，以创造出严肃、庄重的气氛；大型公共建筑的休息厅、门厅应开阔而明朗。例如，运用高而窄的比例处理门廊空间，从而获得庄严、雄伟的效果，如图 9-12(a)所示，又如，宽而低的空间使人感到亲切而开阔，如图 9-12(b)所示。

（a） （b）

图 9-12 不同的空间比例

（a）高而窄的空间；（b）宽而低的空间

 **拓展阅读**

北京饭店

1. 简介

北京饭店位于北京市中心，毗邻昔日皇宫紫禁城，漫步 5 min 即可抵达天安门、人民大会堂、国家大剧院及其他历史文化景点，与繁华的王府井商业街仅咫尺之遥。

北京饭店是座历史悠久的大型豪华饭店，交融了东西方文化，曾接待过多个国家和地区的首脑。饭店房间高大宽敞、豪华典雅（图 9-13）。饭店拥有各类中西餐厅及风味独特的谭家菜。饭店周边完善的地面及地铁交通设施为宾客的商务出行节省了宝贵的时间，同时现代化的酒店会议设施及服务可为宾客商务会谈和宴请提供更加广泛的空间。北京饭店是 2008 年北京奥运大家庭总部饭店，连续多年荣获了由美国优质服务科学学会颁发的"五星钻石奖"，此奖项是酒店业国际最高荣誉。

图 9-13 北京饭店内部空间

饭店内部设有餐厅、宴会厅、多功能厅、会议室、商务中心、室内游泳池、网球场、保龄球馆等，完善的设施把饭店、生活、时尚三者紧密结合在一起。

北京饭店于1900年创办，舒适豪华的居室，独具特色的佳肴美馔，热情周到的服务，无数名人的下榻时刻吸引着海内外人士的目光。

2021年10月，北京饭店入选"2021胡润中国最具历史文化底蕴品牌榜"第45位。其中，金碧辉煌的宴会厅具有浓郁的中式宫廷建筑风格，建筑面积近2 000 m²，适合举办各种形式的宴会、国际会议、大型演出。宽而不高的空间使人感到亲切而开阔。

2. 历史溯源

北京饭店位于东长安街与王府井商业街交汇处，是著名的五星级百年老店。1900年，两个法国人在东交民巷外国兵营东面开了一家小酒馆，并于第二年搬到兵营北面，正式挂上"北京饭店"的招牌。

1903年，饭店迁至东长安街王府井南口，即饭店现址。

1907年，中法实业银行接管北京饭店，并改为有限公司，法国人经营时期是北京饭店的第一个辉煌期，从建筑风格到内部设施都标志着饭店成为京城首屈一指的高级饭店。随着抗战胜利，北京饭店由国民党北平政府接收管理，一度成为专门接待美军的高级招待所。

直至1949年北平解放，北京饭店的命运才随之出现转折，当时隶属于国务院机关事务管理局的北京饭店，成为新中国国务活动和外事接待的重要场所，具有相当高的政治地位。

1954年和1974年，在周总理的亲切关怀下，北京饭店相继进行了两次扩建，一度成为北京城内现代化和国际化的标志建筑。在新时代，北京饭店依然是重要国事活动和会议的首选场所，它在承载着酒店功能性和特殊政治身份的双重使命中见证了时代的变迁。

如今，拥有近1 000套现代化客房、建筑面积达16万平方米的北京饭店已经发展成一座成熟的商务豪华型酒店。

2006年12月17日，北京饭店被国际奥委会和北京奥组委正式确定为北京2008年奥林匹克大家庭总部饭店，奥运会赛事阶段，总部饭店成为奥林匹克大家庭主要成员的驻地，以及国际奥委会的总部和指挥中心。

为使北京饭店能够更加符合国际化的五星级酒店的标准，为宾客提供更完善的设施和服务，从1998年至2000年间，饭店进行了大规模的改扩建，总体改造完工后，饭店以崭新的面貌、现代化的服务设施为宾客提供客房、餐饮、会展、娱乐、购物于一体的全方位服务，经营总面积也由13.8万平方米扩充至15万平方米。

今天的北京饭店汇集了中华美食的各式佳肴，谭家菜是北京地方独特的官府菜肴，1958年，谭家菜在周恩来总理的关怀下于北京饭店安家落户。除谭家菜外，川菜、淮扬菜、上海菜、粤菜等各式菜系在北京饭店各领风骚，精美绝伦的菜肴与优雅舒适的就餐环境可谓相得益彰。

除中华美食外，北京饭店更有世界各地的珍馐美味。在北京饭店的西餐厅品尝充满异国情调的法式餐点，不禁让人回想起北京饭店过往的时光。

今天，这座伫立在新世纪潮头的百年老店，正以开放的姿态和勃勃的生机向世人展示着它集历史、人文、审美、现代科技于一身的五星级饭店独具的风采。

9.2.2　窗台高度

窗台的高度主要根据室内的使用要求、人体尺度、靠窗的家具或设备尺寸及通风要求来确定。确定窗台的高度应该以方便人们工作、学习，保证书桌上有充足的光线为前提和标准。

对于一般民用建筑中的生活、工作、学习用房间，窗台高度可与桌面平齐或稍高于桌面，为900~1 000 mm，这样窗台距桌面高度控制为100~200 mm，保证了桌面上充足的光线，并使桌上纸张不被风吹出窗外，如图9-14所示。

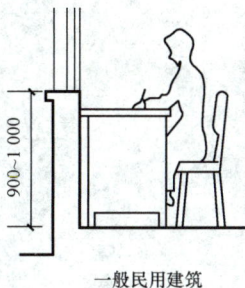

图 9-14　一般民用建筑窗台高度

一般民用建筑

　　有特殊要求的房间窗台高度根据实际使用情况来确定。如设有高侧窗的陈列室，为消除和减少眩光，以更好地保护成列品免受阳光直射而损坏，一般将窗下口提高到离地 2 500 mm 以上，如图 9-15 所示。卫生间、浴室的窗台可提高到 1 800 mm 左右，如图 9-16 所示。托儿所、幼儿园等幼儿建筑的窗台高度应考虑儿童的身高及较小的家具设备，应较一般民用建筑低一些，常采用 600～700 mm，如图 9-17 所示。

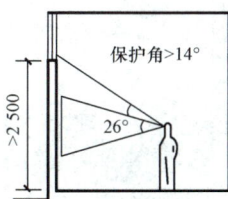

保护角>14°

26°

展览建筑

图 9-15　展览建筑窗台高度

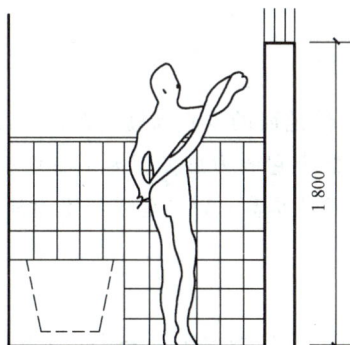

卫生间

图 9-16　卫生间窗台高度

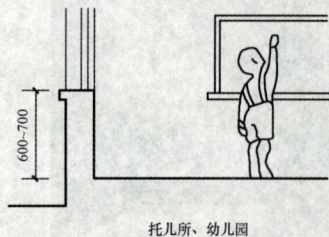

图 9-17　幼儿建筑窗台高度

除此以外，建筑中的某些房间，为扩大视野，丰富室内空间，也常常降低窗台高度，甚至采用落地窗，如图 9-18 所示。

图 9-18　落地窗

9.2.3　室内外地面高差

室内外地面高差是指建筑物室内地面到室外自然地面的垂直高度。在建筑设计中，一般以底层室内地面标高为±0.000，高于它的为正值，低于它的为负值。为了防止室外雨水进入室内，并防止墙身受潮，一般民用建筑常把室内地坪适当提高，以使建筑物室内外形成一定高差，该高差主要由以下因素确定。

1. 内外联系方便

室外踏步的级数常以不超过四级（600 mm）为好。仓库为便于运输常设置坡道，其室内外地面高差以不超过 300 mm 为宜。

2. 防水、防潮要求

为了防止室外雨水流入室内，并防止墙身受潮，底层室内地面应高于室外地面，一般为 300 mm 或 300 mm 以上。对于地下水水位较高或雨量较大的地区以及要求较高的建筑物，也应有意识地提高室内地面以防止室内过潮。

3. 地形及环境条件

山地和坡地建筑物，应结合地形的起伏变化和室外道路布置等因素综合确定底层地面标高，使其既方便内外联系，又有利于室外排水和减少土石方工程量。

4. 建筑物性格特征

一般民用建筑如住宅、旅馆、学校、办公楼等，是人们工作、学习和生活的场所，应具有亲切、平易近人的感觉，因此室内外高差不宜过大。纪念性建筑除在平面空间布局及造型上反映出它独自的性格特征外，还常借助于室内外高差值的增大，如采用高的台基和较多的踏步处理，以增强严肃、庄重、雄伟的气氛。

9.3　建筑层数的确定

影响建筑层数的因素很多，主要有使用要求，结构、材料和施工要求，基地环境与城市规划的要求，建筑防火要求以及建筑经济要求等。

9.3.1　使用要求

根据建筑用途和使用对象的不同，使用上对建筑的层数有不同的要求。

(1)住宅、办公楼等建筑可采用多层和高层。

(2)托儿所、幼儿园等建筑，其层数不宜超过3层。医院门诊部为方便病人就诊，层数也以不超过3层为宜。

(3)影剧院、体育馆等公共建筑人流集中，宜建成低层。

(4)宾馆、贸易大厦等建筑由于多建造于市区繁华地段，土地造价极高，因此不宜在地面水平伸展，而应向高处垂直延伸。另外，一些经济实力较强者为显示其经济实力，往往希望其建筑越高大越好，在繁华地带从高度上产生中心的导向性，有良好的可视性和观赏性，所以常建为高层公共建筑。

9.3.2　结构、材料和施工的要求

建筑物建造时所用的结构和材料不同，允许建造的建筑物层数也不同，同时，建筑施工条件、起重设备及施工方法等对确定房屋的层数也有一定的影响。

(1)一般砖混结构，其墙体多采用砖砌筑，自重大、整体性差，且随层数的增加下部墙体越来越厚，既费材料，又减少使用面积，常用于建造6、7层以下的大量性民用建筑，如住宅、宿舍、中小学教学楼、中小型办公楼、医院、食堂等。

(2)钢筋混凝土框架结构、剪力墙结构、框架-剪力墙结构及筒体结构可用于建多层或高层建筑。超高层建筑常采用型钢混凝土和钢结构结合的体系。图9-19分别表示各种结构体系的适用层数（非抗震设计）及高层建筑不同结构体系的适用层数。

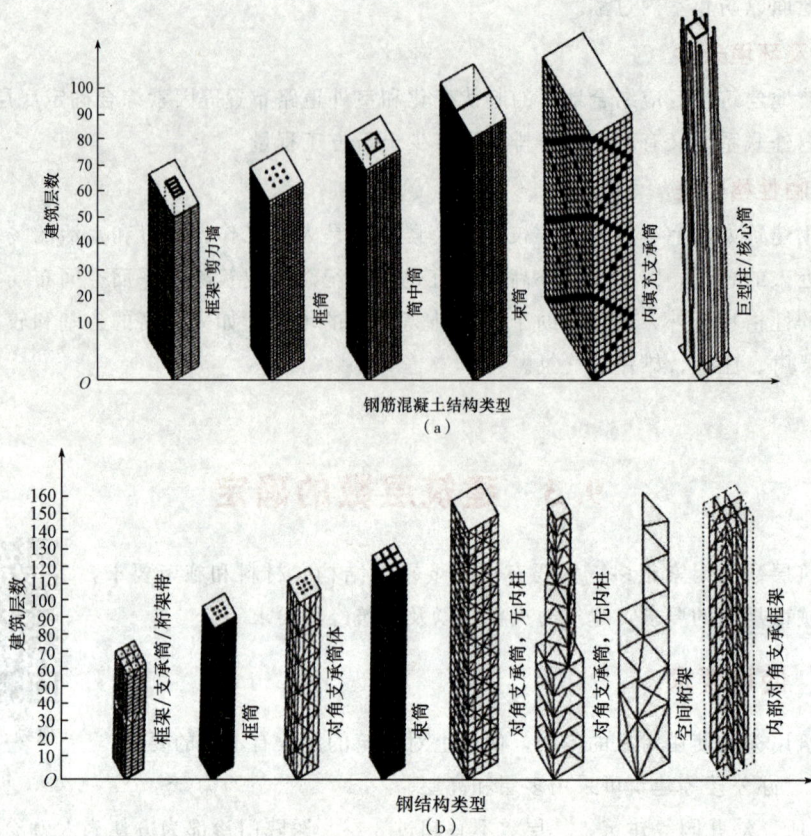

图 9-19　高层建筑不同结构体系的适用层数
(a)钢筋混凝土结构体系的高度适用范围；(b)钢结构体系的高度适用范围

（3）空间结构体系，如折板、薄壳、网架等，适用于低层或单层的大跨度建筑，如剧院、体育馆等。

9.3.3　基地环境和城市规划的要求

确定房屋的层数不能脱离一定的环境条件限制。城市设计和城市规划对建筑层数和建筑高度都有明确要求，特别是位于城市主要街道两侧、广场周围、风景区和历史建筑保护区的建筑，必须重视与环境的关系，做到与周围建筑物、道路、绿化相协调，同时要符合城市总体规划的统一要求。建筑物之间还要满足日照间距的要求。风景园林区应以自然环境为主，一般宜采用小巧、低层的建筑群。

9.3.4　建筑防火的要求

按照《建筑设计防火规范(2018 年版)》(GB 50016—2014)的规定，建筑层数应根据建筑的性质和耐火等级来确定。当建筑物的耐火等级为一、二级时，层数原则上不做限制；为三级时，最多允许建 5 层；为四级时，仅允许建 2 层。

9.3.5 建筑经济的要求

建筑的造价与层数关系密切。对于砖混结构的住宅，在一定范围内，在建筑平面不变的情况下，占地面积不变，随着层数的增加，建筑面积将成倍地增加，而土地、基础、屋顶等的费用相对减少，单方造价明显降低。但到了一定层数以上，由于荷载较大，结构的受力发生很大变化，对设备的要求也提高了，建筑材料用量会随之增大，此时层数的增加使建筑单方造价明显增加。因此，一般情况下，5、6层砖混结构的多层建筑是比较经济的。

建筑层数与用地的关系也十分密切。在建筑群体组合设计中，个体建筑的层数越多，用地越经济。如图9-20所示，将1幢5层住宅和5幢单层平房相比较，在保证日照间距的条件下，用地面积要相差2倍左右，同时，道路和室外管线设置也都相应减少。可见，增加建筑层数是减少建筑用地面积的主要途径。但同时也应注意，建筑层数的增多也会使结构形式变化和公共设施（如电梯）增加，提高单位造价，所以，确定建筑层数必须综合考虑各方面的因素。

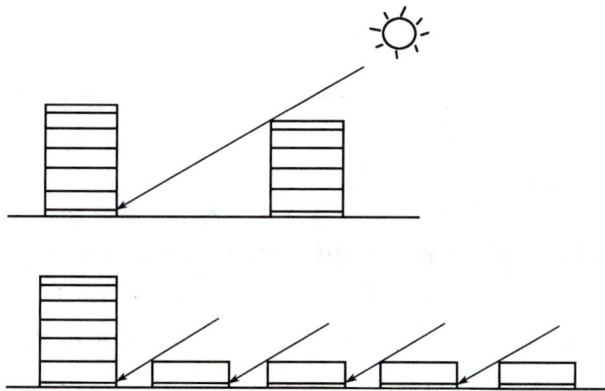

图 9-20　建筑层数与建筑用地的关系

拓展阅读

上海中心大厦

1. 建筑格局

上海中心大厦为多功能摩天大楼，主要作为办公、酒店、商业、观光等公共设施；主楼为地上127层，建筑高度为632 m，地下室有5层；裙楼共7层，其中地上5层，地下2层，建筑高度为38 m；总建筑面积约为57.8万 m^2，其中地上总面积约为41万 m^2，地下总面积约为16.8万 m^2，占地面积为30 368 m^2，绿化率为33%。

2. 设计理念

上海中心大厦整体呈螺旋上升形态，与裙房结合来看像是从地面"破土而出"，如一条巨龙直冲云霄，寓意现代中国的腾飞，将现代化的设计方案与中国传统文化底蕴相结合；设计团队利用蜿蜒的黄浦江勾勒出的城市线条和不对称布局带来的各种可能性，将上海市的城市肌理融入设计，垂直空间规划源于中国人生活中缓冲室内与室外的"朦胧空间"，这是在上海特有的石库门建筑常见的元素；长长的里弄和庭院是上海社交生活的背景，上海中心大厦的设计将这种里弄的布局垂直呈现。

3. 价值意义

作为陆家嘴核心区超高层建筑群的收官之作，上海中心大厦已成为上海金融服务业的重要载体；同时，大厦还是一座集办公、酒店、会展、商业、观光等功能于一体的垂直建筑，在优化陆家嘴地区整体规划、完善城市空间、提升上海金融中心综合配套功能、促进现代服务业集聚等方面也发挥了重要作用，并与周边的金茂大厦、上海环球金融中心组成品字形关系的建筑群，构成陆家嘴金融商业贸易区新的天际线。

上海中心大厦不仅是上海向世界展示现代化大都市形象的最新象征，也为建筑科技创新如何与文化身份认同相结合指出了新方向；其功能、身份和象征都切合城市的具体需求，展示了高层摩天楼对于公共空间的热诚，牺牲了部分使用面积来提供公共空间，走在了单纯商业需求的前面。

上海中心大厦是我国首次建造的600 m以上的高楼，展现了改革开放以来中国制造、工程建设领域的巨大进步和城市现代化发展的成果，也体现了建筑师独特的设计理念和大胆的设计创新。

项目小结

1. 建筑剖面设计是建筑设计完成过程中必不可少的重要环节，主要包括房间剖面形状的确定、房屋各部分高度的确定、建筑层数的确定。

2. 房间的剖面形状分为矩形和非矩形两大类，大多数房间采用矩形。房间剖面形状的确定主要考虑使用要求的影响，结构、材料和施工的影响，采光通风的影响。

3. 房屋各部分高度的确定主要包括净高和层高、窗台高度、室内外地面高差。

4. 净高和层高的确定应考虑使用要求、采光通风、结构高度及布置方式、建筑经济、室内空间比例要求等因素的影响。

5. 窗台高度主要根据室内的使用要求、人体尺度、靠窗的家具或设备尺寸及通风要求来确定。

6. 室内外地面高差应考虑内外联系方便、防水防潮的要求、地形及环境条件、建筑物性格特征等因素。

7. 建筑层数的确定应考虑使用功能的要求，结构、材料和施工的影响，基地环境及城市规划的影响，建筑防火和建筑经济的要求。

习 题

一、填空题

1. 幼儿园、托儿所建筑的层数不应超过_____。

2. 房间的剖面形状分为_____和_____两大类。

3. 一般情况下，室内的最小净高应不低于_____。

4. 对于一般民用建筑中的生活、工作、学习用房间，窗台的高度一般为_____。

二、选择题

1. 民用建筑中最常见的剖面形状是（　　）。

A. 矩形　　　　　　　　　　　B. 圆形

C. 三角形　　　　　　　　　　D. 梯形

2. 建筑物的层高是指( )。

   A. 房屋吊顶到地面的距离

   B. 建筑物上、下两层楼(地)面之间的距离

   C. 建筑上层梁底到下层楼(地)面之间的距离

   D. 建筑上层板底到下层楼(地)面之间的距离

3. 按照《建筑设计防火规范(2018 年版)》(GB 50016—2014)的规定，当建筑物的耐火等级为四级时，最多允许建造( )层。

   A. 1   B. 2   C. 3   D. 4

三、简答题

1. 影响房间剖面形状的因素有哪些？

2. 确定建筑层数时，应考虑哪些因素？

项目 10

建筑体型和立面设计

项目导读

本项目通过对建筑体型和立面设计的要求，以及对建筑构图的基本法则进行总结，论述了建筑造型的原则和方法，包括建筑体型的组合、建筑体型的转折与转角、体量的联系与交接、建筑立面设计等方面的处理方式。

思维导图

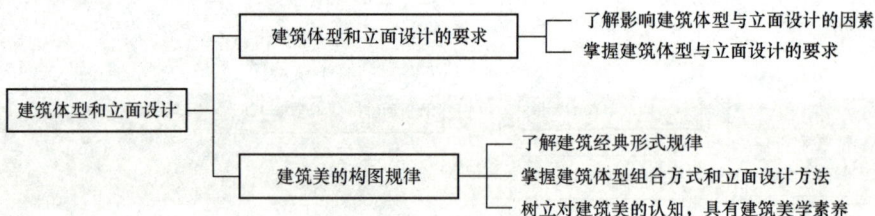

案例导入

在浦东某企业办公楼设计中，前期沟通时，业主认可简约的设计方向，但如何以简约、朴素的手法打造出耐人寻味的立面是设计考量的重点。在此前提下，设计团队设计了三种不同的立面构成，方案如下（图10-1）：

方案一：内部功能分割楼层＋棋盘式＋杆件排列组合。

方案二：楼层体块穿插组合＋杆件咬合＋杆件均布排列。

方案三：等差数列分割楼层＋上下杆件粗细不同＋上下杆件密度不同。

回答下列问题：

（1）每一种方案运用了哪些建筑构图的基本法则？

（2）如果你是业主，会选择哪一种方案？请说明原因。

图 10-1　某企业办公楼设计

10.1 建筑体型和立面设计的要求

在日常生活中，建筑物除了要满足人们生产、生活等物质方面的要求，还要考虑人们对建筑的审美要求，建筑物给人最直观的印象就是建筑的体型和立面，通俗来说就是房屋的外部形象。建筑体型和立面的设计必然会受到一些因素的制约。

视频：建筑体型和立面设计的要求

10.1.1 建筑体型与立面设计概述

建筑设计既包含建筑技术设计，又包含建筑艺术设计。因此，人们常把建筑比喻为"立体的绘画""无言的诗歌""凝固的音乐"，表达了建筑艺术与绘画、诗歌、音乐等视觉形象、文学形象、听觉形象的艺术形式美之间的共性。

建筑外部形态设计包括体型设计和立面设计两个部分。建筑体型是指建筑物与室外大气接触的其所包围体积的高低大小、相互关系、组合方式等。一般是先确定建筑体型，进而依据体型确定建筑立面。建筑立面是指建筑与其外部空间直接接触的界面，以及其展现出来的形象和构成的方式，它是建筑内外空间界面处的构件及其组合方式的统称。

建筑外部形态是设计者运用建筑构图法则，使坚固、适用、经济、绿色和美观等要求有机统一的结果。丰富的建筑外部形态包含了一定的内部秩序。建筑既是工程技术产品，也是艺术创造的作品，因此，它不仅要满足人们的生活、工作、娱乐、生产等物质功能要求，而且还要满足人们精神、文化方面的需要。建筑的美观问题，在一定程度上反映了社会的文化生活、精神面貌、时代特征和经济发展情况。不同分级、不同类型的建筑对艺术方面的要求不同，具有纪念性、象征性、标志性的建筑，其形象和艺术效果常常起着决定性的作用。正是建筑的这种物质和精神的双重功能属性，才使建筑的体型与立面设计显得十分重要。

建筑体型和立面设计是整个建筑设计的重要组成部分。外部体型和立面反映内部空间的特征，但绝不能简单地理解为体型和立面设计只是内部空间的最后加工，是建筑设计完成后的最后处理，而应与平面、剖面设计同时进行，并贯穿整个设计的始终。在方案设计一开始，就应在功能、物质、技术条件等制约下按照美观的要求考虑建筑体型及立面的雏形。随着设计的不断深入，在平面、剖面设计的基础上对建筑外部形象从总体到细部反复推敲、协调、深化，使之达到形式与内容的完美统一，这是建筑体型和立面设计的主要方法。

📑 拓展阅读

国家体育馆——鸟巢

1. 简介

国家体育场（鸟巢）工程总占地面积为21公顷，国家体育场建筑面积为 258 000 m²。国家体育场内观众座席约为 91 000 个，其中临时座席约 11 000 个。

国家体育场工程为特级体育建筑，主体结构设计使用年限为 100 年，耐火等级为一级，抗震设防烈度为 8 度，地下工程防水等级为 1 级。工程主体建筑呈空间马鞍椭圆形，南北长 333 m、东西宽 294 m，高 69 m。

主体钢结构形成整体的巨型空间——马鞍形钢桁架编织式"鸟巢"结构，钢结构总用钢量为4.2 万吨，混凝土看台分为上、中、下三层，看台混凝土结构为地下 1 层、地上 7 层的钢筋混凝土框架-剪力墙结构体系。钢结构与混凝土看台上部完全脱开，互不相连，形式上相互围合，基础则坐落在一个相连的基础底板上。

2. 外形结构

整个体育场结构的组件相互支撑，形成网格状的构架，外观看上去就仿若树枝织成的鸟巢（图 10-2），其灰色矿质般的钢网以透明的膜材料覆盖，其中包含着一个土红色的碗状体育场看台。在这里，中国传统文化中镂空的手法、陶瓷的纹路、红色的灿烂与热烈，与现代最先进的钢结构设计完美地相融在一起。

图 10-2　鸟巢

整个建筑通过巨型网状结构连系，内部没有一根立柱，看台是一个完整的没有任何遮挡的碗状造型，如同一个巨大的容器，赋予体育场以不可思议的戏剧性和无与伦比的震撼力。这种均匀而连续的环形也将使观众获得最佳的视野，带动他们的兴奋情绪，并激励运动员向更快、更高、更强冲刺。

3. 设计理念

国家体育场坐落于奥林匹克公园建筑群的中央位置，地势略微隆起。高低起伏的、波动的基座缓和了容器的体量，而且给了它戏剧化的弧形外观。体育场的外观就是纯粹的结构，立面与结构是统一的。各个结构元素之间相互支撑，汇聚成网格状。

在满足奥运会体育场所有的功能和技术要求的同时，设计上并没有被那些雷同的、过于强调建筑技术化的大跨度结构和数字屏幕所主宰。体育场的空间效果新颖激进，但又简洁古朴，从而成为 2008 年奥运会史无前例的地标性建筑。

4. 奥运风采

第 29 届夏季奥运会开幕式美轮美奂的演出、运动员们在场上的奋力拼搏都给世人留下了极其深刻的印象。北京奥运会在奥林匹克运动史上留下了辉煌的一页。

在鸟巢举办的奥运会比赛项目是田径和男子足球。田径比赛共产生 47 块金牌，是奥运会金牌第一大项，约有 2 000 名运动员参加该比赛，在 10 天的北京奥运会田径比赛中，共刷新了 5 项世界纪录。

在残奥会赛场上，运动员们挑战自我，创造了一个又一个奇迹。鸟巢共产生 473 块金牌，有 100 多项世界纪录被打破。中国健儿们获得了 89 块金牌、211 块奖牌的佳绩，在金牌榜和奖牌榜上都双双遥遥领先。

10.1.2　体型和立面设计的要求

1. 反映建筑使用功能要求和特征

建筑是为了满足人们生产和生活需要而创造出的物质空间环境。各类建筑由于使用功能的千差万别，室内空间全然不同，在很大程度上必然出现不同的外部体型及立面特征。

（1）剧场建筑——上海大剧院（图10-3）。整个建筑按照中国古典建筑亭的外形设计，屋顶采用两边反翘和天空拥抱的白色弧形，寓意"天圆地方"，象征各国灿烂文化的巨大"聚宝盆"。外立面由玻璃和大理石组成，从上至下晶莹透亮，是现代化与民族风的结合，夜晚通过光线照射，晶体的立面、屋顶组合的光幕与喷水池的水光反射相映，把整个建筑物变幻成一个水晶宫殿。

整个建筑晶莹、透明、典雅、壮观，其屋顶的形状，象征着上海对世界文化艺术的热情追求，充满了活力和梦幻，反映了剧场建筑明快活泼的特征。

图10-3　上海大剧院

（2）住宅建筑——重庆某现代简约中式住宅小区（图10-4）。住宅建筑一般采用单元式空间组合形式，从外观上看重复排列的阳台、尺度不大的窗户以及分组设置的楼梯间形成了浓郁的生活气息，这就是居住建筑的特点。建筑整体体现出简洁、清新、大气的视觉效果，以浅灰色、浅黑色和白色的穿插塑造丰富的立面色彩。

图10-4　重庆某现代简约中式住宅小区

（3）办公建筑——上海海事大学附属中学教学楼（图10-5）。办公建筑一般是采用走道式的空间组合形式，反映在外观上必然呈带形的长方体，由于功能关系比较简单，往往可以做成对称形式。校区楼体设计在立面色调上采用了上部的蓝色与底部的灰色，象征着海水与礁石的完美结合。海水的深不可测与礁石的坚不可摧也彰显出学校文化底蕴的丰富与坚实。灵动的海水与沉稳的礁石也诠释了体育精神的真谛，上部点缀的条形窗反映出建筑动态的韵律和勃勃的生机。

图 10-5　上海海事大学附属中学教学楼

(4)商业建筑——上海市光大安石中心(图 10-6)。商业建筑通过宽敞明亮的窗户重复排列、底层设置陈列橱窗、外墙大面积的玻璃幕墙来增加通透感，入口橱窗门厅一般会着重设计，也体现了商场热闹、繁华的气息。

图 10-6　上海市光大安石中心

2. 反映结构、材料和施工的特点

建筑不同于一般的艺术品，它必须运用大量的材料并通过一定的结构施工技术等手段才能建成，因此建筑体型及立面设计必然在很大程度上受到物质技术条件的制约，并反映出结构、材料和施工的特点。

建筑结构体系对建筑的外部形象和建筑风格具有重要的影响，不同类型的建筑结构体系因其自身特点不同，所表现出来的建筑体型和外观特征也不同。随着建筑技术的不断发展，越来越多的建筑结构形式被运用到现代建筑中，也就产生了丰富多彩的建筑造型。

(1)砖混结构——重庆大学法学院(图 10-7)。砖混结构由于是墙体承重，开间和进深都比较小，立面窗户尺寸也受到了严格的限制，这类建筑给予人朴实和稳重的感觉。

图 10-7　重庆大学法学院

（2）框架结构——C. P. S. 百货公司大厦（图 10-8）。它的立面处理直率地反映出框架结构的特征。由于钢筋混凝土框架结构外墙只起围护作用，它的立面开窗比较自由，可以大面积开窗或者形成带形窗户，甚至可以取消窗间墙，给人非常通透的感觉，这类建筑具有轻巧灵活的立面特点。自 C. P. S. 百货公司大厦问世以后，因采用框架结构而诞生的横向扁平窗成为风靡一时的新形式，被人们赠以"芝加哥窗"的美名。

图 10-8　C. P. S. 百货公司大厦

（3）空间悬索结构——石家庄国际会展中心（图 10-9）。它是世界最大的悬索结构展厅，呈鱼骨式展开。其结合建筑大跨度空间的需要，应用悬索结构实现功能要求的同时实现富有韵律感的连续屋面；采用高张力缆索为主体的悬索屋顶结构，创造出带有紧张感、力动感的大型内部空间，同时用新材料、新技术呈现几何力学和建筑美学的统一，也进一步提升了参观者对建筑在地性的认同度。除此以外，还有空间薄壳结构和空间充气膜结构，如图 10-10 所示。

图 10-9　石家庄国际会展中心

图 10-10　空间薄壳结构和空间充气膜结构

现代新结构、新材料、新技术的发展，给建筑外形设计提供了更大的灵活性和多样性。特别是各种空间结构的大量运用，更加丰富了建筑物的外观形象，使建筑造型千姿百态，如图 10-11 所示。

（a）

（b）

图 10-11　新结构、新材料、新技术建筑
（a）上海东方体育中心游泳馆空间钢筋桁架结构；
（b）水立方（骨架为空间钢架网格结构）

由于施工技术本身的局限性，各种不同的施工方法对建筑造型都具有一定的影响。如采用各种工业化施工方法的建筑：盒子建筑、滑模建筑等都具有自己不同的外形特征。

(1)盒子建筑——中银舱体大楼[图10-12(a)]。它是位于日本东京银座区的集合住宅。采用在工厂预制建筑部件并在现场组建的方法。所有的家具和设备都单元化，收纳在居住舱体内，墙面开有圆窗，被称为居住者的"鸟巢箱"。

(2)滑模建筑——深圳国际贸易中心[图10-12(b)]。该建筑为双筒方形塔式办公楼，内部为大空间、可灵活分隔的办公用房。地上50层，地下3层，高约160 m。第49层为可容纳400人的旋转餐厅，第50层屋顶为直径26 m的直升机停机坪。裙房是一座4层的设有商业、商务、饮食与娱乐的购物中心。一庭院将商场与开敞式主楼门厅相连。主楼的垂直条窗与裙房三层高的玻璃幕墙形成鲜明的对比。

（a）　　　　　　　　　　（b）

图 10-12　新工艺建筑

（a）盒子建筑——中银舱体大楼；（b）滑模建筑——深圳国际贸易中心

3. 符合城市规划及基地环境的要求

建筑本身是构成城市空间和环境的重要因素，它不可避免地要受到城市规划、基地环境的某些制约，所以建筑基地的地形、地质、气候、方位、朝向、形状、大小、道路、绿化以及与原有建筑群的关系等，都对建筑外部形象有极大影响。

流水别墅(图10-13)是位于美国宾夕法尼亚州匹兹堡市附近一片风景优美的、山林之中的度假别墅，整个建筑悬在溪流和小瀑布之上。三层的别墅有的地方围以石墙，有的地方是大玻璃窗，有的地方封闭如石洞，有的地方开敞轩亮。流水别墅充分利用现代建筑材料与技术的性能，以一种非常独特的方式实现了古老的建筑与自然高度结合的建筑梦想。

图 10-13　流水别墅

苗族吊脚楼(图10-14)是苗族传统建筑,由于苗族大多居住在高寒山区,山高坡陡,场地平整、开挖地基极不容易,再加上天气阴雨多变、潮湿多雾,砖屋底层湿气很重,不宜起居。因而,形成了这种依山傍水、通风性能好的干栏式建筑,俗称"吊脚楼"。

图10-14 吊脚楼

4. 适应社会经济条件

建筑物从总体规划、建筑空间组合、材料选择、结构形式、施工组织直到维修管理等都包含经济因素。不同的建造标准对应着不同的选材、设备和工艺,对体型和立面产生很大影响。一般来说,大型公共建筑和复杂的空间形体在体型和立面的投入资金比例高,如选用石材、玻璃、金属幕墙等做法。大量性民用建筑一般应该考虑实用美观,要有节约意识和采取成本控制手段,应严格执行国家规定的建筑标准和相应的经济指标。另外,也要防止过度地追求低造价从而导致低标准,避免选用价格过低的材料以及施工粗制滥造现象的发生,从而造成使用性能无法满足要求甚至影响、破坏建筑的外观形象。

10.2 建筑美的构图规律

10.2.1 经典形式构图规律

建筑经典形式规律是长期历史积淀形成的,其中包括古代建筑对形制、比例的严格规定。例如,古希腊罗马时期,建筑的三段式构图、对称式布局以及各部分之间的比例规定;中国宫廷建筑的奇数开间、中轴对称、斗拱模数制规定等。

视频:建筑美的构图规律

经典形式规律还包括各时期意识形态和人文思想的集中体现,如文艺复兴时期的建筑对称规律、中国近代中西结合的西洋式混搭风,以及建筑师群体在长期的实践中,通过自身的认识和经验,总结出来的精华,如统一、均衡、稳定、韵律、比例、尺度、色彩等。

这些规律源于实践又用于实际设计,不同时代、不同地区、不同民族,尽管建筑形式千差万别,尽管人们审美观各不相同,但这些建筑美的基本法则都是一致的,是被人们普遍承认的客观规律。

1. 统一与变化

统一是整齐规则,也是最简单、最常用的形式美法则。统一给人和谐宁静的秩序美感,但是过于整齐会显得刻板单调,缺少变化的生动。而变化应该在井然有序的情况下发挥作用,否

则使人感到零乱、没有条理。因此，统一与变化都存在一个"度"的问题。我们需要的是在变化中求统一，把多种因素有机地结合在一起，使建筑形体既丰富又有秩序。统一与变化是建筑构图的一条重要原则，它体现了形式美的基本规律，具有广泛的普遍性和概括性。

(1)简单的几何形体求统一。任何简单的、容易被人们辨认的几何形体都具有一种必然的统一，主要是利用基本几何形状，如长方体、正方体、球体、圆柱体、圆锥体等形体营造建筑空间。这是一种形状简单、明确肯定的统一方式。

著名建筑法国卢浮宫旁的玻璃金字塔(图10-15)，在统一的形式下，采用现代材料及样式，为卢浮宫这个拥有古老传统的艺术殿堂插上了现代的翅膀，让巴黎具有了新的魅力，整个建筑是简单的棱锥体，造型在水面的倒影反射天空和光线的变化，现代的玻璃金字塔创造了生气勃勃的视觉和效果。

图 10-15　法国卢浮宫前的玻璃金字塔

国家大剧院(图10-16)这座"城市中的剧院、剧院中的城市"，外形呈半椭球形，以一颗献给新世纪的超越想象的"湖中明珠"的奇异姿态出现。一个简单的"蛋壳"，里面孕育着生命，代表了一个时代的结束与另一个新的时代的开始。整个壳体钢结构质量达 6 475 t，东西向长轴跨度212.2 m，是世界上最大的穹顶，壳体钢结构的吊装仅用了 76 个工作日，创造了巨型壳体钢结构安装的"中国速度"。

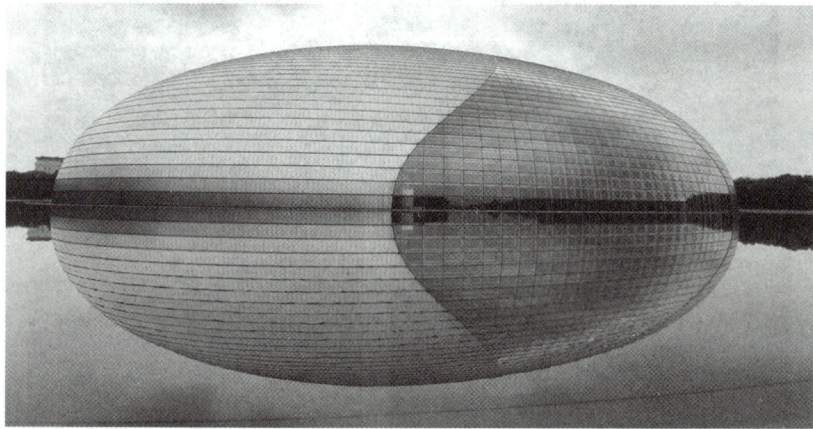

图 10-16　国家大剧院

(2)主从分明，以陪衬求统一。复杂体量的建筑根据功能的要求常包括主要部分和从属部分，如果不加以区别对待，则建筑必然显得平淡、松散，缺乏统一性。在外形设计中，恰当地处理好主要与从属、重点与一般的关系，使建筑主从分明、以次衬主，就可以增强建筑的表现力，取得完整统一的效果。

1）运用轴线的处理，突出主体。在建筑中采用对称的手法可以创造一个完整统一的外观形象。

中国国家博物馆（图10-17）建筑面积为 65 152 m²，南北长 149 m，东西长 313 m。为了与人民大会堂的巨大体量相均衡，采用内院式布局，与人民大会堂一实一虚遥相呼应。

图 10-17　中国国家博物馆

广州中山纪念堂（图10-18）设计于 1926 年，1928 年始建于广州。在新建筑体量上套用大屋顶和其他古建筑构件，以新材料、新结构借鉴古建筑的法式，体现出个体建筑一定程度上的创新。其是当时中国建筑师在为新材料、新结构创造"中国固有形式"过程中的一种尝试。

图 10-18　广州中山纪念堂

2）以低衬高，突出主体。在建筑外形设计中，充分利用建筑功能要求上所形成的高低不同，采取以低衬高、以高控制整体的处理手法，是取得完整统一的有效措施。

在 20 世纪 20 年代欧洲出现摆脱传统建筑的思潮时，瑞典斯德哥尔摩市政厅（图10-19）的建筑设计仍然表现出尊重和继承传统的精神。这座市政厅将多种传统建筑样式巧妙地结合起来，更突出北欧的地方建筑风格。市政厅内有一个装饰精美的典礼厅，每年一度庆贺诺贝尔奖奖金颁发盛典的宴会即在此大厅中举行。这座建在水边的市政厅，体型高低错落、虚实相配，极富诗情画意，是 20 世纪建筑艺术的精品之一。

图 10-19　瑞典斯德哥尔摩市政厅

意大利圣马可大教堂与钟塔(图 10-20)是意大利文艺复兴时期的经典建筑。教堂的平面是希腊十字形,有五个穹隆,穹隆之间用筒形拱连成一体。在它前面的是著名的圣马可广场,广场的钟塔,以其高耸的形象统一整个广场建筑群。教堂与钟塔形成对比统一,相得益彰。

图 10-20　意大利圣马可大教堂与钟塔

3)利用形象变化突出主体。在建筑造型上运用圆形、折线形或比较复杂的轮廓线都可获得突出主体、控制全局的效果。

悉尼歌剧院(图 10-21)看起来像是一件伟大的巨型雕塑,也是全世界文化艺术荟萃的中心,它独特的建筑风格大大提高了澳大利亚文化艺术的地位。

图 10-21　悉尼歌剧院

2. 均衡与稳定

均衡与稳定也是建筑构图中的一个重要原则。一幢建筑物由于各体量的大小、高低、材料的质感、色彩的深浅、虚实变化的不同，常表现出不同的轻重感。一般来说，体量大的、实体的、材料粗糙及色彩暗的，感觉上要重些；体量小的、通透的、材料光洁和色彩亮的，感觉上要轻一些。研究均衡与稳定，就是要使建筑形象显得安定、平稳。

（1）均衡。均衡是指建筑物各体量在建筑构图中左右、前后相对的轻重关系，包括建筑构图中的上下、轻重关系。在建筑构图中，根据均衡中心的位置不同，均衡又可分为对称的均衡与非对称的均衡。

对称的均衡较严谨，给人以庄严的感觉；非对称的均衡较灵活，给人以轻巧和活泼的感觉。采取哪一种形式的均衡，要综合考虑建筑物的功能要求、性格特征以及地形、环境等条件。

对称的均衡表现为对称中轴线两边的建筑物在形体和质量上都保持一致，给人以端庄、雄伟、严肃的感觉，常用于纪念性建筑或者其他需要表现庄严、隆重的公共建筑。如北京大学图书馆的立面也采用对称均衡的构图技巧，呈现图书馆建筑严谨、稳重的风范，如图 10-22 所示。

图 10-22　对称的均衡（北京大学图书馆）

建筑物由于受到功能、结构、材料、地形等各种条件的限制，不可能都采用对称形式。同时，随着科学技术的进步以及人们审美观念的发展变化，要求建筑更加灵活、自由，因此，非对称的均衡得以广泛采用。

非对称的均衡往往可以适应现代建筑复杂多变的功能要求，利用不同体量、材质、色彩、虚实变化等的平衡达到非对称均衡的目的，可以更灵活地适应场地环境和内部功能，因其没有严格的约束，适应性强，显得生动、活泼，如图 10-23 所示。

图 10-23　非对称的均衡（中国科学院研究生院教学楼）

（2）稳定。稳定是指建筑整体上下之间的轻重关系。一般来说，上面小、下面大，由底部向上逐层缩小的手法易获得稳定感。

北京天坛祈年殿如图10-24(a)所示。天坛位于北京城的南端，是明、清两代皇帝祭天和祈求丰年的地方。其始建于明永乐十八年（1420年），清乾隆年间改建后成为今天这一辉煌壮观的建筑群。在封建社会后期营建的天坛，是中国众多祭祀建筑中最具代表性的作品。天坛不仅是中国古建筑中的明珠，也是世界建筑史上的瑰宝。

随着现代新结构、新材料的发展，人们的审美观发生了变化。传统的砖石结构上轻下重、上小下大的稳定观念也在逐渐发生变化。近代建造了不少底层架空的建筑，利用悬臂结构的特性、粗糙材料的质感和浓郁的色彩加强底层的厚重感，同样达到稳定的效果。图10-24(b)所示为上海世博会中国馆。

（a） （b）

图10-24 体型组合的稳定构图
(a)北京天坛的祈年殿；(b)上海世博会中国馆

3. 韵律与节奏

建筑的韵律是指建筑整体构图中建筑构件有规律地重复出现。这样的布局形成形式上的节奏感，使人们将音乐与建筑两种不同门类的艺术联系在一起。因此，建筑素有"凝固的音乐"之称，相应地也有"音乐是流动的建筑"之说。

建筑的韵律分为连续的韵律、渐变的韵律和交错的韵律。连续的韵律是单一构件或一组构件有规律地重复出现。渐变的韵律是重复出现的构件有规律地逐渐变化。在渐变的韵律中，出现起伏的变化，称为起伏的韵律。交错的韵律是指两种以上的元素交替出现、相互交织、相互穿插，形成统一整体的构图。

（1）连续的韵律——祐国寺铁塔（图10-25）。该塔建于宋庆历年间（公元1041—1048年），位于河南开封，塔面用铁色琉璃砌成，故俗称"铁塔"。塔平面呈八角形，高十三级。各层塔身宽度递减，具有一定的古塔韵律感。

（2）渐变的韵律——金茂大厦（图10-26）。它是由中国上海对外贸易中心股份有限公司独家投资5.6亿美元建设的一座88层的超高层大厦，建筑高度为420.5 m，建筑面积为28.9万平方米，于1998年8月28日竣工。金茂大厦是中国改革开放、经济腾飞的象征之一，建筑平面布局严谨，空间组织合理，立面构思精细，结构选型可靠，大厦充分体现了中国传统文化与现代高新科技相融合的特点，既是中国古老塔式建筑的延伸和发展，又是海派建筑风格在浦东的再现。

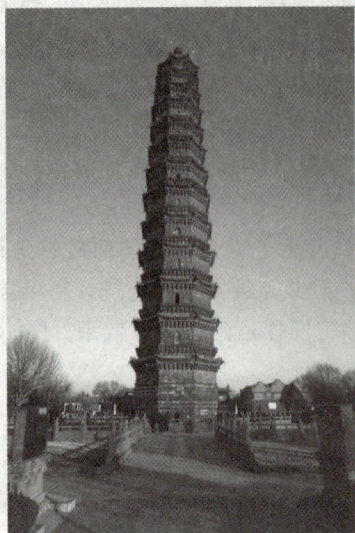

图 10-25　连续的韵律——祐国寺铁塔　　图 10-26　渐变的韵律——金茂大厦

4. 对比

建筑造型设计中的对比，具体表现在体量的大小、高低、形状、方向、线条曲直、横竖、虚实、色彩、质地、光影等方面。在同一因素之间通过对比，相互衬托，就能产生不同的形象效果。对比强，则变化大，感觉明显，建筑中很多重点突出的处理手法往往是采取强烈对比的结果；对比弱，则变化小，易于取得相互呼应、和谐、协调统一的效果，因此在建筑设计中恰当地运用对比的强弱是取得统一与变化的有效手段。

(1)高体量与低体量的对比——民族文化宫(图 10-27)。它是一座介绍、展出中国各民族历史、文物、三产、生活和进行各项政治、文化、娱乐活动的场所。建筑面积为 30 770 m²，平面呈山字形，楼前开辟有宽阔的绿化广场。建筑东西两翼为 2～3 层，中部塔楼地上 13 层，高达 67 m，挺拔高耸，全部墙面采用白色面砖饰面，孔雀蓝色琉璃瓦屋顶，方整石墙脚，融现代建筑与传统民族风格于一体，造型优美，色彩明快，充分体现了建筑的主题。

图 10-27　高体量与低体量的对比——民族文化宫

（2）玻璃与实墙的对比——肯尼迪图书馆（图 10-28）。该建筑建于美国波士顿市以南一个半岛上。用地 3.8 公顷，总建筑面积为 10 230 m²。整个图书馆由多个基本几何形体构成，在外观上体现了鲜明的雕塑性，白色的实墙与深灰色的玻璃形成了强烈的对比，更为图书馆的建筑风格增添了戏剧性。

图 10-28　玻璃与实墙的对比——肯尼迪图书馆

5. 比例与尺度

比例是指长、宽、高三个方向之间的大小关系。整体或局部以及整体与局部、局部与局部之间都存在着比例关系。例如，整幢建筑与单个房间长、宽、高之比；门窗或整个立面的高宽比；立面中的门窗与墙面之比；门窗本身的高宽比等。良好的比例能给人以和谐、完美的感受；反之，比例失调就无法使人产生美感。

一般来说，抽象的几何形状以及若干几何形状之间的组合，处理得当就可获得良好的比例而易于为人们所接受。例如，圆形、正方形、正三角形等具有显性的外形而引起人们的注意；"黄金率"的比例关系（长宽之比为 1.618∶1）要比其他长方形好；大小不同的相似形，它们之间对角线互相垂直或平行，由于"比率"相等而使比例关系协调。建筑物的各部分一般由一定的几何形体所构成，因此，在建筑设计中，有意识地注意几何形体的相似关系，对于推敲和谐的比例是有帮助的。

尺度是指建筑物整体与局部构件给人感觉上的大小与其真实大小之间的关系。抽象的几何形体显示不了尺度感，但一经尺度处理，人们就可以感觉出它的大小。在建筑设计过程中，常常以人或与人体活动有关的一些不变因素（如门、台阶、栏杆）作为比较标准，通过与它们的对比而获得一定的尺度感。建筑设计中，尺度的处理通常有以下三种方法。

（1）自然的尺度。以人体大小来度量建筑物的实际大小，从而给人的印象与建筑物真实大小一致，常用于住宅、办公楼、学校等建筑。

（2）夸张的尺度。运用夸张的手法给人以超过真实大小的尺度感。常用于纪念性建筑或大型公共建筑，以表现庄严、雄伟的气氛，如图 10-29 所示的中山陵。

（3）亲切的尺度例图。以较小的尺度获得小于真实的感觉，从而给人以亲切宜人的尺度感。常用来创造小巧、亲切、舒适的气氛，如庭院建筑，图 10-30 所示为苏州园林。

图 10-29　中山陵

图 10-30　苏州园林

6. 色彩与质感

建筑色彩是建筑的反射或折射等光线给人的视觉效应。没有光就没有色。人们对某一物体颜色的感觉，会受到周围颜色的影响。建筑的外部构件因材质、位置等不同，必然构成不同的色彩组合。建筑与周围环境又会组成更大的色彩体系。色彩的组合包括调和色和对比色。追求建筑自身以及建筑与环境的色彩协调，可以通过建筑色形合理组合，形成统一协调的空间环境。

建筑的质感是建筑表面材质、质量给人的感觉和印象。良好的质感可以提升建筑的外观品质，更能获得建筑形式美的效果。例如，玻璃饰面或透光、或反射，金属饰面或光亮、或亚光、或拉毛，涂料饰面或平面、或橘皮、或浮雕，石材饰面或光面、或烧毛、或机刨，都会给人不同的表观感受。建筑立面设计，并不是饰面材料的堆砌，也不是无意识形成，而是深谙建筑的内涵和饰面材料的特质，恰当地选材、合理地配置，从而创造完美的建筑艺术形象，如图 10-31所示。

图 10-31　某文艺中心北立面图

10.2.2　当代形式构图规律

形式美规律伴随着审美观念的发展变化而变化。在经典的形式美法则之上，发展、演绎、变异出许多新的形式美法则，表现出时代化、宽泛化、世俗化、休闲化等诸多特征，所有这些都使传统形式规律的阈限和创造方式发生了空前的扩张与位移，形式美规律成为整个社会文化的具体实践方式和大众日常生活本身的直观形式，在建筑领域则直接体现为更为多元与包容，如反叛与超越、跨界与混搭等。具体有以下几种形式较具有表性。

1. 解构无序

解构主义建筑是在 20 世纪 80 年代晚期开始出现的，它受哲学领域的解构主义思潮影响，属于后现代主义建筑范畴。解构是将原有的结构系统分解为组成元素，再按照个性的原则将元素重新编排，体现破碎、零散、无序等反传统的颠覆特征。它的设计过程属于非线性设计的过程，重在颠覆经典、重构秩序，强调变形与移位、混乱与混杂，如图 10-32 所示。

图 10-32　解构主义建筑举例

解构主义脱胎于现代主义、后现代主义、立体派、简约主义及当代艺术，目的是远离甚至颠覆已有的束缚规范，如"形式跟随功能""形式表达结构""材料的真实"等。

计算机辅助设计在很多方面成为当代建筑设计的重要工具。对于解构主义来说，必须借助专业的设计软件来完成数字化的模型，可以在模型中读取数据，使数以万计的、不规则的尺寸精准地呈现出来。近期发展的 BIM（建筑信息模型）可以保证建筑变异的体型、复杂的空间、倾斜的线条等细部精准实现。

2. 动态自由

动态自由建立在不对称、不均衡、不稳定的形式中，通常是打破静止、形成动感的设计。大自然中奔流的江河、旋转的陀螺、展翅的飞鸟、奔跑的走兽等，都保持动态自由的姿态。现代建筑理论强调时间和空间两种因素的相互作用，强调人的感觉体验所产生的巨大影响，促使建筑师去探索新的动态自由形式。例如，把建筑设计成飞鸟的外形、螺旋体型，或采用具有运动感的曲线等。动态的形式感进入建筑体型与立面设计领域，创造了全新的建筑形式，逐渐被大众接受。

动态自由一般需要具备较大的建筑规模、宽松的场地环境，通常以曲线、自由线、折线等抽象要素为依托，进而附着匹配材料，形成个性化的视觉目标。

3. 简约极简

极简主义也称为简约、极少、极限主义，从德国建筑设计大师米斯·凡·德·罗提出的"Less is more"（少即是多）推衍开来，风靡于 20 世纪二三十年代，广泛地涉及建筑、室内设计、家具、服装、文学、包装、摄影等众多领域，至今仍然散发着巨大魅力。极简并不是简单、简陋，而是被提炼出来的纯粹和精华，它主张形式简单、高度功能化与理性化的设计理念，看似简洁却内涵深厚，非常适合现代人彰显独立个性和精致品位的要求。极简主义推崇作品的内容被减少至最低限度。当物体的所有组成部分和细节，以及所有的连接都被减少或压缩至精华时，它就会拥有这种特性，这就是去掉非本质元素的结果。

建筑中的简约极简风格是作为现代主义建筑、抽象表现主义建筑的分支发展而走向极致的，如图 10-33 所示，其建筑风格的具体表现如下所述。

图 10-33 极简主义建筑举例

（1）建筑体型极简：基本以几何体、几何原型为主，体型简洁明了、交接关系清楚，不刻意追求复杂变化。

（2）建筑色彩极简：建筑用色以素淡为主，主要是白色、灰色等，去色是简化的主要手段。

（3）建筑装饰极简：基本不需要装饰、符号，如果有，也提炼到最简单、最直接的形式。

（4）建筑材料极简：基本使用一种材质，白墙、清水混凝土、石材是常用的选择。

4. 表皮肌理

表皮肌理又称质感，是指物体表面的组织纹理结构，即各种纵横交错、高低不平、粗糙平滑的纹理变化，物体的材料不同，表面的组织、排列、构造各不相同，因而产生不同的粗糙感、光滑感、软硬感。建筑表皮肌理一方面体现为材料的表现形式；另一方面体现为不同的构造工艺。

不同的材质与构造工艺可以产生各种不同的肌理效果，创造出丰富的建筑造型形式，并能加强形象的作用与感染力。肌理的构成形式有重复、渐变、发散、变异、对比等，如图 10-34 所示。

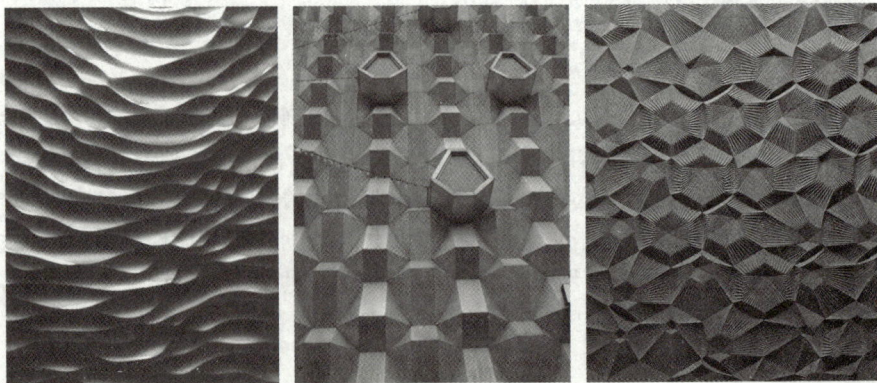

图 10-34 表皮材料肌理

（1）触觉肌理。建筑表皮肌理给人以直观的接触感觉，如光滑、粗糙、冰冷、弹性等在建筑的近人部分比较明显，如台阶、扶手、平台、墙面，以及其他停歇驻留的空间等。

（2）视觉肌理。人们通过对触觉物体的长期体验和记忆，以至于不必触摸，便会在视觉上感到质地的不同，称为视觉肌理。例如，人会觉得木材的质感是温润宜人的；石材的质感是坚硬冰冷的。

（3）自然肌理。其一般指自然形成的天然纹理，如木材、天然石材等没有加工所形成的肌理。

（4）创造肌理。其是指由人工造就的、经过表面加工改造的一种肌理形式。它是通过雕刻、打磨、压揉等工艺，重新进行排列组合而形成的。

拓展阅读

北京大兴国际机场——新世界七大奇迹之一

1. 工程案例

2019 年 9 月 25 日，习近平总书记在大兴国际机场庄严宣布："北京大兴国际机场正式投运！"这个被誉为"新世界七大奇迹"之首、先后获得鲁班奖和全球项目管理大奖等多项殊荣的超级工程正式投入营运。

改革开放以来，随着我国经济的极速腾飞，综合国力不断跃升，我国民航业也在迅速发展。从首都国际机场的平稳通航到北京大兴国际机场的正式投运，我国民航业正在逐渐刷新全世界的认知。北京大兴国际机场的建成创造了多个世界之最，如世界规模最大的单体机场航站楼、世界施工技术难度最高的航站楼、世界最大的采用隔震支座的机场航站楼、世界最大的无结构缝一体化航站楼，堪称世界上施工技术难度最高的机场。北京大兴国际机场鸟瞰图如图 10-35 所示。

图 10-35　北京大兴国际机场鸟瞰图

2. 关键技术

作为浓缩先进科技成果的集大成者，北京大兴国际机场展示了一个又一个震惊世界的新科技。其中，我国首次实行的"三纵一横"的全向构型的交叉跑道令世人刮目相看，通过交叉运行，高效疏导了出港航班，有效减少了大兴机场离港飞行流与首都机场进港飞行流之间潜在的冲突。激光气象雷达和相控阵气象雷达，加强了对风切变的监测和预警，进一步提高了空间分辨率和空间定位精度，增强了机场对雷雨等恶劣天气的预警能力。除此之外，大兴国际机场在国内首次实现开航即具备仪表着陆（也称盲降）三类 B 运行标准，在能见度不低于 50 m 的情况下，飞机也可以安全着陆，这项技术居世界先进水平。

作为一座面向未来的国际化智慧机场，大兴国际机场还采用了智能旅客安检系统，具备旅客自助验证、防止漏验错判、无感身份识别、人包自动绑定、行李识别分拣、托盘自动回传、信息自动集成、信息快速查询8项功能特征，处处显现"黑科技"。

3. 建筑美感

无独有偶，除了科技先进，大兴国际机场在航站楼的工程建设上，彰显了工艺水准和美学呈现的和谐统一。中国民航机场建设集团有限公司规划设计总院总规划师牧彤介绍，大兴国际机场的外形在整体设计上呈现流线放射状，5条"指廊"从中心向四周发散，宛如凤凰展翅。航站楼的中心顶部巨大的六边形天窗，形成一个大型光庭。每条"指廊"顶部延伸出一条天窗，延展到各个"花瓣"的末梢，顶部直接与气泡状天窗相接，将屋面与承重结构一体化，简化了建筑形式，浪漫灵动。

"作为一座面向未来的国际化智慧机场，大兴机场航站楼在室内设计中也向世界充分展现着东方之美。"牧彤说，机场室内空间的连通性很强，以白色色调为主，其荷叶般的内部结构覆盖了主要空间。在机场航站楼5条"指廊"的尽头，各有一座"空中花园"，分别为丝园、茶园、瓷园、田园和中国园。负责油漆彩画工作的44岁画工师徐海涛告诉记者，在模仿中国传统古建筑的室外庭院中国园中，约有1 000个"万字符"，每一个"万字符"，要描5层漆，每一层漆都要在风干之后才能再描一遍，最后贴上金纸，他称这是"艺术创作"。

据介绍，2015年9月航站区工程开工以来，每一个项目、每一个工程，机场建设者都力求高标准、高质量地完成，以工匠精神推进精细化管理，以创新精神推进新技术、新工艺的应用。在建设高峰期，仅主航站楼一天就有8 000多名工人同时施工，"树立服务国家战略新标杆，打造展示国家形象新国门。建设好、运营好北京大兴国际机场，是我们的神圣使命。"指挥部总指挥姚亚波告诉记者，指挥部对"四个工程"的要求进行了细化分解，精品工程突出品质，样板工程突出领先，平安工程突出安全第一，廉洁工程突出廉洁。同时，指挥部对每一个工程的具体要求提出了可量化的考核指标，实施最严格的建设制度管理，建立了完善的集安全、技术、质量、廉洁等于一体的保障体系。

凤凰展翅，逐梦蓝天。这个耗时不到5年的"新世界七大奇迹"背后，凝聚了无数建设者们辛勤的汗水和智慧，铸就了中国民航的时代丰碑，向世界展现了中国工程建筑的雄厚实力，彰显了中国的大国风范。

10.2.3 建筑体型与立面设计

建筑体型反映建筑物总的体量大小和形状。建筑体型有的比较简单，有的比较复杂，虽然建筑外形千差万别，但它们都是由一些基本的几何形体组合而成的。

建筑体型设计要在使用功能的要求下、物质技术条件的基础上，运用建筑构图的基本规律，使建筑各部分体量能巧妙地结合成一个整体。

建筑的体型主要受使用功能、建筑节能和造型要求的影响。建筑的体型形式有单一体型和组合体型。

1. 体型的组合

（1）单一体型。单一体型是指将复杂的内部空间组合到一个完整的体型中去。各个方向立面外观基本等高，平面多呈正方形、矩形、圆形、Y形等。这类建筑的特点是具有明显的整体性和组合关系，造型统一、简洁、轮廓分明给人以鲜明而强烈的印象，也可以将复杂的功能关系、多种不同用途的大小房间，合理、有效地加以简化、概括在简单的平面空间形式之中，便于采用统一的结构布置。广州市博物馆新馆如图10-36所示，其将展厅、藏品馆、公共服务厅、教育科研厅、综合管理厅等不同功能的房间分区组合在一个方体的空间，建筑运用"宝盒"的设计理念，立面呈现镂雕的整体肌理，形成简洁、大气的外观形象。

图 10-36　单一体型实例(广州市博物馆新馆)

（2）单元组合体型。单元组合体型是指将几个独立体量的单元按一定方式组合起来，住宅、学校、医院等常采用单元组合体型方式。这种组合方式由于体型的连续重复，形成强烈的韵律感，同时由于没有明显的均衡中心及体型的主从对比关系，因而给人以平静自然、亲切和谐的印象。图 10-37 所示为天津大学体育馆。

图 10-37　单元组合体型实例(天津大学体育馆)

（3）复杂体型。复杂体型是由两个以上的体量组合而成的，体型丰富，更适用于功能关系比较复杂的建筑物。由于复杂体型存在着多个体量，必然存在着体量与体量之间相互协调与统一的问题。

复杂体型体量较多而又不能按上述两种方式组合的，则应运用构图的基本规律进行体型组合。设计中应根据建筑内部功能要求，将其主要部分、次要部分分别形成主体、附体，突出重点、有中心，并将各部分紧密有序地连接在一起。图 10-38 所示的玉树博物馆，建筑物分为主要部分和次要部分，分别形成主体和附体。进行组合时应突出主体，主从分明，巧妙结合以形成有组织、有秩序又不杂乱的完整统一体。

图 10-38 体型组合的主从关系(玉树博物馆)

2. 体型的转折与转角处理

在特定的地形或位置条件下,如丁字路口、十字路口或任意角度的转角地带布置建筑物时,如果能够结合地形巧妙地进行转折与转角处理,不仅可以扩大组合的灵活性以适应地形的变化,而且可以使建筑物显得更加完整统一。

转折主要是指建筑物顺道路或地形的变化做曲折变化。因此这种形式的临街部分实际上是长方形平面的简单变形和延伸,具有简洁流畅、自然大方、完整统一的外观形象。

根据功能和造型的需要,转角地带的建筑体型常采用主附体结合、以附体陪衬主体、主从分明的方式,也可采取局部体量升高以形成塔楼的形式,以塔楼控制整个建筑物及周围道路,使交叉口、主要入口更加醒目,如图 10-39 所示。

(a) (b)

图 10-39 体型的转折与转角

(a)上海华亭宾馆;(b)浙江衢州学院图书馆

3. 体量的联系与交接

复杂体型中各体量的大小、高低、形状各不相同,如果连接不当,不仅影响体型的完整,而且会直接损害到使用功能和结构的合理性。组合设计中常采取以下几种连接方式:

(1)直接连接。在体型组合中,将不同体量的面直接相连称为直接连接。这种方式具有体型分明、简洁、整体性强的优点,常用于功能要求各房间联系紧密的建筑,如图 10-40(a)所示。

(2)咬接。各体量之间相互穿插,体型较复杂,但组合紧凑、整体性强,较前者易于获得有机整体的效果，是组合设计中较为常用的一种方式，如图 10-40(b)所示。

（3）以连接体或走廊相连。这种方式的特点是各体量之间相对独立而又互相联系，走廊的开敞或封闭、单层或多层，常随不同功能、地区特点及创作意图而定，建筑给人以轻快、舒展的感觉，如图 10-40(c)、图 10-40(d)所示。

（a）   （b）

（c）   （d）

图 10-40　复杂体型各体量之间的连接方式

（a）深圳市证券交易中心（直接连接）；（b）盐城海盐博物馆（咬接）；
（c）深圳腾讯大厦（以连接体相连接）；（d）嘉定桃李园实验学校（以走廊相连接）

4. 立面设计

建筑的立面是建筑体型在各个方向上的平面形象，组成立面的各要素（如门、窗、墙、柱、雨篷、屋顶、檐口、台基、勒脚、凹廊、阳台、线脚、花饰等）是由依赖于内部空间使用要求的建筑体型决定的。立面设计就是对立面的构图、细部的工艺和装饰进行恰当的处理，设计出与内部空间协调统一的、富有表现力的建筑立面。

在立面设计中，要注意立面处理是对建筑空间造型的进一步深化，必须注意各个立面的相互协调和相邻立面的相互衔接，还必须考虑实际空间的效果，因为人们观赏建筑时并不是只观赏某一个立面，而要求的是一种透视效果。一般来说，影响建筑立面设计效果的因素有比例与尺度、虚实与凹凸、线条处理、色彩与质感、重点与细部处理。

（1）立面的比例与尺度。比例协调和尺度正确，是使立面完整统一的重要方面。从建筑整体的比例到立面各部分之间的比例以及墙面划分直到每一个细部的比例都要仔细推敲，才能使建筑形象具有统一和谐的效果。立面比例与尺度的处理是与建筑功能、材料性能和结构类型分不开的，立面设计常借助于门窗、细部等的尺度处理来反映建筑物的真实大小。

（2）立面的虚实与凹凸。建筑立面中"虚"的部分是指窗、空廊、凹廊等，给人以轻巧、通透的感觉；"实"的部分主要是指墙、柱、屋面、栏板等，给人以厚重、封闭的感觉。建筑外观的虚实关系主要是由功能和结构要求决定的，充分利用这两方面的特点，巧妙地处理虚实关系，可以获得轻巧生动、坚实有力的外观形象。

1）以虚为主、虚多实少的处理手法能获得轻巧、开朗的效果，常用于高层建筑、剧院门厅、餐厅、车站、商店等大量人流聚集的建筑，如图10-41(a)所示。

2）以实为主、实多虚少的处理手法能产生稳定、庄严、雄伟的感官效果，常用于纪念性建筑及重要的公共建筑，如图10-41(b)所示。

3）虚实相当的处理容易给人以单调、呆板的感觉。在功能允许的条件下，可以适当将虚的部分和实的部分集中，使建筑物产生一定的变化，如图10-41(c)所示。

图10-41 立面虚实关系的处理

(a)香港中国银行；(b)淮安周恩来纪念馆；(c)天津大学建筑馆

由于功能和构造上的需要，建筑外立面常出现一些凹凸部分。凸的部分一般有阳台、雨篷、遮阳板、挑檐、凸柱、凸出的楼梯间等。凹的部分有凹廊、门洞等。通过凹凸关系的处理可以加强光影变化，增加建筑的体积感和层次感，同时也能丰富建筑外观的视觉效果。住宅建筑也常常利用阳台和凹廊来形成虚实、凹凸变化。

（3）立面的线条处理。任何线条本身都具有一种特殊的表现力和多种造型的功能。从方向变化来看，垂直线具有挺拔、高耸、向上的气氛；水平线使人感到舒展与连续、宁静与亲切；斜线具有动态的感觉；曲线给人以柔和流畅、轻快活跃的感觉；网格线有丰富的图案效果，给人以生动、活泼而有秩序的感觉。从粗细、曲折变化来看，粗线条表现厚重、有力；细线条具有精致、柔和的效果；直线表现刚强、坚定。

建筑立面上客观存在着各种各样的线条,如立柱、墙垛、窗台、遮阳板、檐口、通长的栏板、窗间墙、分格线等。任何美的建筑,立面造型中千姿百态的优美形象也都是通过各种线条在位置、粗细、长短、方向、曲直、疏密、繁简、凹凸等方面的变化而形成的。图10-42所示为横线条、竖线条、纵横交错的网格线条在立面上的运用。

（a）　　　　　　　　　　　　　（b）

图10-42　立面线条处理

（a）深圳地王大厦；（b）南京长发中心

(4)立面的色彩与质感。色彩和质感是材料所固有的特性。不同的色彩具有不同的表现力,给人以不同的感受。一般来说,以浅色或白色为基调的建筑给人以明快、清新的感觉,深色显得稳重,橙黄等暖色调使人感到热烈、兴奋,青、蓝、紫、绿等色使人感到宁静。运用不同色彩的处理,可以表现出不同建筑的性格、地方特点及民族风格。

建筑立面由于材料的质感不同,也会给人以不同的感觉。如天然石材和砖的质地粗糙,具有厚重及坚固感,金属及光滑的表面给人以轻巧、细腻的感觉。立面设计中常常利用质感的处理来增强建筑物的表现力。

材料质感的处理包括两个方面:一方面是利用材料本身的特性,如大理石、花岗石的天然纹理,金属、玻璃的光泽等;另一方面是人工创造某种特殊的质感,如仿石饰面砖、仿树皮纹理的粉刷等。一般来说,使用单一的材料容易显得统一,但是处理不好容易出现单调感,运用不同材料质感的对比容易获得生动的效果。图10-43(a)运用天然石材的粗糙质感与木材的细致纹理和抹灰面进行对比;图10-43(b)则以光滑的大玻璃窗与粗糙的砖墙和抹灰面进行对比,均使建筑显得生动而富有变化。

（a）　　　　　　　　　　　　　（b）

图10-43　立面中材料质感处理

（a）丽江白沙文化行馆；（b）天津融创中心

(5)立面的重点与细部处理。根据功能和造型需要，在建筑物某些局部位置进行重点和细部处理，可以突出主体，打破单调感。立面的重点处理常常是通过对比手法获得的。建筑物重点处理的部位如下：

1)建筑物主要出入口及楼梯间是人流最多的部位，要求明显突出、易于寻找。为了吸引人们的视线，常在这些部位进行重点处理，如图10-44所示。

（a）　　　　　　　　　　　　　　（b）

图10-44　人口重点处理
（a）中国科学院图书馆；（b）天津市博物馆

2)根据建筑造型上的特点，重点表现有特征的部分，如建筑中转折、转角，立面的凸出部分及上部结束部分，如机场瞭望塔、车站钟楼、商店橱窗、房屋檐口等。

3)为了使建筑统一中有变化，避免单调以达到一定的美观要求，也常在反映该建筑性格的重要部位，如住宅阳台、凹廊，公共建筑中的柱头、檐部等，仔细推敲其形式、比例、材料、色彩及细部处理，对丰富建筑立面起着良好作用。

在立面设计中，对于体量较小或人们接近时才能看得清的部分，如墙面勒脚、花格、漏窗、檐口细部、窗套、栏杆、遮阳板、雨篷、花台及其他细部装饰等的处理称为细部处理。细部处理必须从整体出发，接近人体的细部应充分发挥材料色泽、纹理、质感和光泽度的美感作用。对于位置较高的细部，一般应着重于总体轮廓和色彩、线条等大效果，而不宜刻画得过于细腻。建筑体型与立面设计是建筑外观形态的载体，是建筑空间的外围护结构界面，同时也是建筑艺术造型的重要处理部位，具有功能性、审美性、技术性和经济性方面的特点。

项目小结

1. 建筑体型和立面设计不能脱离物质技术发展的水平和特定的功能、环境而任意塑造，它在很大程度上要受到使用功能、材料、结构、施工技术、经济条件及周围环境的制约。因此，每一幢建筑物都具有自己独特的形式和特点。

2. 一幢建筑物从整体到立面均由不同部分、不同材料组成，各部分既有区别，又有内在联系。它们是通过一定的规律组合成为一幢完整统一的建筑物。这些规律包含有建筑构图中统一与变化、均衡与对称、韵律与节奏、对比、比例与尺度、色彩与质感等法则。

3. 建筑体型的造型组合包括单一体型、单元组合体型、复杂体型等。

4. 在特定的环境下，根据功能与造型需要，采用主附体结合、以附体陪衬主体，或局部体量升高等方式进行转折与转角处理，不仅可以扩大组合的灵活性以适应地形的变化，而且可以使建筑物显得更加完整统一。

5. 体量的组合设计常采用直接连接、咬接、以连接体或走廊相连等连接方式。

6. 立面设计中应注意：立面比例尺度的处理；立面虚实与凹凸处理；立面的线条处理；立面的色彩与质感处理；立面的重点与细部处理。

习 题

一、填空题

1. 建筑外部形象包括_____和_____两部分。

2. 根据均衡中心位置的不同，均衡可以分为_____和_____。

3. 纪念性建筑常采用_____尺度。

4. 复杂体型体量连接常有_____、_____、_____三种。

二、选择题

1. 建筑立面图常采用(　　)反映建筑物真实大小。

　　A. 门窗、细部、质感　　　　　　　　　B. 细部、轮廓

　　C. 门窗、细部　　　　　　　　　　　　D. 门窗、细部、轮廓

2. 建筑物色彩必须与建筑物的(　　)相互一致。

　　A. 底色　　　　　　B. 性质　　　　　　C. 前景色　　　　　　D. 虚实关系

3. 住宅建筑常常利用阳台与凹廊形成(　　)的变化。

　　A. 粗糙与细致　　　B. 虚实与凹凸　　　C. 厚重与轻盈　　　D. 简单与复杂

4. 立面的重点处理部位主要是指建筑的(　　)。

　　A. 主立面　　　　　B. 檐口部位　　　　C. 主要出入口　　　D. 复杂部位

5. 建筑中的(　　)可作为尺度标准，建筑整体和局部与它相比较，可获得一定的尺度感。

　　A. 窗户、栏杆　　　B. 踏步、栏杆　　　C. 踏步、雨篷　　　D. 窗户、檐口

三、简答题

1. 建筑体型组合一般有哪几种方式？

2. 立面处理的方法有哪些？

3. 在立面设计中，通常需要对哪些部位进行重点处理？

下篇　工业建筑设计原理

项目 11

工业建筑设计

⊙ 项目导读

　　本项目主要论述工业建筑设计的内容，包括单层工业厂房的组成、平面设计、剖面设计以及立面设计与空间处理；多层工业厂房的特点、适用范围以及空间设计要求。

⚙ 思维导图

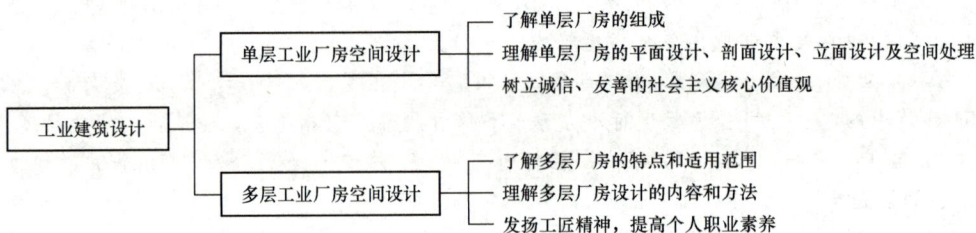

⊙ 案例导入

　　工业建筑是从事各类工业生产及为生产服务的建筑物、构筑物的总称。直接从事生产的房屋包括主要生产用房、辅助生产用房，被称为"厂房"或"车间"；而为生产服务的储藏间、运输间、水塔等房屋设施不是厂房，但也属于工业建筑。这些厂房和辅助建筑及设施有机地组合在一起就构成了一个完整的工厂。图 11-1 所示为某工厂设计图，阐述工业建筑在设计过程中的要求有哪些，以及单层工业建筑与多层工业建筑在空间设计上有何区别。

图 11-1　某工厂设计图

11.1 单层工业厂房空间设计

11.1.1 单层厂房的组成

我国单层厂房的结构多采用排架结构体系，常用的排架结构体系有钢筋混凝土排架结构和钢结构排架体系两种。

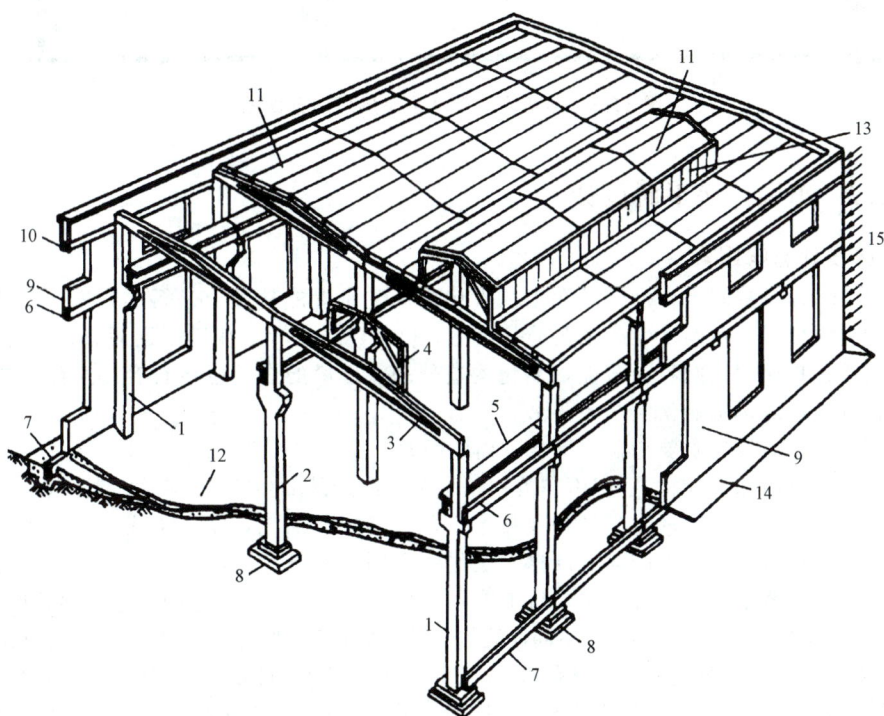

1. 钢筋混凝土排架结构的构件组成

传统的钢筋混凝土排架结构主要适用于跨度大、高度较高、起重机吨位大的厂房。这种结构受力合理，建筑设计灵活，施工方便，工业化程度较高。图11-2所示是典型的装配式钢筋混凝土排架结构的单层厂房，它的构件组成包括承重结构、围护构件以及其他附属构件。

图 11-2　装配式钢筋混凝土排架结构单层厂房

1—边列柱；2—中列柱；3—屋面大梁；4—天窗架；5—吊车梁；6—连系梁；7—基础梁；8—基础；9—外墙；10—圈梁；11—屋面板；12—地面；13—天窗扇；14—散水；15—风力

(1)承重结构。包括横向排架、纵向连系构件和支撑系统。

1)横向排架。由基础、柱、屋架(或屋面梁)组成。

2)纵向连系构件。由基础梁、连系梁、圈梁、吊车梁等组成。它与横向排架构成骨架，保证厂房的整体性和稳定性。纵向连系构件承受作用在山墙上的风荷载及起重机纵向制动力，并将它传递给柱子。

3)为了保证厂房的刚度，还设置屋架支撑、柱间支撑等支撑系统。

(2)围护结构。包括外墙、屋顶、地面、门窗和天窗等。

(3)其他。如散水、地沟、隔断、作业梯和检修梯等。

2. 钢结构排架体系的构件组成

单层钢结构排架体系的构件组成与钢筋混凝土排架结构相似，但由于采用钢材，它的自重更轻、抗震性能更好、施工速度更快、工业化程度更高。图 11-3 所示是钢结构排架体系单层厂房的剖面图。对于要求建设速度快，早投产、早受益的工业建筑，也常采用钢结构。但钢结构易腐蚀、保护维修费用高，且防火性能差，故此结构应采取必要的防护措施。

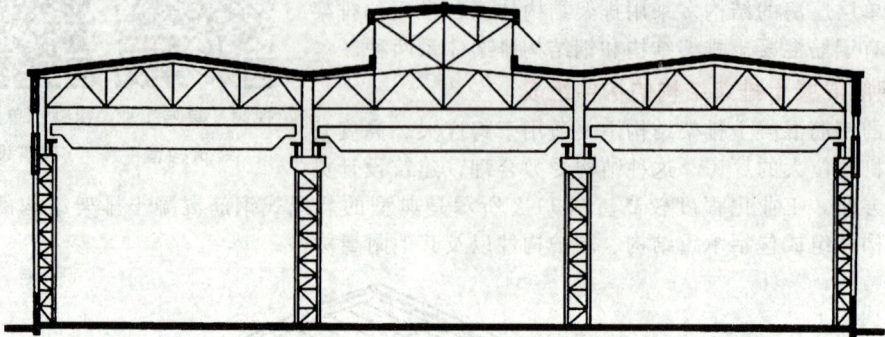

图 11-3　钢结构排架体系单层厂房剖面图

11. 1. 2　单层厂房平面设计

1. 厂房设计影响因素

单层厂房平面及空间组合设计是在工艺设计和工艺布置的基础上进行的，生产工艺是工业建筑设计的首要依据。在满足生产工艺的基础上，厂房建筑设计应使其平面规整、合理、简洁，以便尽量减少占地面积，有利于节能，简化构造处理。厂房的设计应该符合厂房建筑模数协调标准，使构件生产满足工业化生产的要求。

单层厂房的平面设计主要考虑以下几方面的因素：

（1）生产工艺流程的影响。生产工艺流程是指工厂内产品的生产、加工、制作过程，即生产原料按生产要求的程序，通过生产设备及技术手段进行生产加工，制成半成品或成品的全部过程。不同类型的厂房，由于其产品、规格、型号的不同，生产工艺流程也不相同，厂房设计应首先满足生产工艺要求，设计人员需要与工艺人员密切配合，掌握相应的工艺流程条件。

（2）生产状况对平面设计的影响。不同性质的厂房，在生产操作时会出现不同的生产状况。生产环境或有特殊要求，或生产过程对环境有污染、生产过程有爆炸危险等，以及可能危害人体、影响设备和建筑安全时，均应采取有效处理措施。厂房的平面应按生产要求、生产者心理和生理卫生要求，结合环境气候条件布置采光、通风口，选择天窗形式，使厂房有良好的采光、通风条件。

（3）生产设备布置对平面设计的影响。厂房应按生产和运输设备布置、操作检修要求及经济性决定空间尺度，选择柱网和结构形式。平面设计应力求厂房体型简单、构件种类少，合理利用厂房内外空间布置生活辅助用房，安排各种管线、风口、操作平台、连系走道和各种安全设施。

（4）起重运输设备对平面设计的影响。为了运送原材料、成品和半成品，厂房内应设置起重运输设备，起重运输设备影响厂房的平面布置和平面尺寸。各种形式的起重机与土建设计关系密切，常见的起重机包括梁式起重机、桥式起重机、门式起重机等类型，起重机的起重量指标决定了起重机的工作性质，也影响了厂房的平面结构设计和构造设计。

（5）厂房、厂区的总体格局应满足安全、规划、环保等各方面的要求。

2. 单层厂房的平面形式

单层厂房的平面形式常采用正方形、矩形及 L 形。如图 11-4 所示，面积相等时，正方形周长最短，平面形式越接近正方形，墙体周长与面积的比值越小，意味着节能与节地。所以在单层厂房设计时，当生产工艺允许时，建筑物的形状宜采用正方形或接近正方形。

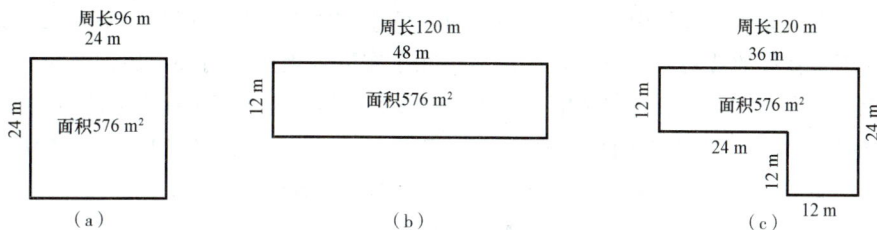

图 11-4　单层厂房平面形式

(a)正方形；(b)矩形；(c)L 形

3. 柱网的选择

在骨架结构厂房中，柱子是最主要的承重构件，作为厂房平面设计重要内容之一的结构布置，要求确定柱子的平面位置，即柱网选择。柱子在厂房平面上排列所形成的网格称为柱网，柱网尺寸是由跨度和柱距组成的。柱子纵向定位轴线之间的距离称为跨度，横向定位轴线之间的距离称为柱距。柱网的选择实际上就是确定厂房的跨度和柱距。图 11-5 所示为柱网布置示意。

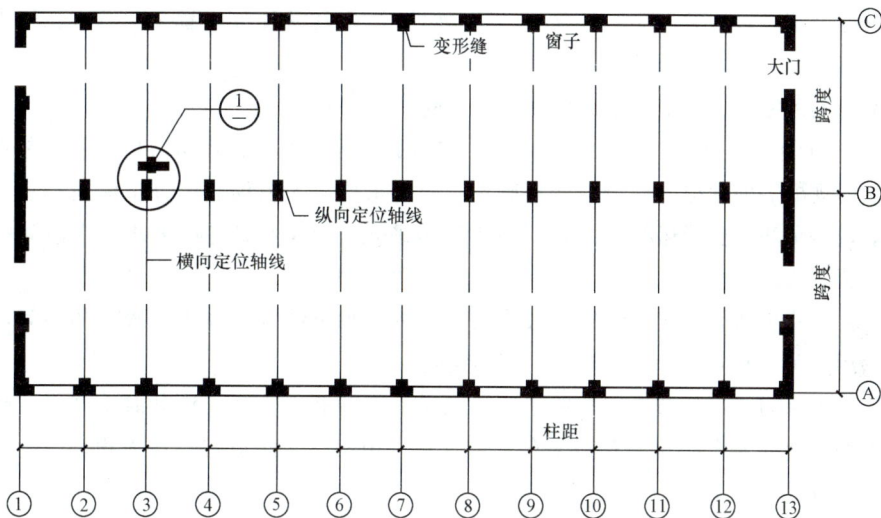

图 11-5　柱网布置示意

选择柱网时要综合考虑以下几个方面：

(1)满足生产工艺提出的要求。跨度和柱距要满足设备的大小和布置方式、材料和加工件的运输、生产操作和维修等生产工艺所需的空间要求。

(2)遵守《厂房建筑模数协调标准》(GB/T 50006—2010)的有关规定。当跨度小于等于 18 m 时，采用扩大模数 30M 的数列，即跨度尺寸是 6 m、9 m、12 m、15 m 和 18 m；当跨度大于 18 m 时，采用扩大模数 60M 的数列，即跨度尺寸是 24 m、30 m、36 m 和 42 m 等；当生产工艺布置有明显优越性时，跨度尺寸也可采用 21 m、27 m、33 m。

(3)尽量扩大柱网，提高厂房的通用性。为适应现代工业生产的变化，工业建筑应具有灵活性与通用性，扩大柱网可以较好地满足这种要求。

(4)满足建筑材料、建筑结构和施工等方面的技术性要求。

(5)尽量降低工程造价。

4. 生活间设计

为了满足工人在生产过程中的生产、卫生及生活上的需要，保证产品质量，提高劳动生产率，给工人创造良好的劳动卫生条件，在厂房中除了布置各生产部门外，还需要设置各种辅助和生活用房，如存衣室、厕所、盥洗室、淋浴室、休息室等，这类用房称为生活间。

(1)生活间的组成。根据车间的生产特征、职工人数、男女职工比例、地区气候条件等因素，确定生活间的内容。一般来说，生活间包括以下四个内容：

1)生产卫生用室：包括浴室、存衣室等。其面积大小和卫生用具的数量是根据车间的卫生特征级别来确定的。因生产事故可能发生化学性灼伤及经皮肤吸收会引起急性中毒的工作地点或车间，应设事故淋浴，其供水系统不允许中断。如果工作环境湿度大且在低温下作业，如冷藏库、地下工作等，应设立工作服干燥室。生产操作中工作服沾染病原体或沾染易经皮肤吸收的剧毒物质，以及工作服污染严重的车间，还应设置洗衣房。

2)生活卫生用室：包括休息室、孕妇休息室、吸烟室、厕所、女工卫生室、饮水室、小吃部、保健站等。厕所内的大小便器的数量按规范和有关规定计算，最大班的女工人数超过100人的车间，应设女工卫生室，且不得与其他用室合并放置。浴室、盥洗室、厕所的设计个数按最大班工人人数的93％计算。

3)行政办公室：包括党、政、工、团、青、妇等办公室以及会议室、学习室、值班室、计划调度室等。

4)生活辅助用室：包括工具室、材料库、计量室等。

(2)生活间的布置。生活间与厂房的关系，应根据总平面人流、货运、厂房的工艺特点和大小、生活间的规模等因素综合比较，合理确定。应力求使工人进场后经过生活间到达工作地点的路线最短，避免和主要货运线交叉，不妨碍厂房采光、通风和扩建等要求。生活间的位置有以下三种布置方式。

1)厂房内部式生活间。在一般跨度较大的厂房内，承重结构往往占有较大的空间，生活间或生产辅助用房可以布置在生产上难以利用的空间中。

2)毗邻式生活间。这种布置方式的主要优点是与车间联系方便，设计时，可将一些不需要大空间的辅助房间并入生活间，有利于布置行政管理用房，从而节省厂房面积。因此，一般厂房常采用这种方式。

3)独立式生活间。适用于生活间规模较大的工业建筑。这种布置方式平面布置灵活，利用率较高且不影响厂房生产活动，其缺点是占地面积大、与厂房联系不直接。

11.1.3 单层厂房剖面设计

单层厂房剖面设计是在平面设计的基础上进行的，平面设计主要从平面形式、柱网选择、平面组合等方面满足生产对厂房提出的各种要求，剖面设计则着重从建筑空间处理方面满足生产对厂房的各种要求。

厂房剖面设计的具体任务是确定合理的厂房高度，使其满足生产工艺要求的足够空间；解决厂房采光和通风，使其具有良好的室内环境；处理屋面排水等问题。

1. 厂房高度的确定

单层厂房的高度是指室内地面到屋架下弦或屋面梁下表面最低点的垂直距离，一般情况下是指屋架下表面高度，即柱顶与地面之间的高度。所以单层厂房的高度也可以指地面到柱顶的高度。为保证厂房内外运输方便和缩短门前坡道的长度，一般单层厂房的室内外地面高差不宜太大，但要考虑到防止雨水侵入，室内外地面高差通常为100～150 mm。

在通常地形较为平坦的情况下，为了便于工艺布置和生产运输，整个厂房地坪应采取统一标高；在山区建厂时，由于地形起伏不同，形成复杂的地貌，从经济角度考虑，应依山就势、因地制宜。

确定厂房的高度必须满足生产使用需要以及建筑统一化的要求，同时还应考虑空间的合理利用。厂房内部有无起重机，对于柱顶标高的确定有很大影响。

（1）无起重机厂房的柱顶标高。在无起重机的厂房中，柱顶标高通常是按最大生产设备的高度 H 和安装检修时所需的高度两部分之和来确定的。柱顶标高应符合扩大模数 3M 数列的要求，同时，厂房高度还需满足采光和通风的要求。一般无起重机厂房的柱顶标高不小于 3.9 m。

（2）有起重机厂房的柱顶标高。有起重机厂房的柱顶高度由起重机的设备要求 H_2 及轨顶标高 H_1 决定。影响厂房高度的因素还包括产品与设备高度 h_1、安全操作空间 h_2、被吊装物品尺寸 h_3、吊装空间 h_4、吊钩与轨顶间距 h_5、起重机附属设备高度 h_6、起重机附属设备运行空间 h_7 等，如图 11-6 所示。

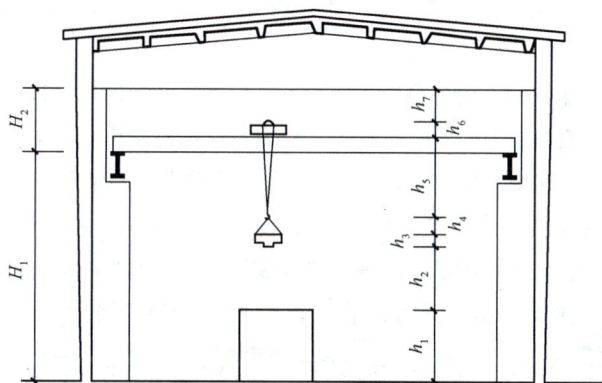

图 11-6　影响厂房高度设计的因素

2. 采光设计

工业厂房的自然采光要求对剖面设计也有直接影响。室内利用天然光线进行照明的叫作自然采光。由于天然光线质量好，又不耗费电能，因此，单层厂房大多采用自然采光。当自然采光不能满足要求时，才辅以人工照明。

厂房采光的效果直接关系到生产效率、产品质量以及工人的劳动卫生条件，它是衡量厂房建筑质量标准的一个重要因素。因此，厂房开窗面积不能太小，太小会使室内光线太暗，影响工人生产操作和交通运输，从而降低产品质量和工人劳动效率，甚至会出现工伤事故，但盲目加大开窗面积也会带来很多坏处，过大的开窗面积会使夏季太阳的辐射热大量进入车间，冬季又因散热面过大而增加采暖费，同时也会增加建筑造价。因此，必须根据生产性质对采光的不同要求进行采光设计，合理地确定窗的大小、选择窗的形式、进行窗的布置，使室内获得良好的采光条件。

根据采光口所在位置不同，单层工业厂房的采光可分为侧窗采光、天窗采光、侧窗和天窗相结合的混合采光三种方式，如图 11-7 所示。在采光口面积相同的情况下，由于其所在的位置不同，采光的效果也各不相同。

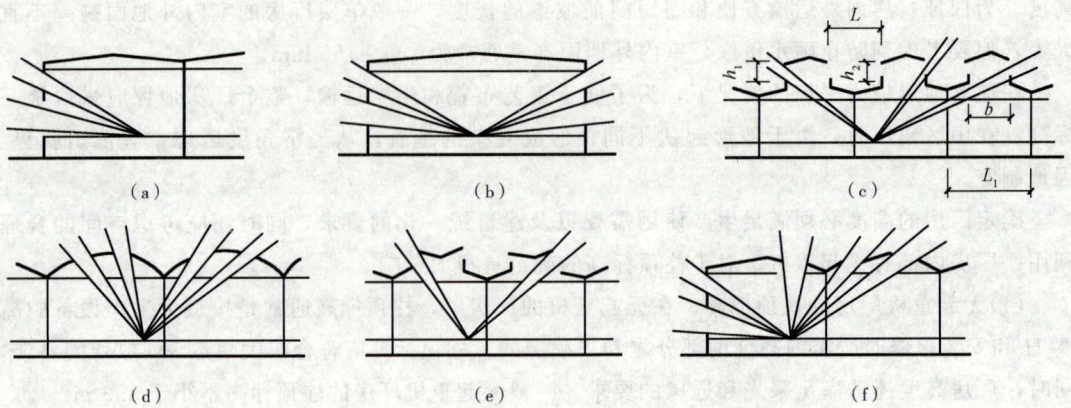

图 11-7　单层厂房采光方式

(a)单侧窗采光；(b)双侧窗采光；(c)矩形天窗采光；
(d)平天窗采光；(e)M形天窗采光；(f)混合采光

(1)侧窗采光。侧窗采光是将采光口布置在外墙上的一种采光方式，其特点是构造简单，施工方便，造价低，视野开阔，有利于消除疲劳。

侧窗采光分为单侧窗采光和双侧窗采光两种。当厂房进深不大时，可采用单侧窗采光，这种采光方式，光线在深度方向衰减较大，光照不均匀，增加高侧窗对室内进深方向的照度有一定程度的改善。双侧窗采光是单跨厂房中常见的形式，它提高了厂房采光均匀程度，适合较大进深的厂房。

(2)天窗采光。当厂房的跨度较大或厂房高度无法满足侧窗的采光需要时，工业建筑通常设置天窗。天窗采光通常用于大进深或连续多跨的厂房，其照度均匀，采光效率高，但构造复杂，造价较高。

采光天窗按剖面形状划分为矩形天窗、平天窗、M形天窗、下沉式天窗等，如图11-8所示。

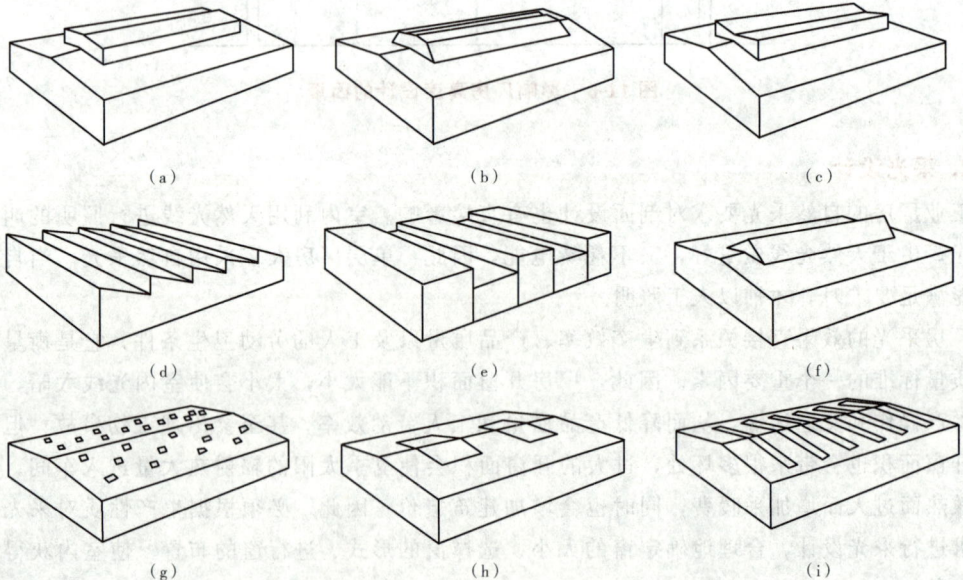

图 11-8　采光天窗形式及布置

(a)矩形天窗；(b)梯形天窗；(c)M形天窗；(d)锯齿形天窗；(e)横向下沉式天窗；
(f)三角形天窗；(g)平天窗(点状)；(h)平天窗(块状)；(i)平天窗(带状)

1)矩形天窗[图 11-8(a)]。矩形天窗的采光特点与侧窗采光类似,天窗一般为南北向布置,光线较均匀,通风效果良好,积尘少,易于防水,但增加厂房屋面的荷载,对抗震不利,且构造复杂,造价较高。为了保证厂房天然采光的均匀度,天窗的高度、宽度一般为 1/3~1/2 的厂房跨度,相邻两天窗的距离应大于或等于相邻两天窗高度之和的 1.5 倍。

2)平天窗[图 11-8(g)~(i)]。在屋面板上直接设置水平或接近水平的采光口称为平天窗。这种天窗构造简单、造价低,由于其透光材料水平设置,故采光效率高。在采光面积相同的条件下,平天窗的照度比矩形天窗高 2~3 倍。平天窗虽有上述优点,但也存在一些问题,如平天窗不能通风,在构造上必须采取通风措施;在供暖地区,容易在玻璃上结露形成水滴下落,影响使用;在炎热地区,通过平天窗透过的太阳辐射热往往大于允许值;在直接阳光作用下,工作面上眩光较重,影响工作。另外,平天窗还存在容易积灰和污染、玻璃破碎易伤人等问题。由于这些原因,平天窗适用于一些冷加工厂房,在工业建筑中未得到广泛应用。

3)M 形天窗[图 11-8(c)]。将矩形天窗的屋盖由两侧向内倾斜而成。由于屋盖的倾斜,其内表面可增强光线的反射作用,同时,倾斜的屋盖可以引导气流。所以,M 形天窗较矩形天窗的采光、通风都更为有利。但构造比矩形天窗复杂,天窗屋面需要设置内排水,或形成纵向长天沟外排水。

4)下沉式天窗[图 11-8(e)]。通常将屋顶的一部分屋面板布置在屋架下弦,利用上下弦之间的屋面板位置的高差作为采光口和通风口,形成下沉式天窗。横向下沉式天窗布置灵活,可根据使用要求每隔一个柱距或几个柱距布置,其造价较矩形天窗低。当厂房为东西向时,横向下沉式天窗为南北向。因此,横向下沉式天窗多用于朝向为东西向的冷加工车间。同时,它的排气路线短,可开设较大面积的通风口,通风量大。所以,它还适用于对采光、通风都有要求的热加工车间。其缺点是窗扇形式受屋架限制,不标准且构造复杂,厂房纵向刚度较差。

3. 通风设计

厂房的通风方式有自然通风和机械通风两种。自然通风是利用空气的自然流动将室外的空气引入室内,将室内的空气和热量排至室外,这种通风方式与厂房的结构形式、进出风口的位置等因素有光,它受地区周围环境的影响较大,通风效果不稳定。机械通风是以风机为动力,使厂房内部空气流动,达到通风降温的目的,它的通风效果比较稳定,并可根据需要进行调节,但设备费用较高,耗电量较大。在无特殊要求的厂房中,尽量以自然通风的方式解决厂房的通风问题。自然通风是利用热压和风压来实现通风换气的。

(1)热压通风:厂房内部生产过程中所产生的热量,提高了室内空气的温度,使空气体积膨胀、密度变小而自然上升,当厂房下部的门窗敞开时,室外空气进入室内,使室内外的空气压力趋于平衡。如将天窗开启,由于热空气的上升,天窗内侧的气压大于天窗外侧的气压,使室内热气不断排出,如此循环,从而达到通风的目的。这种通风方式称为热压通风,如图 11-9(a)所示。

(2)风压通风:当风吹向建筑物时,遇到建筑物而受阻,在迎风面空气压力增大,超过了大气压力形成正压区;当气流通过房屋两侧和上方时,风速加大,使建筑物的侧面和顶面形成了一个小于大气压力的负压区。建筑物背风一面会形成涡流,出现一个负压区。根据这个现象,将厂房的进风口设在正压区,排风口设在负压区,使室内外空气更好地进行交换。这种利用风的流动产生的空气压力差而形成的通风方式称为风压通风,如图 11-9(b)所示。

在厂房剖面和通风设计时,要根据热压和风压原理考虑两者共同对厂房通风效果的影响,恰当地设计进、排风口的位置,选择合理的通风天窗形式,组织好自然通风。

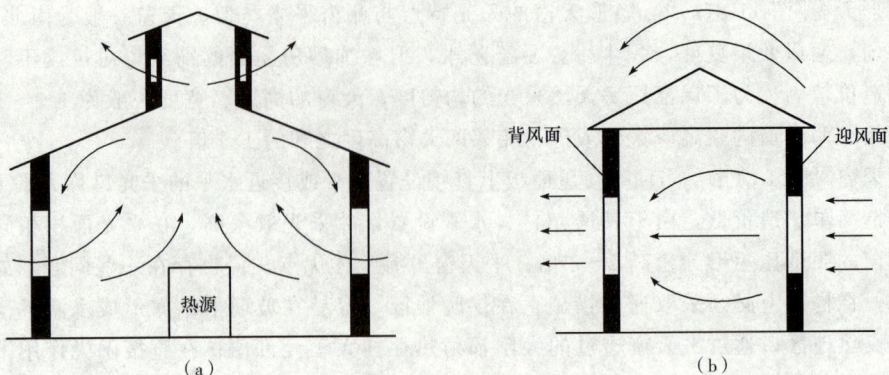

图 11-9 厂房的通风设计示例

(a)热压通风；(b)风压通风

11.1.4 单层厂房立面设计及空间处理

单层厂房的体型与生产工艺、平面形状、剖面形式和结构类型有密切的关系，其立面设计及空间处理是在建筑体型的基础上进行的，除了遵循建筑功能和美学的一般规律外，还应充分反映出工业建筑所特有的形象特征。

1. 立面设计

单层厂房的立面设计受许多因素影响，要创造合理而富有个性的工业建筑形象，就应把握工业建筑造型的自身规律，主要包括以下几个方面。

(1)功能特征。工业建筑类型复杂，从重工业到轻工业，从小型厂房到大型厂房，从冷加工车间到热处理车间等，可以说它的造型基本上是由内部的生产工艺决定的，建筑的形象应反映建筑的内容。在外立面的构成上，单层厂房一般呈规则式组合，如等高、等跨、相同的开窗等，很少有复杂的进退变化，体现出较强的秩序感和逻辑性，工业建筑所特有的构件和附属体，如天窗、大尺度的门、烟囱、水塔、各种传输管道、暴露的检修梯等成为立面变化的地方，识别性强，在立面设计中应充分利用这些元素，运用建筑美学的构图法则，创造富有个性的建筑形象。

如图 11-10 所示，热加工车间产生大量的余热烟气，因此厂房需要进风的窗口、排气的天窗；冷加工车间需要良好的天然采光；而精密性厂房很少开窗，甚至没有窗户。

图 11-10 某热加工车间和某冷加工厂房

(2)结构造型。根据生产的要求，大跨度、大空间成为单层厂房的基本特征。随着结构技术的不断发展，新的结构形式层出不穷，如图 11-11 所示，合理运用结构手法来创造建筑形象，充分体现力学之美、结构逻辑之美，开拓了工业建筑造型的新领域。

图 11-11　工业建筑造型示例

（3）气候、环境。不同地区的自然气候条件直接影响厂房的立面，这是适应环境的客观规律。寒冷地区厂房开窗小，立面较为封闭；南方地区为了加强散热通风，开窗较大，立面轻巧、开朗。

（4）群体组合。单层厂房往往是工业建筑群中的主要建筑，其单体造型设计应与群体建筑形象相呼应：结合功能分区，有机组织空间序列；突出主要建筑形象，以此来组织整体空间的构图；结合城市景观、自然景观，丰富空间层次。图 11-12 所示是某厂区环境空间形象。

图 11-12　某厂区环境空间形象

2. 空间处理

影响内部空间处理的因素有以下几个方面：

（1）使用功能。厂房内部空间应满足生产要求，同时也应考虑空间的艺术处理。如纺织厂内部要求恒温恒湿，天窗采用锯齿形，窗朝向北面，减少阳光直射室内。由于设备较矮小，厂房高度不大。

（2）空间利用。设置在车间内的生活间使用方便，可利用柱间、墙边、门边、平台下等工艺不便利用的空间来布置生活设施，这样可充分利用空间，降低造价。但如果设计不当，会影响车间内部运输和工艺变更的灵活要求。

（3）设备管道。有条不紊地组织、排列设备管道，不但方便使用，而且便于管理和维修，其布置和色彩处理得当，会增加室内艺术效果。

（4）室内绿化。室内采用水平或垂直绿化，可改善工作环境，减少工人的疲劳，提高劳动生产效率。

（5）建筑色彩在车间内部的应用。建筑色彩受世界流行色的影响，虽然目前世界上建筑色彩选择趋向浅色或中和色，但鲜艳夺目的色彩仍广泛使用。建筑中墙面、地面、顶棚的色彩应根据车间性质、用途、气候条件等因素合理确定。

11.2　多层工业厂房空间设计

随着国家产业结构的调整，精密机械、精密仪表、电子工业、轻工业的迅速发展，以及工业用地的日趋紧张，自改革开放以来，多层厂房迅速发展，多层厂房设计有着与单层厂房不同的特点。

视频：多层厂房设计概述和平面设计

视频：多层厂房剖面设计、立面设计及特殊要求厂房

11.2.1　多层厂房的特点

多层厂房的最大特点是生产在不同标高的楼层上进行，每层之间不仅有水平方向的联系，还有垂直方向的联系。因此，在厂房设计时，不仅要考虑同一楼层各工段间应有合理的联系，还必须考虑好楼层与楼层之间的垂直联系，并安排好垂直方向的交通。

（1）节约用地。多层厂房具有占地面积少、节约用地的特点。例如，建筑面积为 10 000 m² 的单层厂房，它的占地面积就要 10 000 m²，若改为五层厂房，其占地面积仅需要 2 000 m² 就够了，比单层厂房节约用地80%。

（2）通用性受限。由于需要在楼层上布置设备进行生产，多层厂房的楼板荷载较大，受梁板结构、经济合理性的制约，多层厂房柱网尺寸较单层厂房小很多，使厂房的通用性受到限制。

11.2.2　多层厂房的适用范围

多层厂房主要适用于较轻型的工业、使用垂直工艺流程有利的工业或利用楼层能创设较合理的生产条件的工业等。结合我国目前情况，较轻型的工业采用多层厂房是首要的先决条件，如纺织、服装、针织、制鞋、食品、印刷、光学、无线电、半导体、轻型机械制造等。

不少工业为了满足生产工艺条件的特殊要求，往往设置多层厂房，比单层厂房有利。如精密机械、精密仪表、无线电工业、半导体工业、光学工业等，为保证精密度，设置温度、湿度稳定的空调车间；为保证产品质量，设置高度洁净车间。如空调车间采用单层厂房时，地面及屋面会大大增加冷负荷或热负荷条件，若改为多层厂房则，可将有空调的车间放在中间层，可减少冷、热负荷；又如要求高度洁净条件的车间，在多层厂房中放在较上层容易得到保证，在单层厂房中则难以得到保证。

11.2.3　多层厂房平面设计

1. 设计原则

多层厂房的平面设计应遵循以下几个原则：

（1）生产工艺流程，充分满足生产工艺流程的需要，合理解决层间功能协调问题。厂房的平面布置，应根据生产工艺流程、工段组合、交通运输、采光通风以及生产上的各种技术要求综合确定。

（2）结构选择经济合理。多层厂房的结构选型一般由专业人员负责，但是由于它与工艺布置、建筑处理及室内空间、室外造型有着密切的联系，建筑师应具备这方面的基础知识，以便在平面空间组合设计中进行综合考虑。多层厂房按常用的结构材料划分为钢结构、钢筋混凝土结构、混合结构三大类；按照结构形式划分为梁板结构、无梁楼盖结构及大跨度桁架式框架结构。多层厂房不同于单层厂房，除底层外，设备荷载全部由楼板承受，因此结构柱网的尺寸受到比较大的限制，柱网选择应满足工艺要求，在结构上要经济合理。在楼板荷载的许可条件下，多层厂房的跨度越大，厂房的工艺布置灵活性和通用性越好。

（3）合理解决厂房的交通、运输与安全疏散。在多层厂房中，不仅有水平交通运输，而且增加了垂直交通运输，以保障各层车间之间的联系。多层厂房设计时应预先考虑设备安装方式和产品运输方式，而各层之间的垂直交通运输主要通过楼梯、电梯来解决。楼梯主要满足人员通行及疏散需要，电梯则需要满足人员通行、货物运输及车辆运送等需求。楼电梯间的位置要保证人货通畅、近便，避免曲折迂回，货运电梯需留有货运回转、堆放空间。多层厂房的人流和货流宜分别有自己的单独出口。

（4）注重功能分区，合理安排生产辅助用房。在多层厂房设计时，工艺流程规定了各个工序、厂房之间的联系，进行空间组合时，应该以此为依据，布置各个厂房的相互位置，避免物料运输时产生迂回、往返交叉等不合理现象。多层厂房中各工段、厂房的布置，需要根据工艺要求、生产设备、运输量及建设用地的具体情况等多方面因素综合考虑确定，而设计人员在掌握工艺流程的基础上，综合解决工艺和土建的矛盾，为设计出合理、先进的方案创造条件。

2. 平面布置形式

由于各类多层厂房生产特点不同，要求各层平面房间的大小及组合形式也不相同，通常布置方式有以下几种：

（1）内廊式（图 11-13）。此种布置方式适用于各工部或房间在生产上要求有密切联系，又要求生产过程中不互相干扰的厂房，因此，各生产工段需用隔墙分隔成大小不同的房间，用内廊联系起来，这样对某些有特殊要求的工段或房间，如恒温、恒湿、防尘、防震等可分别集中。

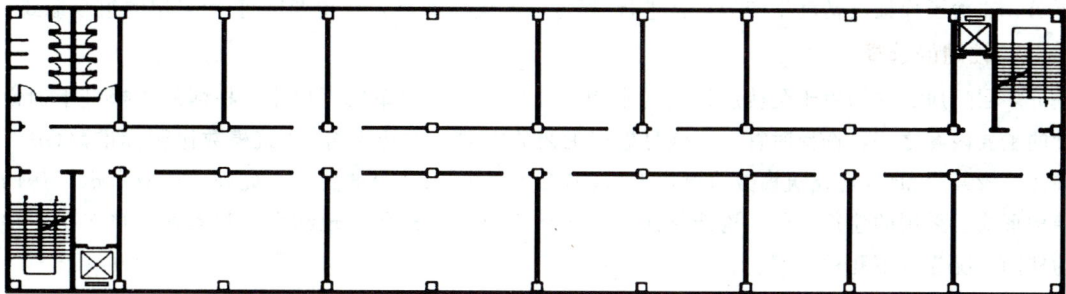

图 11-13　内廊式平面布置

（2）统间式（图 11-14）。此种布置适用于生产工艺之间联系紧密，彼此无干扰，不需设分隔墙，生产工艺要求大面积、大空间或考虑有较大的通用性、灵活性的厂房。这种布置对自动化流水线生产更为有利。

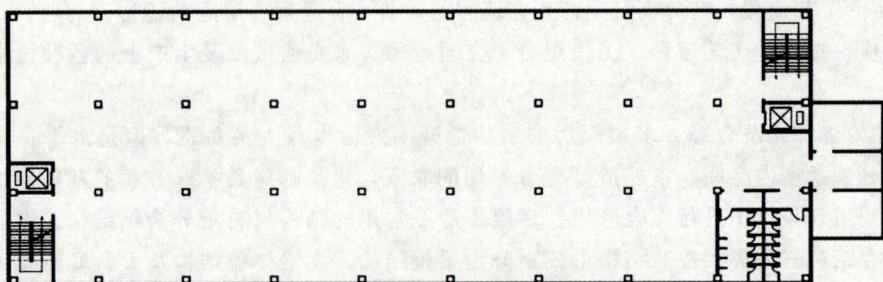

图 11-14　统间式平面布置

（3）混合式（图 11-15）。这种布置是指根据不同的生产特点和要求，将多种平面形式混合布置，组成一有机整体，使其能更好地满足生产工艺的要求，并具有较大的灵活性，这种布置的缺点是易造成厂房平、立、剖面的复杂化，使结构类型增多，施工较复杂，且对防振不利。

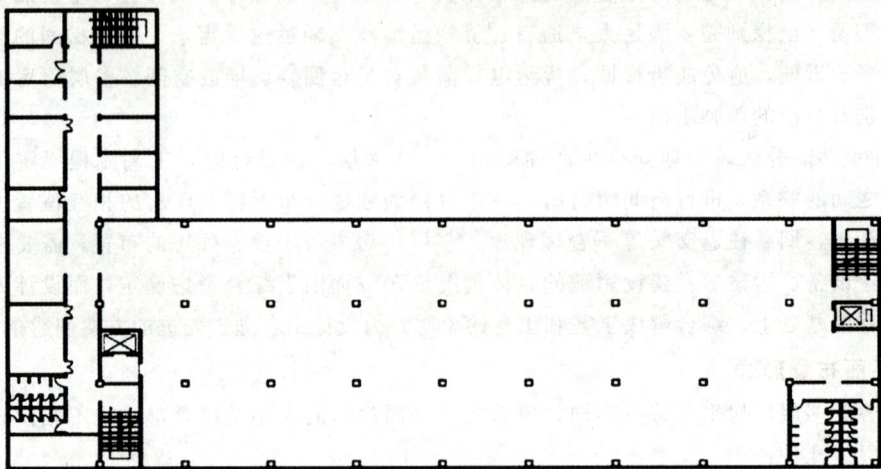

图 11-15　混合式平面布置

（4）套间式。通过一个房间进入另一个房间的布置形式为套间式。这是为了满足生产工艺的要求，或为了保证高精度生产的正常进行（通过低精度房间进入高精度房间）而采用的组合形式。

3. 柱网的选择

多层厂房的柱网由于受楼层结构的限制，其尺寸一般较单层厂房小。柱网的选择是平面设计的主要内容之一，选择时首先应满足生产工艺的需要，并应符合《建筑模数协调标准》（GB/T 50002—2013）和《厂房建筑模数协调标准》（GB/T 50006—2010）的要求。此外，还应考虑厂房的结构形式、采用的建筑材料、构造做法及在经济上是否合理等。现结合工程实践，将多层厂房的柱网概况为以下几种类型。

（1）内廊式柱网。这种柱网在平面布置上，采用对称式较多，中间为走道的形式，如图 11-16 所示，在仪表、光学、电子、电气等工业厂房中采用较多，主要用于零件加工和装配车间。这种柱网布置的特点是用走道、隔墙将交通与生产区隔离，满足生产上的互不干扰，同时可将空调等管道集中设置在走道天棚的夹层中，既利用了空间，又隐蔽了管道。此种柱网还有利于车间的自然采光和通风。

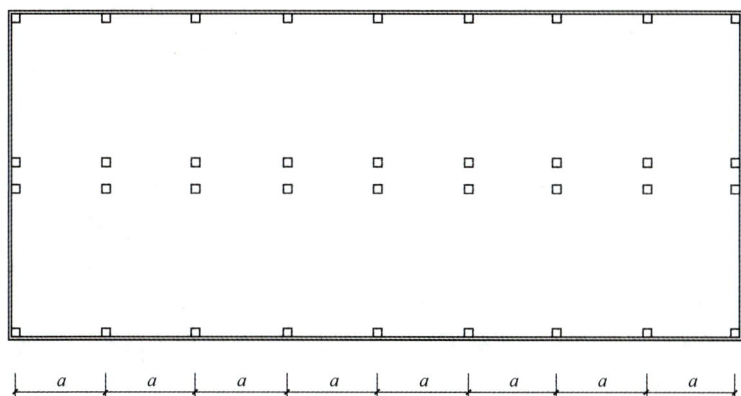

图 11-16 内廊式柱网

（2）等跨式柱网。这种柱网在仓库、轻工、仪表、机械等工业厂房中采用较多，因为此类车间需要在较大面积的统间内进行生产。其特点是除便于建筑工业化外，还便于生产流水线的更新，底层常布置机械加工、库房或总装配等。如果工艺需要，这种柱网可以是两跨以上连续等跨的形式。用轻质隔墙分隔后，也可作内廊式的平面布置，如图 11-17 所示。

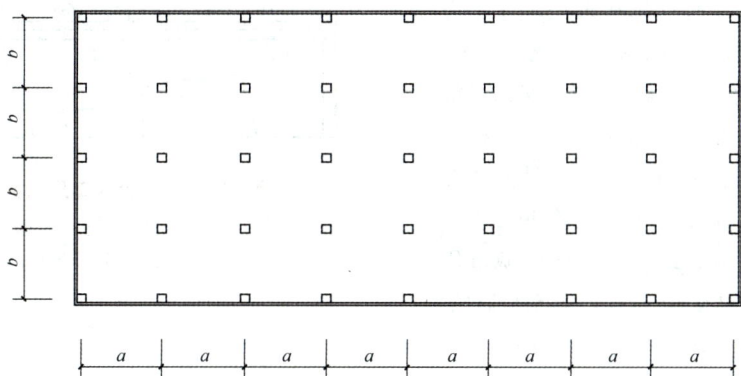

图 11-17 等跨式柱网

（3）大跨度式柱网。这种柱网跨度一般大于或等于 9 m，由于取消了中间柱子，为生产工艺的变革提供更大的适应性。因为扩大了跨度，楼层常采用桁架结构，这样楼层结构的空间可作为技术层，用以布置各种管道及生活辅助用房。在需要人工照明与机械通风的厂房中，这种柱网较为合适，如图 11-18 所示。

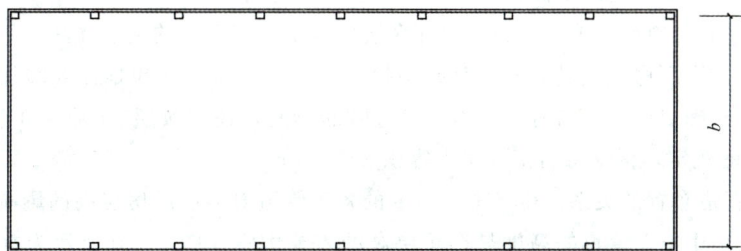

图 11-18 大跨度式柱网

11.2.4　多层厂房剖面设计

多层厂房的剖面设计主要是研究确定厂房的层数和层高。

1. 层数的确定

多层厂房的层数选择，主要取决于生产工艺、城市规划和经济因素等三方面，其中生产工艺是起主导作用的。

（1）生产工艺对层数的影响。厂房根据生产工艺流程进行竖向布置，在确定各工段的相对位置和面积时，厂房的层数也相应地确定了。例如，图11-19所示为面粉加工车间，结合工艺流程的布置，确定了厂房的层数为6层。

（2）城市规划及其他条件的影响。多层厂房布置在城市时，层数的确定要符合城市规划、城市建筑面貌、周围环境及工厂群体组合的要求。此外，厂房层数还要随着厂址的地质条件、结构形式、施工方法及是否位于地震区等而有所变化。

（3）经济因素的影响。多层厂房的经济问题，通常应从设计、结构、施工、材料等多方面进行综合分析。从我国目前情况来看，经济的层数为3~5层，有些由于生产工艺的特殊要求，或位于市区受城市用地限制，也有提高至6~9层，甚至更高的。

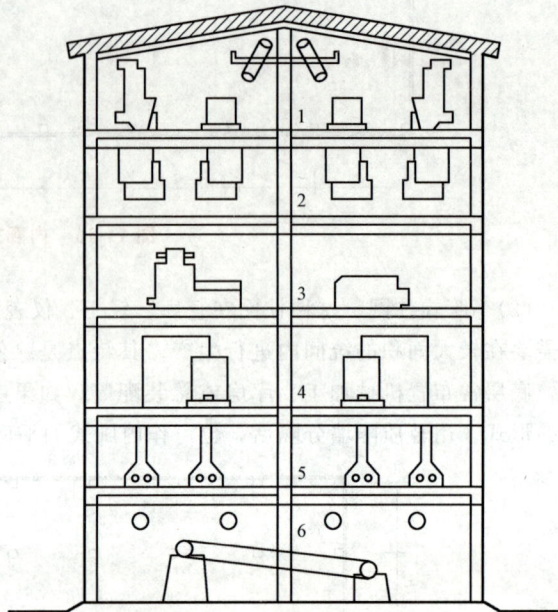

图11-19　面粉加工厂剖面
1—除尘间；2—平筛间；3—清粉间；
4—吸尘、刷面管子间；5—磨粉机间；6—打包间

2. 层高的确定

多层厂房的层高是指地面（或楼面）至上一层楼面的高度。它主要取决于生产特性及生产设备、运输设备（有无起重机或悬挂传送装置）、管道的敷设所需要的空间，同时也与厂房的宽度、采光和通风要求有密切的关系。

（1）层高与生产、运输设备的关系。多层厂房的层高在满足生产工艺要求的同时，还要考虑起重运输设备对厂房层高的影响。一般只要在生产工艺许可的情况下，都应把一些质量大、体积大和运输量繁重的设备布置在底层，这样可相应地加大底层层高。有时在遇到个别特别高大的设备时，还可以把局部楼层抬高，处理成参差层高的剖面形式。

（2）层高与采光、通风的关系。为了保证多层厂房室内有必要的天然光线，一般采用双面侧窗天然采光居多。当厂房宽度过大时，就必须提高侧窗的高度，相应地需要增加建筑层高才能满足采光要求。在确定厂房层高时，采用自然通风的车间，还应按照《工业企业设计卫生标准》（GBZ 1—2010）的规定，保证每名工人所占容积大于40 m³。

（3）层高与管道布置的关系。生产上所需要的各种管道对多层厂房层高的影响较大。在要求恒温、恒湿的厂房中空调管道的高度是影响层高的重要因素。图11-20所示为常用的几种管道的布置方式。其中，图11-20(a)、图11-20(b)表示平管布置在底层或顶层，这时就需要加大底层或顶层的层高，以利于集中布置管道。图11-20(c)、图11-20(d)则表示管道集中布置在各层走廊上部或吊顶层的情形，这时厂房层高也将随之变化。当需要的管道数量和种类较多、布置又复杂时，则可在生产空间上部采用吊顶天棚，设置技术夹层集中布置管道。这时就应根据管道高度，检修操作空间高度，相应地提高厂房层高。

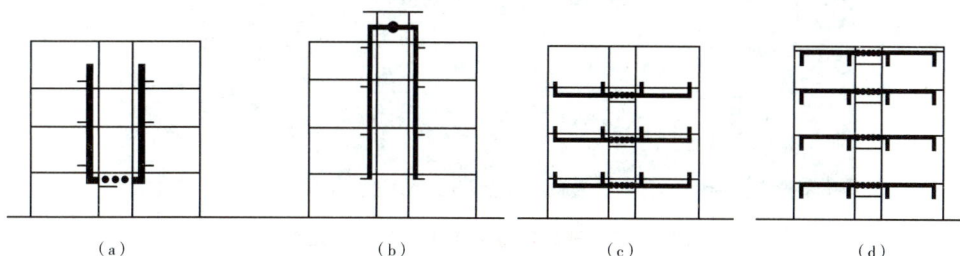

图 11-20　多层厂房的几种管道布置

(a)平管在底层；(b)平管在顶层；(c)平管在各层走廊上部；(d)平管在吊顶层

(4)层高与室内空间比例的关系。在满足生产工艺要求和经济合理的前提下，厂房的层高还应适当考虑室内建筑空间的比例关系，具体尺度可根据工程的实际情况确定。

(5)层高与经济的关系。层高的增加会带来单位面积造价的增加，在确定厂房层高时，除需综合考虑上述几个问题外，还应从经济角度予以具体分析。目前，我国多层厂房常采用的层高有 3.9 m、4.2 m、4.5 m、4.8 m、5.1 m、5.4 m、6.0 m 等几种。

11.2.5　多层厂房体型及立面设计

多层厂房在体型组合、立面处理等方面既与单层厂房有相似之处，又兼有多层民用建筑的造型特征。因此，进行多层厂房造型设计时，可借鉴这两个方面，使厂房的外观形象和生产使用功能、物质技术应用达到有机的统一，给人以简洁、朴素、明朗、大方又富有变化的感觉。

1. 体型组合

多层厂房的体型，一般由三个部分的体量组成：其一为主要生产部分；其二为生活、办公等辅助用房部分；其三为交通运输部分，包括门厅、楼梯、电梯和廊道等。

一般情况下，生产部分体量大，造型上起着主导作用。辅助部分体量小，它可组合在生产部分体量之内，又可突出于生产体量之外，这两种体量配合得当，可起到丰富厂房造型的作用。

图 11-21 将辅助体量组合在生产体量之中，强调造型的完整统一。

图 11-22 将辅助体量突出于生产体量之外，强调造型的对比协调。

多层厂房的交通运输部分，常将楼梯、电梯或提升设备组合在一起，利用其体量的高度，在构图上与主要生产部分形成强烈的横竖对比，改善墙面冗长的单调感，使整个厂房产生高大、挺拔、富有变化的效果，如图 11-23 所示。此外，因生产需要配置的各种管线设备等，也可形成多层厂房造型的独特风貌，如图 11-24 所示。

图 11-21　辅助体量组合在生产体量之中

图 11-22　辅助体量突出于生产体量之外

图 11-23　利用交通运输体量丰富厂房造型

图 11-24　利用通风管道的规律布置做造型处理

2. 墙面处理

多层厂房的墙面处理是立面造型设计中的一个主要部分，首先应根据厂房的采光、通风、结构、施工等各方面的要求，处理好墙面虚与实的关系。墙面虚与实的关系可以通过不同材质的对比形成，也可以通过立面凹凸以及阴影效果产生，如图 11-25 所示。

其次，多层厂房的墙面处理还应掌握不同的立面划分手法。一般常见的处理手法如下：

(1)水平划分。外形简洁明朗、舒展大方，如图 11-26 所示。

(2)垂直划分。给人以庄重、挺拔的感觉，如图 11-27 所示。

(3)混合划分。这种划分是上述两种划分的混合形式，要把握主次以取得生动、和谐的艺术效果，如图 11-28 所示。

图 11-25　通过材质及阴影形成墙面的虚实对比

图 11-26　墙面水平划分示例

图 11-27 墙面垂直划分示例

图 11-28 墙面混合划分示例

3. 入口处理

多层厂房的入口在立面设计时应做重点处理，丰富出入口最常用的处理方法是根据平面布置，结合门厅、门廊及厂房体量大小，采用门斗、雨篷、花格、花台等，如图 11-29 所示。也可把垂直交通枢纽和主要出入口组合在一起，在立面做竖向处理，使之与水平划分的厂房立面形成鲜明对比，以达到突出主要入口，使整个立面获得生动、活泼又富有变化的效果，如图 11-30 所示。

图 11-29 入口处理示例一

图 11-30 入口处理示例二

项目小结

1. 单层厂房的结构多采用排架结构体系，常用的排架结构体系有钢筋混凝土排架结构和钢结构排架体系两种。

2. 单层厂房的平面设计主要考虑以下几方面的因素：生产工艺流程的影响；生产状况对平面设计的影响；生产设备布置对平面设计的影响；起重运输设备对平面设计的影响；厂房、厂区的总体格局应满足安全、规划、环保等各方面的要求。

3. 单层厂房平面设计的基本内容包括单层厂房常用的平面形式、柱网的选择以及生活间的设计等。

4. 单层厂房剖面设计的基本内容包括：厂房高度的合理确定，使其满足生产工艺要求；采光设计及通风设计，使其具有良好的室内环境。

5. 单层厂房的体型与生产工艺、平面形状、剖面形式和结构类型有密切的关系，其立面设计及空间处理是在建筑体型的基础上进行的，除了遵循建筑功能和美学的一般规律外，还应充分反映出工业建筑所特有的形象特征。

6. 多层厂房的最大特点是生产在不同标高的楼层上进行，并具有节约用地、节约投资的特点。

7. 多层厂房主要适用于较轻型的工业，使垂直工艺流程有利的工业或利用楼层能创设较合理的生产条件的工业等。

8. 多层厂房的平面设计应遵循以下原则：充分满足生产工艺流程的需要，合理解决层间功能协调问题；结构选择经济合理；合理解决厂房的交通、运输与安全疏散；注重功能分区，合理安排生产辅助用房。

9. 由于各类多层厂房的生产特点不同，通常采用的布置方式有内廊式、统间式、混合式及套间式。

10. 多层厂房的柱网类型有内廊式、等跨式及大跨度式。

11. 多层厂房的剖面设计主要是研究确定厂房的层数和层高。

12. 多层厂房立面设计包括体型组合、墙面处理及入口处理三方面的内容。

习 题

一、填空题

1. 单层厂房的平面形式常采用_____、_____、_____。

2. 多层厂房的柱网由于受楼层结构的限制，其尺寸一般较单层厂房更_____。

3. 根据采光口所在位置不同，单层工业厂房的采光可分为_____、_____、_____三种方式。

4. 厂房的通风方式有_____、_____两种。

二、选择题

1. 多层厂房的平面布置形式中，（　　）对流水线生产更为有利。

　　A. 内廊式　　　　　　B. 统间式　　　　　　C. 混合式　　　　　　D. 套间式

2. 一般无起重机的单层厂房的柱顶标高不小于（　　）m。

　　A. 3　　　　　　　　B. 3.3　　　　　　　　C. 3.6　　　　　　　　D. 3.9

3. 生活间的布置方式中（　　）有利于节省厂房面积。

　　A. 厂房内部式　　　　B. 毗邻式　　　　　　C. 独立式

三、简答题

1. 什么是柱网？什么是跨度？什么是柱距？

2. 影响单层厂房内部空间处理的因素有哪些？

参考文献

［1］郭艳芹，贾帅龙，刘相．房屋建筑学［M］．哈尔滨：哈尔滨工业大学出版社，2023．

［2］董海荣，赵永东．房屋建筑学［M］.2 版．北京：中国建筑工业出版社，2022．

［3］王雪松，李必瑜．房屋建筑学［M］.6 版．武汉：武汉理工大学出版社，2021．

［4］金虹．房屋建筑学［M］．北京：机械工业出版社，2020．

［5］尚晓峰，陈艳玮．房屋建筑学［M］.2 版．武汉：武汉大学出版社，2016．

［6］李必瑜，魏宏杨，覃琳．建筑构造：上册［M］.6 版．北京：中国建筑工业出版社，2019．

［7］刘建荣，翁季，孙雁．建筑构造：下册［M］.6 版．北京：中国建筑工业出版社，2019．

［8］中华人民共和国住房和城乡建设部.GB/T 50010—2010 混凝土结构设计规范（2024 年版）［S］.北京：中国建筑工业出版社，2024．

［9］中华人民共和国住房和城乡建设部.GB/T 50096—2011 住宅设计规范［S］.北京：中国计划出版社，2012．

［10］中华人民共和国住房和城乡建设部.GB 50352—2019 民用建筑设计统一标准［S］.北京：中国建筑工业出版社，2019．

［11］中华人民共和国住房和城乡建设部.JGJ 1—2014 装配式混凝土结构技术规程［S］.北京：中国建筑工业出版社，2014．

［12］中华人民共和国住房和城乡建设部.GB/T 51233—2016 装配式木结构建筑技术标准［S］.北京：中国建筑工业出版社，2017．

［13］中华人民共和国住房和城乡建设部.GB/T 51129—2017 装配式建筑评价标准［S］.北京：中国建筑工业出版社，2017．